슈퍼영웅들을
통해 배우는
물리학 강의

슈퍼영웅들을
통해 배우는
물리학 강의

초판 1쇄 발행_ 2019년 3월 20일
초판 2쇄 발행_ 2019년 5월 20일

지은이_ 제임스 카칼리오스
옮긴이_ 김민균, 박다우, 정승진, 허용화

펴낸곳_ 바이북스
펴낸이_ 윤옥초

책임편집_ 최성아
편집팀_ 김태윤
책임디자인_ 방유선
디자인팀_ 이민영, 이정은

ISBN_ 979-11-5877-086-0 03420

등록_ 2005. 7. 12 | 제313-2005-000148호

서울시 영등포구 선유로49길 23 아이에스비즈타워2차 1005호
편집 02)333-0812 | 마케팅 02)333-9918 | 팩스 02)333-9960
이메일 postmaster@bybooks.co.kr
홈페이지 www.bybooks.co.kr

책값은 뒤표지에 있습니다.

책으로 아름다운 세상을 만듭니다. - 바이북스

슈퍼맨, 그게 과학적으로 말이 되니?

슈퍼영웅들을
통해 배우는
물리학 강의

제임스 카칼리오스 지음

박다우 외 옮김

바이북스
ByBooks

만화영화의 주인공 와일 E. 코요테Wile E. Coyote를 슈퍼영웅이라고 부를 수
는 없다. 하지만 나는 물리학 강의에 만화 캐릭터를 활용할 생각을 처음 갖
게 해준 것이 이 불행한 악당이었다는 사실은 고백하고자 한다. 매 에피소
드에서 코요테는 눈물겨운 열정으로 로드 러너Road Runner를 추격한다. 하지
만 아무런 결실도 없이 오히려 자신이 위기에 몰리게 된다. 나는 텔레비전
을 시청하는 동안, 코요테가 벼랑 밖까지 달려나가서 자기 밑에 딱딱한 땅
이 없다는 것을 발견하기 전까지 공중에 계속 떠 있는 것을 볼 때마다 의문
이 휩싸였다. 인간이 인식하고 있건 말건 중력의 법칙은 항상 작용해야 하
는 것이 아닌가. 이 만화영화를 강의 교재로 사용하기로 한 것은 내가 가장
관심을 갖고 있는 물리학의 핵심 요소들과 관련이 있기 때문이다.

무엇을 배우고자 한다면 정면으로 그것을 분석해보는 것보다 더 좋은 방
법은 없다. 대다수의 물리학자들은 학생들에게 이렇게 조언할 것이다.

"배운 것을 진정 자신의 것으로 만드는 유일한 방법은 스스로의 오해에
부딪혀보도록 자신을 격려하는 것이다."

나도 하고 싶은 말이 있다. 자신이 잘못 알고 있는 바를 이해하길 원한다
면 문화의 시발점부터 연구하라. 〈슈퍼맨Super man〉이나 〈스타트렉Star Trek〉같
은 텔레비전 프로그램이나 만화부터 시작한다면 그리 어렵지 않을 것이다.

나는 물리학을 다룬다고 해서 만화책을 폄하할 생각이 전혀 없다. 사실

은 정반대다. 만화책에 나오는 내용들은 종종 물리학 이론들을 제대로 설명해주기도 한다. 학생들은 대학에서 물리학개론 수업을 통해 배운 것들이 실제 생활과는 전혀 관계가 없다고 불평한다. 하지만 《슈퍼영웅들의 물리학》을 소개받는다면 그런 불평은 절대 하지 않을 것이다. 이 책은 일상적인 현상부터 난해한 현대적 주제까지 재미있게 소개한다.

일부 학생들이 슈퍼맨은 도르래, 로프, 경사면보다 현실적이지 않다고 지적할 수도 있지만 대부분의 학생들은 불평하지 않을 것이다. 만화책에 소개된 내용들이 훨씬 재미있기 때문이다. 그래서 만화에 등장하는 슈퍼영웅을 통해 물리학을 공부하고자 하는 것이다. 양자 역학에 대해선 듣는 것만으로도 짜증이 나지만 귀여운 키티 프라이드에게 겁을 먹는 사람은 없다.

어린 시절 만화책에 매혹되었던 사람이라면 '슈퍼영웅에게 느꼈던 흥분과 극적인 사건들을 우리가 실제로 살아가는 이 세상에서 맛볼 수는 없을까?'라는 생각에 사로잡혀본 적이 있을 것이다. 사실 우리는 이 세상에서도 얼마든지 흥미롭고 즐거운 경험들을 맛볼 수 있다. '왜 그럴까?'라는 의문을 품고 그 이유를 찾아가는 과정이 즐겁기 때문이다.

로런스 M. 크라우스Lawrence M. Krauss
《스타트렉의 물리학The Physics of Star Trek》의 저자

물리학은 모두가 싫어하는 학문이다. 대학에서 학생들에게 물리학을 가르친 지 15년이 넘었지만 지금도 가르치는 것이 이만저만 어려운 것이 아니다. 학생들은 그 어렵다는 수학보다도 물리학을 더 어려워하고 싫어한다. 이유를 물어보면 수학은 공식만 외우면 곧장 문제를 풀 수 있지만 물리학은 공식을 외워도 문제를 풀 수 없기 때문이란다. 다시 말해 물리학 문제는 꼬여 있어 공식을 외우더라도 공식을 문제에 맞게 응용할 줄 알아야 하기 때문이다.

그럼 물리학을 재미있게 가르칠 수 있는, 학생 입장에서는 물리학을 재미있게 배울 수 있는 방법은 무엇일까? 그 해답이 바로 이 책에 나와 있다. 저자인 제임스 카칼리오스James Kakalios는 나처럼 학생들에게 물리학을 재미있게 가르칠 방법을 끊임없이 고심하는 교수다. 그러다가 찾아낸 방법이 자신이 어렸을 때 보았던 만화책 속 슈퍼영웅들의 활약상을 물리학 강의에 활용하는 것이었다. 이 방법은 큰 성공을 거두었고 그 결과물이 바로 이 책이다. 따라서 물리학을 공부해야 하는데 물리학이 싫은 학생들은 이 책을 꼭 읽을 필요가 있다.

그럼 이 책이 성공을 거둔 이유는 무엇일까? 첫째, 소재의 친근함이다. 슈퍼맨, 플래시Flash, 스파이더맨Spider-man 등 우리가 잘 아는 만화 주인공이 등장한다. 둘째, 슈퍼영웅들의 행동은 항상 우리를 놀라게 한다. 그러면서 우리로 하여금 "그게 가능해?"라는 질문을 던지게 한다. 여기서 교육적인 효과가 나타난다. 과학의 출발은 호기심이다. 호기심(+애정)만 있으면 물리학 공부는 식은 죽 먹기다. 이러한 궁금증을 명쾌하게 해결해줄 수 있는 학문이 물리학이라는 사실을 깨닫는 순간 물리학에 대한 태도는 180도 달라질 것이다. 셋째, 슈퍼영웅 역시 우주에 존재하는 한 물리학 법칙에서 벗어날 수 없다는 진리를 인식시켜 준다. 슈퍼영웅 역시 우리처럼 평범(?)하다는 것을 깨닫는 순간 그에게 더 많은 애정을 느끼게 된다. 스파이더맨은 물리학을 몰라 자신의 여자친구를 잃게 되고 그 후 물리학을 열심히 공부해 다른 사람들을 살린다. 슈퍼영웅들도 물리학을 공부하는데 하물며 우리야 더 열심히 공부해야 하지 않을까? 넷째, 물리학은 우리에게 상상력을 제공한다. 물리학을 알면 지금보다 더 멋진 슈퍼영웅을 탄생시킬 수 있다(물론 더 강한 악당들도 나오겠지만). 18세기에 뉴턴은 이미 인공위성의 개발 가능성을 증명했다. 그러나 인공위성은 200년도 더 지난 20세기 중반이 되어서야 비로소 실제로 발사되었다. 슈퍼영웅도 이와 같지 않을까? 슈퍼맨의 특기인 총알을 맞아도 살아남는 일은 방탄조끼의 발명으로 누구에게나 가능해졌다. 머지않아 평범한 인간도 슈퍼맨의 능력을 하나하나 갖춰나갈 것이다. 미래의 인간은 우리가 볼 때 모두 슈퍼맨이다.

최근 우리나라에서도 만화에 대한 관심이 높아졌다. 만화책 판매가 전체 도서 판매량의 절반이 넘는다고 한다. 그러나 불행히도 만화책 대부분이 과학과는 관련이 없다. 미국에서는 슈퍼맨, 스파이더맨, 엑스맨x-men 등 과학을 소재로 한 만화가 큰 인기를 끌지만, 국내 만화 가운데 이런 슈퍼영웅이나 과학을 소재로 한 만화는 거의 없는 것으로 알고 있다. 과학은 이미 우리나라를 먹여 살리는 주요 산업의 기반이 되었지만 우리는 아직 과학을 즐기지 못하고 있다. 우리 만화에서도 꼭 미국의 슈퍼영웅에 맞설 만한 슈퍼영웅이 탄생하길 바란다.

책을 읽다 보면 잘 아는 내용도 있고 잘 모르는 내용도 있을 것이다. 아는 내용은 즐거운 마음으로 확인하며 읽으면 될 것이고, 모르는 내용은 이 책을 통해 새롭게 배우게 될 것이다.

2010년 5월

김영태(아주대학교 물리학과 교수)

나는 어릴 때 만화 팬이었지만, 다른 사람들처럼 고등학생이 된 뒤 이성에 눈뜨게 되면서부터 만화 보는 취미를 버렸다. 그러자 어머니는 그 절호의 기회를 놓치지 않고 내가 소장한 만화책들을 버리셨다. 그러다가 나는 박사 학위 논문을 쓰는 동안 스트레스를 풀기 위해 다시 만화책에 손을 대기 시작했다. 이때는 다행히 어머니가 만화책을 버리지 않으셨다.

내가 교수로 재직 중인 미네소타 대학교는 1998년 '신입생 세미나'라는 새로운 형식의 수업을 도입했다. 신입생들을 위한 소규모의 세미나인데, 학점이 인정되기는 했지만 특정한 교과 과정에 묶인 수업은 아니었다. 교수들은 자유롭게 수업을 진행했다. 예를 들어 '생명윤리학과 인간 게놈', '붉은 빛깔(화학 수업)', '무역과 세계 경제', '모래 언덕에서 월스트리트까지' 같은 제목의 강연들이 개설되었다. 나는 2001년 '나는 과학을 만화책을 읽으면서 배웠다'라는 이름의 강의를 개설했다. 전통적인 주제들을 다루는 물리학 수업이었지만, '물체가 매달린 용수철의 탄성', '경사면에서 미끄러져 내려오는 블록' 같은 예 대신, 멋진 복장을 갖춰 입은 슈퍼영웅들의 황당무계한 모험들을 사례로 들었다.

이 책은 그 수업을 진행하면서 얻은 영감으로 집필했다. 하지만 대학 교재라고는 할 수 없다. 비전공자들이 현대 생활에 필요한 기본적이고

핵심적인 물리학 개념들을 고통 없이 배울 수 있게 하기 위해 쓴 것이다. 힘과 운동, 에너지 보존, 열역학, 전기와 자기, 양자 역학, 고체 물리학 같은 주제들을 다루면서 그것들이 자동차 에어백, 트랜지스터, 전자레인지 등으로 실생활에 적용되는 방식들을 설명한다. 나는 이 책을 읽는 독자들이 슈퍼영웅이란 아이스크림에 현혹되어 내가 몰래 넣은 시금치도 함께 먹기를 희망한다.

이 책은 오랫동안 만화 팬이었던 사람들뿐 아니라 배트맨과 황금박쥐를 전혀 구분하지 못하는 사람들을 위한 것이기도 하다. 따라서 나는 슈퍼영웅들의 역사와 배경을 서술해놓았다. 슈퍼영웅 이야기에 관련된 물리학 법칙들을 설명하기 위해 다양한 만화책에 나오는 핵심 사항들을 요약해서 써야 했다. 그런 후에 만화책에 나오는 물리학에 관한 어떤 논의든지 만화 팬뿐만 아니라 물리학자의 정밀한 검토 과정을 거쳤다. 이들은 모두 세부적인 사항에 관심을 쏟는 사람들이다.

내가 고른 일련의 사건들은 특정한 물리학 법칙을 보여주기 위한 것들이다. 슈퍼영웅들의 초능력이 물리학적으로 가능하다면서도 그 다음 장에선 모순된 내용이 등장할 수도 있다. 지난 50여 년 동안 얼마나 많은 슈퍼영웅들이 만화책에 등장했던가? 당연히 물리학 법칙과 모순되는 부분이 등장하지 않을 수 없다. 이 책은 일반인들에게 슈퍼영웅들의 능력과 관련된 물리학 법칙들에 대한 이해를 제공하기 위한 것이다. 특정 캐릭터의 능력이나 모험을 명확하게 설명하기 위한 것이 아니다.

나는 최대한 쉽게 설명하려 노력했다. 그렇다고 해서 독자에게 고통을 주지 않으려 설명해야 할 것마저 피하지는 않았다. 물리학을 이해하려면 수학을 알아야 한다. 슈퍼영웅들을 다룬다고 해서 가장 기본적인 수학마저 외면하는 것은 독자들에게 당장의 환심은 살지 몰라도 결국에는 독자를 속이는 행위이다. 피카소에 관한 책에서 그의 작품을 하나도 다루지 않거나 재즈의 역사를 설명하는 책에서 재즈 CD를 제공하지 않는 것보다도 훨씬 더 고약한 기만이다. 수학을 이용하지 않고선 물리학에 관한 어떤 문제도 설명할 수 없다.

독자들은 아마도 수학을 잘 모른다거나 수학적 사고방식에 익숙하지 않다고 항의할 것이다. 하지만 이 책에서 필요한 수준은 $1/2+1/2=1$ 정도이다. $1/2+1/2=1$에 불편함을 느끼지 않는다면, $2\times(1/2)=2/2=1$ 역시 쉽게 알 수 있을 것이다. 아주 쉬운 수학 문제이지만 이것이 대수학의 기본이 된다는 것을 안다면 깜짝 놀랄 것이다.

대수학에는 비밀이 숨어 있는데 예를 들어 다음과 같은 것이다. $1=1$처럼 참인 등식이 있을 때, 양쪽에 같은 수를 더하거나 빼거나 곱하거나 (0이 아닌 수로) 나누어도 그 등식은 계속 참이다. 따라서 만약 $1=1$

의 양변에 2를 더해서 3=3을 얻게 되면, 이것은 당연히 참이다. 1=1의 양변을 2로 나누면 1/2=1/2가 나온다. 1=1이기 때문에 1/2+1/2=1이 되고 따라서 2/2=1이라고도 쓸 수 있다.

　나는 독자들에게 약속하고자 한다. 이 수준보다 더 어려운 수학은 사용하지 않을 것이니, 겁먹을 필요가 전혀 없다. 이 책에 나오는 수학 공식들을 그저 훑어보는 것만으로도 너끈히 이해할 수 있다. 하지만 책에 나오는 것 이상으로 속도나 힘을 계산해보고자 한다면, 그때는 다른 방법을 찾아야 한다. 끝으로 이 책을 읽은 독자들을 대상으로 시험을 치르는 일은 결코 없을 것이니 안심하시길!

PART 2. 빛과 **열에너지**

PART 3. 현대 물리학

슈퍼영웅 만화에 숨어 있는 물리학

몇 해 전, 내 물리학 수업을 수강하는 학생들이 나누는 잡담을 우연히 엿듣게 되었다. 그들은 얼마 전에 본 시험 얘기를 하고 있었는데 갑자기 한 학생이 불평을 늘어놓는 것이었다.

"제기랄, 말 그대로 물건을 싸게 사서 비싸게 파는 것만 배우면 되지. 절벽에서 공이 떨어지든 말든 그게 도대체 나랑 무슨 상관이란 말이야!"

나는 순간적으로 두 가지 사실을 깨달았다. 첫째로 이 학생이 이미 경제의 기본 원리를 터득했다는 것, 둘째로 이 학생이 물리학에 진절머리를 친다는 것이다.

현실 세계는 무척이나 복잡하다. 나는 물리학 수업을 할 때 이런 복잡한 현실 중 가장 단순한 부분만 강조해 가르치고자 노력한다. 사실 나를 포함한 물리학 교수들은 학생들이 물리학에 정나미가 떨어지게 가르쳐왔다. 예를 들면, 던져지는 물체의 운동, 도르래에 걸리는 물체의 무게, 용수철에 매달린 물체의 진동 등 수업 주제 대부분이 틀에 박혀 있었다. 결국 많은 학생들이 다음과 같은 의문을 품게 되었다. "지금 이따위 것을 머리 아프도록 배워봤자 나중에 어디다 써먹겠어?"

물리학이 너무 어렵다는 학생들의 의견에 공감한 나는 내 물리학 수업에 약간의 변화를 주기 시작했다. 슈퍼맨이나 스파이더맨 같은 슈퍼영웅 만화에 나오는 물리 현상을 수업 주제로 삼아 가르치는 것이었다. 획기적이라 할 수 있는 이 수업 방식은 대체로 긍정적인 결과를 낳았다. 실제로 수업에 참가한 학생들은 자신이 배우는 물리 이론을 일상생활 속에 어떻게 적용할 것인가를 고민했다.

1965년에 나는 거금 12센트를 들여 슈퍼맨의 영웅담이 포함된 만화잡지 《액션 코믹스Action Comics》 제333호를 샀다. 그 잡지 표지(그림 1)에 슈퍼맨이 나와 있었는데, 난 그것을 보면서 고차원의 세계를 그려보고는 환상에 빠지곤 했다. 대학에 들어가면 이런 고차원적 현상을 연구하는 직업을 갖겠다고 생각했다.

《액션 코믹스》 제333호의 표지 제목은 '슈퍼맨의 엄청난 실수Superman's Super Boo-Boos'였다. 어느 대학에서 인류 평화에 기여한 슈퍼맨의 업적을 기려 그에게 슈퍼 과학 명예박사 학위를 주기로 결정한다. 학위 수여식에 참석한 슈퍼맨은 자신이 받을 청동 증서에다 레이저 광선으로 자신의 이름을 새기는데 그 자리에 있었던 교수들이 그 장면을 보고 크게 놀라는 장면이 나온다. 그들의 눈에는 슈퍼맨이 불을 뿜어대는 커다란 용으로 보였던 것이다.

그것은 슈퍼맨의 숙적인 렉스 루서Lex Luthor가 만들어낸 환상이었다. 중요한 순간에 사람들의 눈을 어지럽혀 슈퍼맨

그림 1_《액션 코믹스》제333호의 표지. 슈퍼맨이 방문한 어느 대학에서 벌어지는 소동을 그리고 있다.

을 제거하려는 음모를 꾸민 것이다. 당시의 나는 초등학교를 갓 졸업한 청소년에 불과했지만, 만화와 현실 사이의 유사점을 찾고자 했었다. 이러한 노력은 만화잡지를 수집하고 분석하는 일로 이어졌다.

슈퍼영웅 만화의 그리는 작가들은 우리가 생각하는 것 이상으로 과학적인 근거를 중요시하여 이야기를 구성한다. 물론 만화책만 들여다본다고 해서 과학 지식이 저절로 습득되는 것은 아니다. 하지만 단순히 재미 삼아 만화를 읽는 것과는 다르게 꽤 유용한 지식을 배울 수 있다.

그 모범적인 예가 1958년 출간된《세계경찰 World's Finest》제93호에 나타나 있다(그림 2).이 만화는 배트맨 Batman과 로빈 Robin, 슈퍼맨이 힘을 합쳐 문제를 해결한다는 내용이다. 여기서 악당으로 나오는 빅터 대닝 Victor Danning

은 '뇌파 증폭기'를 훔치려다 우연한 사고로 슈퍼 지능을 가진 천재로 변모한다. 그는 자신의 능력을 이용해 슈퍼영웅들을 위험에 몰아넣을 어마어마한 범죄를 계획하지만 모두 실패한다. 이에 빅터는 배트맨과 로빈의 본거지인 '뱃케이브batcave'를 습격하려 든다.

빅터는 자신의 부하에게 고담 시 둘레에 다이너마이트를 설치하라고 명령한다. 다이너마이트의 폭발로 발생하는 지진파를 관측소에서 잡아내 뱃케이브의 위치를 알아내려는 것이었다. 지진파는 텅 빈 동굴과 암석으로 꽉 채워져 있는 층을 통과할 때에 각각 다른 속력을 나타낸다. 이 방법을 응용하면 뱃케이브의 위치를 찾아낼 수 있다는 것이다.

우리는 빅터가 탄탄한 과학적 배경 지식을 지녔다는 것을 알 수 있다. 파동은 매질을 통과할 때 그 매질의 밀도에 따라 속력이 달라진다. 지질학자들도 이 원리를 이용해 지하의 빈 공간이나 천연가스 매설지역 등을 찾아

그림 2_ 《세계경찰》 제93호의 한 장면. 인공적으로 엄청난 지능을 갖게 된 악당이 지진파를 이용해 숨겨진 배트맨 기지를 찾으려 한다.

낸다.

물론 만화에는 이런 현실적인 이야기뿐만 아니라, 말 그대로 정말 만화 같은 이야기도 나온다. 아래 그림(그림 3)을 보면 앞서 빅터가 훔치려던 뇌파 증폭기를 만든 박사가 나온다. 그는 학회에서 자신의 발명품을 이렇게 자랑한다.

"나는 이 '뇌파 증폭기'가 사람들의 지적 능력을 100배까지 높여 줄 것이라 믿습니다. 다만 중요한 재료 하나가 모자라는데 내 능력으론 그게 무엇인지 알아낼 수가 없습니다."

정말 황당하다. 박사의 말은 납을 금으로, 수돗물을 기름으로 바꿀 수 있다는 말과 다름없다. 세상에! 한 가지 재료가 더 있어야 한다니, 이건 마치 중세 연금술사들과 다를 바 없지 않은가? 이렇게 미완성된 연구를 학회에서 발표하는 일은 극히 드문데, 때마침 빅터가 그의 연구를 눈여겨본 것이다.

어느 날, 고담 시에서 존 카 박사가 그의 최신 연구 결과를 학회에서 발표하고 있다.

이 '뇌파 증폭기'는 사람들의 지적 능력을 100배까지 증가시켜줄 것입니다. 다만 중요한 재료 하나가 모자라는데 내 능력으론 그게 무엇인지 알아낼 수가 없습니다.

그 자리에는 초대받지 않은 손님이 있었다. 전직 과학자였던 빅터 대닝!

만약 내가 저 발명품을 갖게 되고, 그 모자란 재료를 찾는다면 나는 엄청난 천재가 될 거야! 그렇다면 세계를 정복할 수도 있다!

그림 3_ 《세계경찰》 제93호의 또 다른 장면. 악당 빅터 대닝이 '뇌파 증폭기'에 대해 처음으로 알게 된다.

만화의 황금시대Golden Age

라 불리던 1940년대에는 슈퍼영웅 만화와 물리학의 만남이 그리 자주 이뤄지지 않았다. 1950년대 전반기에는 만화책의 판매량이 급격히 감소하고 슈퍼영웅의 개념이 정신과 의사, 교육자, 정치가들로부터 공격받았는데 이 시기를 암흑기Dark age라 한다. 이로 인해 그 이후 1950년대 후반부터 1960년대 영웅 만화는 스푸트니크 호Sputnik, 1957년 러시아가 발사한 세계 최초의 인공 위성 발사 이후 과학적 배경 지식을 탄탄히 다졌는데 이 시기를 은시대Silver age라고 한다. 스푸트니크 발사 이후 시점인 은시대의 만화들은 그 어느 때보다 과학적 배경 지식이 탄탄했다.

이제 본격적으로 슈퍼영웅들이 펼치는 물리학의 세계로 들어서려 한다. 하지만 그 전에 우리의 슈퍼영웅들이 어떻게 탄생했는지 간단하게 살펴보도록 하자.

슈퍼영웅들의 탄생에 관한 짧은 역사

슈퍼영웅의 탄생은 대부분 초자연적이거나 불가사의한 일이 계기가 되는 경우가 많다. 우연히 마법의 물체를 갖게 된다든지, 혹은 불가사의한 물체에 노출된다든지 하는 경우가 그렇다. 하지만 만화잡지에서는 그런 신비한 물체의 기원 정도를 알려줄 뿐이었다. 예를 들면, 1940년대의 그린 랜턴Green Lantern은 고대 중국에서 만들어진 불가사의한 등불의 조종을 받는 영웅이었다. 그는 신비한 능력을 지닌 반지를 끼고 있는데 한 가지 제약이 있다면 나무에 대해서는 그 반지가 아무 효력이 없다는 점이다.

당시 미국을 비롯한 서양은 동양을 환상적인 것들로 가득 찬 곳이라 생각했기 때문이다. 수많은 비밀과 유물이 숨어 있는 광대한 대륙이라 상상했다. 하지만 그린 랜턴은 1959년 새로운 뿌리를 가진 캐릭터로 재창조되었다. 그를 지켜주던 등불과 반지는 더 이상 어디서 흘러들어 왔는지 알 수 없는 미지의 수호물이 아니었다. 그린과 비슷한 캐릭터였던 호크맨Hawkman 은 1940년대엔 부활한 이집트 왕자였다가 1960년대에는 외계에서 온 은하계 경찰로 등장한다.

이렇듯 슈퍼영웅들의 탄생 기원이 바뀌는 것은 오늘날에도 마찬가지다. 1962년에 등장한 피터 파커Peter Parker는 방사능에 노출된 거미에 물린 뒤 거미의 힘을 얻어 스파이더맨이 된다. 하지만 2002년에 나온 영화 〈스파이더맨 1Spider-Man 1〉에서는 분자생물학 실험 중 유전자 조작된 거미에 물려 초능력을 얻는다는 설정으로 바뀌었다. 이처럼 슈퍼영웅들의 기원이 바뀌는 이유는 그 시대의 문화적 흐름을 반영하기 때문이다. 1940년대는 '알 수 없는 외계 물체'에 의해 1960년대는 '방사능', 2000년을 넘어서는 '유전자 변형'으로 나타난다.

만화책을 보는 물리학자

요즈음 나는 슈퍼영웅 만화에 담긴 물리적 사실에 대한 묘사와 법칙이 응용된 예들을 이용하여 학생들을 가르친다. 만화 속 내용의 대부분이 물리 법칙을 거스르고 있을 가능성이 높기 때문에 보다 신중하게 읽어나가는 자세가 필요하다. 하지만 예외가 많더라도 오락적 효과를 넘어 교육적 효과까지 낼 수 있다는 것은 실로 기분 좋은 일이 아닐 수 없다.

이 책의 목적은 만화에 소개된 각종 예들을 활용해 과학 원리를 대략적이나마 터득하자는 데 있다. 나는 다양한 슈퍼영웅 캐릭터와 상황을 예로 들어가며 여러 가지 물리 개념들을 설명할 것이다. 초급 과정인 낙하하는 물체에서부터 고급 과정의 양자 역학에 관한 문제까지 골고루 다룰 것이다. 후반에서는 물리학의 핵심 개념들도 짚어줄 생각이다. 더 나아가 만화 속에서 얻어진 물리학 지식들이 현실 세계에서 어떻게 응용되는지도 알아볼 것이다. 우리가 매일 사용하는 텔레비전이나 전화기의 원리부터 거대한 항성에서 일어나는 원소들의 핵융합 현상까지 설명하고자 한다.

이 책에 소개된 만화는 주로 은시대에 그려진 것들이다. 이 시기의 작품들은 그 어느 시기의 작품보다 과학적 지식을 다양하게 응용하고 있다. 뿐만 아니라 은시대에 등장한 캐릭터들이 현재까지도 그 명성을 유지하고 있다는 사실도 고려하였다.

사실 만화잡지 속의 과학에는 잘못된 지식이나 실수가 많다. 하지만 나는 그런 잘못을 집어내는 데 집중하기보다는 올바르게 바로잡는 과정을 통한 배움에 초점을 맞추었다. 물론 이해하기 어려운 부분도 있을 것이고 받아들이기 힘든 가정을 접할 때도 있을 것이다.

본론에 앞서, 물리학자들에 대한 몇 가지 오해들에 대해 해명하고자 한다. 그중 하나는 영화 속 물리학자들과는 달리 복잡한 공식이나 숫자들을 줄줄 외워야만 물리학자가 되는 것이 아니라는 점이다. 물리학은 정답을 외워서 말하는 것보다 정확한 질문을 던지는 것을 더 중요시한다. 어떤 현상을 제대로 이해하고 질문할 수 있다면 자연은 그 누구도 말해줄 수 없었던 정답을 가르쳐주거나, 적어도 정답을 찾아내는 방법을 가르쳐준다.

공을 위로 던지는 간단한 실험을 통해, 정확한 질문 하나가 한 무더기의 답보다 중요하다는 사실을 증명할 수 있다. 예를 들면 "공은 얼마나 높이 올라갈까?", "공이 움직인 거리는 얼마나 될까?", "공은 공중에 얼마 동안 머물러 있을까?" 등의 질문이 될 것이다.

하지만 공의 운동과 관련해 가장 핵심적인 질문은 단 하나다. 바로 "공에게 선택권이 있는가?"라는 것이다. 만약 공이 자신의 움직임에 선택권이 없다면, 다시 말해 자유 의지나 자신을 조종할 능력이 없다면 그 공의 운동은 완벽하게 외부에서 가해지는 힘에 의존한다.

외부 힘의 정체와 성질을 밝히고, 그것이 공의 운동에 미치는 영향을 알아낼 수 있다면 주어진 조건들을 조합해 공의 궤도를 계산할 수 있다. 계산된 궤도는 공의 운동에 관한 모든 정보, 예를 들어 공이 도달할 높이, 지면과의 거리, 공중에 머무는 시간, 속력 등 많은 것을 담고 있다. 공을 똑같은 조건으로 반복하여 던질 수 있다면 역시 동일한 결과물들을 얻을 수 있을 것이다. 공은 자신의 운동에 관한 한 어떤 선택권도 없이, 오로지 외부 힘에 의해 모든 것을 이루기 때문이다.

이것이 바로 물리학이 지닌 매력이다. 물리학을 공부함으로써 최소한 이 세상이 어떻게 움직이는지 알 수 있다. 공에 작용하는 힘의 정체뿐만 아니라 공의 행동 방향까지 알아낸다. 더 나아가 다양한 힘들이 복잡한 사건을 어떻게 일으키는지도 예측할 수 있다. 보다 신중하고 정밀

공을 던져 올리는 단순한 행위에서도 물리학적인 질문을 할 수 있다.

한 실험을 통해 어떤 규칙의 정확성이 확정될 때마다 자연 현상을 예측하는 수단을 한 가지 더 얻게 되는 셈이다. 자연이 어떻게 움직이는지 조금씩 알게 되는 것이다.

반대로 실험의 결과가 예측과 다르게 나타나는 경우엔 기존 이론을 수정할 단서를 제공받는다. 이런 과정을 반복하면서 오류를 완벽히 수정하면 새로운 이론이 정립되는 것이다.

과학 지식의 근원은 '의문'이다. 과학자들은 의문을 가장 좋아한다. 사실 과학사에서 수많은 실험을 거쳐 살아남은 최후의 정답이 바로 의문이다. 인간이 아무리 완벽한 이론을 정립한다 해도 100% 정답이라는 확신이 서지 않기 때문이다. 나는 여러분이 이 책을 통해 우리가 사는 세상에 몇 가지 의미 있는 질문을 던져봄으로써 진정한 기쁨이 무엇인지 알게 되길 바란다.

자, 지금부터 본격적으로 토론을 시작한다. 모든 물리 교과서는 운동의 기본 법칙을 최초로 주장한 사람이 아이작 뉴턴Issac Newton, 1642~1727이라고 적고 있다. 우리가 다룰 슈퍼영웅도 이 운동 법칙을 기반으로 하고 있다. 출발의 문은 총알보다 빠르고 기관차보다 힘이 센 슈퍼영웅이 열어줄 것이다. 바로 단 한 번의 도약으로 빌딩을 뛰어넘는 슈퍼맨이다. 우리 모두 그를 만나러 가자.

:: 아이작 뉴턴

PART 1

슈퍼영웅의 역학

★

MECHANICS

힘과 운동 Forces and Motion

01

▶▶▶ 슈퍼맨의 높이뛰기 실력

제리 시겔Jerry Siegel, 1914~1996과 조 슈스터Joseph Shuster, 1914~1992의 원래 생각은 '슈퍼맨'을 엄청난 힘을 가진 영웅적 인물에 일반적인 과학적 지식이 가미된 싸구려 액션물로 그린다는 것이었다. 《슈퍼맨Superman》제1호의 내용을 잠시 살펴보자. 크립턴Krypton 행성에 살던 과학자 조엘Jor-El은 예기치 않은 폭발로 행성이 파괴될 것이라고 내다봤다. 조엘과 그의 아내는 할 수 없이 작은 우주선에 그들의 아기 칼엘Kal-El을 태워 재앙에 휩쓸리지 않도록 지구로 떠나보낸다.* 기나긴 여행을 거쳐 지구에 도착한 우주선을 미국 캔자스에 살던 켄트Kent 부부가 발견한다. 처음에 그들은 아기를 고아원에 보낸다. 하지만 이내 죄책감을 느낀 켄트 부부는 아기를 아들로 입양하고 클라크라는 이름을 지어준다. 그리고 칼 클라크 켄트Kal-Clark Kent는 커가면서

● 나는 아버지로서 아들인 칼엘(지구에 도착해선 슈퍼맨)을 우주선에 태워 크립턴을 탈출시킨 크립턴의 지도자 조엘의 마음을 헤아려본다. 그리고 가끔 우리 애들을 우주선에 태워 저 아득한 우주로 날려 보내고픈 충동을 느낀다.

자신이 특별한 힘을 지녔다는 것을 알게 된다. 그는 이 힘을 지구의 평화를 위해 쓰기로 결심한다.

그런데 슈퍼맨이 이런 엄청난 힘을 가질 수 있었던 이유는 무엇일까? 그건 바로 슈퍼맨이 지구인이 아닌 크립턴인의 피를 물려받았기 때문이다. 슈퍼맨이 태어난 크립턴 행성은 지구보다 중력이 훨씬 더 강하다. 중력에 관한 예를 하나 들어보자. 달의 크기는 지구보다 훨씬 작기 때문에 달의 중력 또한 그만큼 약하다. 그래서 달에서 측정한 물체의 무게는 지구에서보다 적게 나간다. 그러므로 지구 중력에 익숙한 근육과 골격을 지닌 지구인이 달에 가면 지구에서보다 훨씬 높이 뛸 수 있고, 무거운 짐도 가뿐히 들수 있다. 이와 마찬가지로 슈퍼맨이 지닌 기관

차보다 센 힘과 총알도 뚫을 수 없는 강력한 피부는 지구의 중력이 크립턴 행성보다 약하기 때문에 가능했다. 더욱이 슈퍼맨이 어렸을 때부터 그렇게 엄청난 힘을 낼수 있었던 것 역시 크립턴인의 DNA에 들어 있는 유전 정보가 강한 중력을 견딜 수 있도록 근육과 뼈를 성장시켰기 때문이다.

1940년대 후반이 되면서 만화속 슈퍼맨은 하늘을 날 수 있는 능력이 생기게 된다. 이때부터 물

슈퍼맨은 힘이 세다.
왜? 크립턴 행성에서
태어났으니까!

리 법칙을 초월하여 자유롭게 행동할 수 있는 능력을 갖추게 되는 것이다. 시간이 흐르면서 슈퍼맨은 자기가 살던 행성의 중력이 지구보다 더 강하다는 사실로는 다 설명할 수 없는 다양한 능력들을 가지게 된다. 열이나 엑스레이 같은 광선을 감지하는 눈, 아무리 작은 소리라도 들을 수 있는 귀, 경악할 만한 폐활량, 심지어 상상하기 힘든 고도의 최면술*같은 능력을 말이다.

슈퍼맨 초능력의 배경은 《액션 코믹스》 제262호에서 다시 바뀐다. 여기서는 슈퍼맨이 초능력을 갖게 된 이유가 지구는 노란 태양을 중심으로 공전하는데, 크립턴 행성은 붉은 태양을 중심으로 공전하기 때문이라고 설명해놓았다. 태양의 색깔은 태양의 온도와 그것을 관측하는 행성의 대기층 상태에 따라서 달라진다. 태양 광선의 성분 중 푸른빛은 지구 대기층에서 산란이 잘 일어나기 때문에 여기저기로 뻗어나간다. 그래서 우리 지구에서는 하늘이 푸른색으로 보인다. 또한 태양이 노란색으로 보이는 이유는 푸른빛 대부분이 산란과 흡수 탓에 줄어들고 노란색 계열의 빛만 남기 때문이다. 그렇다면 왜 새벽이나 노을이 질 때는 하늘이 붉은색으로 보이는 것

● 이 마지막 능력이 도입된 것은 단순히 안경을 착용한 것만으로 온화한 성격의 신문 기자 클라크 켄트와 슈퍼맨이 동일 인물이라는 사실을 아무도 인식하지 못 한다는 설정이 설득력이 떨어지기 때문이었다. 《슈퍼맨》 제330호에서 슈퍼맨은 자신을 알아보는 사람들에게 최면을 통해 자신이 클라크 켄트와는 전혀 다른 사람이라고 암시한다.
●● 빛의 파장같이 짧은 길이를 나타내는 단위. 1나노미터는 1미터의 10억분의 1. 기호는 nm.

일까? 태양이 수평선 가까이에 있으면 우리 머리 위에 떠 있을 때보다 통과해야만 하는 대기층의 길이가 더 길어진다. 그 결과 에너지가 낮은 붉은색 계열의 빛을 제외한 나머지 빛들은 거의 산란되거나 흡수되어 버린다. 이러한 현상은 지구의 대기를 구성하는 기체의 성분과는 별로 상관이 없다. 태양빛의 주요 파장이 노란색(570나노미터^{**} 파장)에서 붉은색(650나노미터 파장)으로 변함에 따라 사람이 맨손으로 강철을 구부리는 능력을 가지도록 하는 물리적 구조는 존재하지 않는다. 이로 인해 슈퍼맨은 초기 단계에서 과학적 사실을 중요시하던 종래의 방식을 버리고 초과학적인 영웅에 관한 작품으로 변하게 된다. 새로운 능력과 환경을 합리화하기 위해 슈퍼영웅의 근본을 바꾸는 현상이 만화에 너무 자주 발생하는데, 독자들은 이에 지속적인 역행 수정retroactive continuity repair, 줄여서 '레트코닝retconning'이란 신조어를 만들어 붙였다.

흥미롭게도 슈퍼맨의 적들도 역시 비슷한 변천

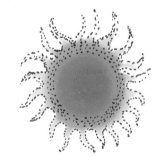

:: 《액션 코믹스》 제262호에 따라, 만약 지구도 붉은 태양 주위를 돈다면 지구인 모두 슈퍼맨이 될 수 있다. 믿거나 말거나.

과정을 거친다. 초기 《액션Action》과 《슈퍼맨》 시리즈에서, 제리와 조는 경제 대공황으로 절망하던 젊은 층을 대신하여 만화로 현실의 부조리를 대표하는 인물들에게 복수해줌으로써 대리 만족을 느끼게 했다. 슈퍼맨이 처음으로 자신의 힘을 사용한 것은 빈민가의 부패한 악덕 집주인, 광산 소유자, 무기 제조업자, 그리고 워싱턴 정가의 로비스트들과 싸우기 위해서였다. 슈퍼맨은 첫 번째 이야기에서 빌딩에서 로비스트를 껴안고 뛰어내리는 등의 방법으로 악한들에게 심리적인 고통을 가한다. 초기 단계의 줄거리는 슈퍼맨의 존재를 아는 사람은 거의 없고, 로비스트들은 높은 곳에서 떨어지면 죽는다고 생각한다는 점을 암시한다. 하지만 작가는 슈퍼맨이 로비스트 다음으로 땅에 떨어지지 않고 그를 추격한다는 단서를 흘린다. 1950년대 슈퍼맨이 실린 만화잡지가 매달 수백만 부씩 팔려나가자, 슈퍼맨은 라

디오 연속극, 만화 영화 및 영화, 텔레비전 프로그램의 주인공으로 스타 반열에 오른다. 같은 시기에 슈퍼맨의 적수들도 토이맨Toyman, 프랭크스터 Prankster, 렉스 루서처럼 개성 있는 성격을 지닌 독특한 옷차림의 악당들로 변신한다. 이들의 목적은 절도 혹은 세계 지배(비현실적이지만 우주 정복)이다. 슈퍼맨은 국가 권력 체제가 손상되지 않도록 지켜주면서 이들의 계획을 저지한다. 점차 강해지는 악당들에 대처해나가면서 슈퍼맨의 초능력도 늘어나게 되고, 그로 인해 작가들은 신처럼 많은 능력을 가진 슈퍼맨을 궁지에 몰아넣을 수 있는 이야기를 꾸며내는 것이 점점 더 어려워진다. 슈퍼맨의 고향 별에 존재하는 방사능 물질 크립토나이트는 이야기를 늘리려는 목적으로 처음 등장한 것이다.

우리는 이 책에서 황금시대의 보다 단순하고 독창적인 슈퍼맨을 다루고자 한다.

슈퍼맨의 점프에 대한 물리학적 고찰

처음 만화책에 등장한 슈퍼맨은 날아다닐 수 없었다. 단지 지구의 중력이 약하다는 것을 이용해 높은 건물을 한 번의 도약으로 뛰어오를 수만 있

● 지구에서는 방사능 동위 원소에 영향을 받지 않는 슈퍼맨이 고향 별에서의 방사능 원소에 그렇게 영향을 받는다는 것은 물리적 가능성보다는 문학적 필요성에 관한 문제이다. 크립토나이트가 소개된 것은 1943년 〈슈퍼맨의 모험〉이란 라디오 연속극을 통해서였는데, 강철 사나이(슈퍼맨)의 배역을 맡은 성우가 과로로 휴가를 내는 바람에 라디오 대본 작가는 슈퍼맨을 어려움에 빠지게 해서 대역 성우로 하여금 고통스러운 신음 소리만 낼 수 있도록 조치를 취했다. 수년 후, 만화 작가들은 대본 작가들의 그 창의적 아이디어를 변형하여, 슈퍼맨에게 다양한 영향을 미치는 크립토나이트(녹색, 빨간색, 금색, 은색 등의 색깔을 가진)를 등장시켰다.

었다.

그럼 과연 슈퍼맨은 얼마나 높이 뛸 수 있었을까?《슈퍼맨》제1호를 보면 슈퍼맨은 한 번에 200m 정도를 점프할 수 있었다. 수직으로 이만큼 점프할 수 있다면 1938년 당시 초고층에 해당되는 30~40층 건물을 뛰어넘을 수 있었다는 얘기다. 여기서 의문점이 하나 생긴다. 만약 슈퍼맨이 지면에서 수직으로 200m까지 단번에 올라가려면, 초속도(처음 출발할 때의 속도)가 얼마나 되어야 할까?

배구공이든 슈퍼맨이든 그 궤적을 계산하려면 우선 1600년대 중반에 뉴턴이 발견한 세 가지 운동 법칙을 알아야 한다.

:: 전철이 갑자기 출발할 때 전철 안에 있는 사람들은 출발 방향의 반대 방향으로 쏠리게 되는데 이는
   관성의 법칙 때문이다.

❶ 관성의 법칙 | 외부에서 물체에 힘을 가하지 않으면 정지한 물체는 정지한 채로 있고, 움직이는 물체는 계속 그 상태로 움직임을 지속한다.

❷ 가속도의 법칙 | 한 물체에 힘을 가하면 그 물체의 운동 방향이나 속력(속도의 크기)이 변하며 때론 둘 다 변한다. 변하는 정도(가속도)와 물체의 질량을 곱한 값이 힘의 크기이다.

❸ 작용 반작용의 법칙 | 한 물체를 A, 다른 한 물체를 B라고 했을 때 A가 B에게 힘을 가하면 B 역시 A에게 똑같은 크기의 힘을 반대 방향으로 가한다.

이 세 가지 법칙 중 (1), (2)법칙을 공식으로 나타내면 다음과 같다.

$$\mathbf{F = m \times a} \quad \text{힘 = 질량} \times \text{가속도}$$

즉, 물체에 가해지는 힘 F는 물체의 질량 m에 속도의 변화율 a를 곱한 것과 같아서 F=ma가 되는 것이다.

가속도란 한 물체의 속도 변화율을 말한다. 직선을 따라 움직이는 자동차가 정지 상태(초속도=0)에서 시속 60km까지 속도를 올렸다고 하면, 속도의 변화량은 (시속 60km)-(시속 0km)=(시속 60km)가 된다. 여기서 속도의 변화량을 속도가 그만큼 변할 때까지 걸린 시간으로 나누어주면 가속도가 된다. 그 시간이 길면 길수록, 속도 변화를 위해 필요한 가속도는 그만큼 낮아진다. 만약 자동차가 시속 0km부터 시속 60km까지 속도를 변화시키는 데 6초가 걸렸다면, 6시간이나 6

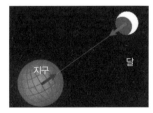

:: **작용 반작용의 법칙 |** 지구가 달을 끌어당기면 달은 같은 크기의 힘으로 지구를 끌어당긴다.

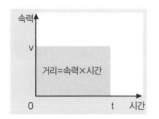

:: **등속 직선 운동 그래프** ㅣ 등속 직선 운동은 시간이 지나도 속력이 일정하므로 그래프에 나타난 것과 같이 시간축에 평행한 직선이 된다.

일이 걸린 것보다 가속도가 훨씬 빠르다. 최종 속도는 시속 60km로 모두 같지만 걸린 시간이 다르기 때문에 가속도는 다르게 나온다. 가속도의 법칙(F=ma)에 의하면 6초가 걸릴 때 드는 힘은 그보다 많은 시간이 필요한 나머지 경우들보다 훨씬 크다.

가속도가 0이라면 운동 상태의 변화가 없다는 뜻이다. 이때 움직이는 물체는 같은 속도로 직선 운동, 즉 등속 직선 운동*을 하고 원래 정지해 있던 물체는 계속 정지해 있다. F=ma이므로 a=0이면 F도 0이 된다. 이것은 뉴턴의 관성 법칙과도 잘 맞아떨어진다.

수학적으로 증명되는 것일지라도 상식적인 관점에서는 가히 혁명적인 것으로 비쳐질 수도 있는 것이다. 뉴턴은 "외부에서 힘이 가해지지 않으면 움직이는 물체는 직선으로 그 움직임을 지속한다"라고 말했다. 그렇지만 우리 모두, 심지어 뉴턴 자신도 단 한 번도 그런 것을 본 적이 없다. 우리가 일상에서 겪는 경험에 의하면 어떤 물체든지 계속 움직이려면 쉬지 않고 외부의 힘이 전달되어야 한다. 가속 페달을 밟지 않으면 자동차가 움직이지 않듯이 어떤 물체든 일정량의 힘을 계속 가해주어야 움직인다. 우리가 힘을 가하지 않으면 물체의 속도는 느려지고 결국 멈춰버리는데 그 이유는 마찰력이나 공기 저항 같은 힘이 물체의 운동 방향과 반대 방향으로 가해지기 때문이다. 끌어당기거나 미는 것을 멈춘다고 해서 물체에 어떤 힘이 가해지지 않는 것이 아니다. 마찰력이나 공기 저항까지 고려한다면 뉴턴의 운동 법칙에는 전혀 결함이 없다. 물체의 운동 상태를 일정하게 유지하려면 이런 눈에 보이지 않는 항력drag force들을 이겨내야 한다. 그러려면 저항력과 같은 크기의 힘을 물체에 가해서 알짜 힘net force**을 0으로 만들어 힘의 평형을 이뤄야 한다. 그러면 물체는 등속 직선 운동을 할 수 있다. 물체를 보다 강한 힘으로 밀거나 당기면 이제 그 방향으로 알짜 힘이 나타나고 그것에 비례해 가속도가 생긴다. 힘과 가속도의 비례 상수는 질량 m으로서 물체가 운동의 변화에 얼마만큼 저항하는지를 보여준다.

이쯤에서 질량과 무게를 구분해보자. 우선 질량은 물체가 얼마나 많은 물질을 함유하는가(얼마나 원자가 많은가)를 나타낸다. 반면 무게는 물체에 가해지는 중력의 힘이다. 물체는 각각의 원자가 지닌 질량 때문에 관성을 갖는데, 이것은 힘이 작용했을 때 변화에 저항하는 능력이다. 동일한 물체를 다른 행성에 가져다 놓아도 질량은 변하지 않는다. 다른 행성에 보낸다고 해서 그 물체를 이루는 원자의 수가 변하지는 않기 때문이다. 만약 어떤 물체가 행성의 중력이 거의 미치지 않는 곳으로 간다면 무게는 나타나지 않더라도 질량은 여전히 존재한다. 가령 우주비행사가 플랫폼에 서서 우주정거장을 들어서 내던진다 해도 정거장은 꿈쩍도 하지 않는다. 우주정거장과 그 안에 거주하는 우주인들의 무게가 거의 제로인 상황에서 어떻게 이럴 수 있는 것인가? 우주정거장의 질량은 우주비행사보다 월등히 크고, 우주비행사가 가하는 힘으로 생기는 가속도는 너무나도 작기 때문이다.

지면 위에 있는 물체의 중력 때문에 생기는 가속도를 보통 g로 표시하는데 이를 '중력 가속도Acceleration of Gravity'***라고 한다. 질량(m)을 지닌 물체

● 속도의 크기(속력)나 방향이 일정하게 유지되는 물체 운동. 그러려면 직선으로 움직여야 한다.

●● 물체에 작용하는 모든 힘의 합력.

●●● 지구상의 위치·높이에 따라 다르지만 대략 $9.8m/s^2$이다.

에 가해지는 중력이 곧 무게(W)인데, 여기서 무게는 질량과 중력 가속도를 곱한 값이고 이것을 식으로 나타내면

$$W = m \times g \quad \text{무게 = 질량} \times \text{중력 가속도}$$

가 된다. 앞에 나왔던 F＝ma와 비교해보면 가속도 a가 중력 가속도 g로 바뀐 것을 알 수 있다. 질량은 어떤 물체의 고유한 속성으로, 단위는 보통 kg을 쓴다. 무게는 중력이 물체에 작용하는 힘을 말하는데 미국에서는 단위로 lb(파운드)를, 유럽이나 한국에서는 kg을 쓴다. 그런데 사실 엄밀히 따지자면 kg을 무게 단위로 쓰는 것은 잘못된 것이다. 일반적으로 물리학에서는 무게 단위를 N(뉴턴) 혹은 kgf로 쓴다. 1kg은 2.2lb에 해당한다. 내가 '같다'가 아닌 '해당'이라는 표현을 사용한 것은 kg은 질량, lb는 힘의 단위를 말하기 때문이다. 지구에서 1kg인 물체의 무게가 2.2lb라면 달에서는

2.2lb에 미치치 못하고 목성에서는 2.2lb보다 더 무거워진다. 하지만 그 질량은 달, 지구, 목성 어디서든 1kg이다. 따라서 우리는 힘을 계산할 때, 어떤 힘이라도 $F=ma$로 설명할 수 있다는 사실을 기억할 수 있도록 N이 아닌 kg-meter/s^2 **을 사용할 것이다.

요약하자면, 슈퍼맨을 이루는 원자의 수는 언제 어디서나 항상 똑같기 때문에 그의 질량은 변하지 않는다. 하지만 슈퍼맨의 무게는 그가 서 있는 행성이 얼마나 강하게 그를 잡아당기는지에 따라 달라진다. 가령 슈퍼맨의 무게는 지구보다 목성에서 더 나가고 달에서는 덜 나간다. 중력의 세기는 행성의 중심에서 멀어질수록 그만큼 약해지지만, 그렇다고 해서 행성에서 무한대로 멀어지지 않는 한 기술적으로 0이 될 수는 없다. 우리는 무의식중에 질량과 무게를 동일시하려는데, 중력 가속도가 항상 동일한 지구에서의 물체를 다룰 때 그러기 쉽다. 앞으로 지구와 크립턴 행성에서 슈퍼맨의 무게를 비교해보면서 확실히 개념을 잡도록 하자.

뉴턴의 작용과 반작용 법칙은 우리가 어떤 물체를 밀면 그 물체는 똑같은 힘으로 우리를 밀어내는 것을 말한다. 다시 말해 작용력이 있으면 항상 거기에 해당하는 반작용력이 있는데, 그 세기는 작용력과 같고 방향은 반대다. 우리가 벽에 기대어 설 수 있는 이유도 벽에 기대어 미는 힘만큼 벽도 우리를 같은 힘으로 떠받치기 때문이다. 만약 두 힘이 같지 않다면 우리는 가속도 운동을 하면서 벽면에 곤두박질치고 알짜 힘도 0을 가리키지 않게 될 것이다. 벽에 기대도 괜찮은 까닭은 중력 때문에 벽을 미는 힘이 생

———— • f는 force의 약자로 힘 또는 중력에 의해 발생한 무게를 뜻한다.
• s는 second(초)의 약자로 사용된다.

기지만, 이 힘과 반대되는 벽의 반작용이 우리 몸에 작용하는 중력을 똑같이 상쇄하기 때문이다.

앞서 말했듯이 우주비행사가 우주정거장을 밀면 우주정거장의 질량이 너무 크기 때문에 우주정거장의 가속도는 아주 미미하다. 이때 우주비행사에게도 반대 방향으로 같은 세기의 힘이 가해지는데, 우주비행사의 질량은 크지 않기 때문에 우주정거장보다 훨씬 큰 가속도로 뒤로 밀려난다.

슈퍼맨과 헐크Hulk가 체중계를 하나씩 든 상태에서 체중계를 맞대고, 서로를 미는 장면을 떠올려보자. 그러면 체중계는 서로를 밀어내는 힘을 측정하는 장치가 된다. 두 사람은 서로를 밀어내려고 안간힘을 쓴다. 슈퍼맨이 아무리 세게 밀어도 헐크는 꿈쩍도 하지 않는다. 이때 헐크의 체중계에 표시되는 힘과 슈퍼맨의 체중계에 표시되는 힘의 크기는 같다. 만약 헐크가 버티지 못하고 뒤로 나자빠지게 되면 슈퍼맨의 체중계는 0을 가리킬 것이다.

힘은 항상 쌍으로 작용한다. 그러므로 우리가 반작용력 없이 어떤 물체를 밀고 당기기란 불가능하다. 우리가 지면에 서 있을 때도 중력으로 인해 우리의 다리는 지면에 힘을 가하게 된다. 그리고 지구의 반대편에 사람들이 서 있을 수 있는 것도 중력이 어디에서나 지구 중심 방향으로 작용하기 때문이다. 우리는 서 있는 동안 중력을 받는데도 가속 운동을 하지 않는다. 지면이 우리의 몸무게와 같은 크기의 힘을 위쪽으로 가하기 때문이다. 슈퍼맨이 점프하는 그 찰나적인 순간에 그의 다리는 보통 서 있을 때의 무게보다 더 큰 힘을 발휘하게 되는 것이다. 이는 힘이 항상 쌍으로 작용하므로 우리가 지면을 아래로 누르면 지면은 우리를 위로 밀어올리기 때문이다.

헉

서로의 질량 차가
워낙 커서 비행사가
힘껏 밀어도 도리어
비행사가 날아가죠.

따라서 슈퍼맨은 양력upward force, 공기 중에서 물체가 상대적으로 운동을 할 때, 공기가 물체를 위쪽으로 떠받치는 힘에 의해 지구를 박차고 날 수 있는 것이다.

자, 이제 뉴턴의 운동 법칙을 두 가지 개념으로 간단히 요약해보자. 물체의 운동 상태를 바꾸려면 F=ma만큼의 외부 힘이 필요하고, 이때 힘은 항상 쌍으로 작용한다. 이것은 간단한 운동에서 복잡한 운동까지, 즉 위로 던진 공에서부터 행성의 공전에 이르기까지 모두 적용된다. 자, 우리는 슈퍼맨이 높은 건물을 뛰어오르는 데 필요한 초속도를 이해할 수 있을 만큼의 물리학을 이미 터득한 셈이다.

단 한 번의 점프

슈퍼맨은 처음에 빠른 초속도로 뛰어오르기 시작한다. 그러다가 지면에서 200m 정도 되는 정점에서 슈퍼맨의 속도는 0이 되어야 한다. 그렇지 않다면 점프가 최고점에 오르지 않았기 때문에 더 높이 올라야 한다. 슈퍼맨의 속도가 줄어드는 이유는 외부의 힘, 즉 중력이 그가 더 이상 오르지 못하도록 방해하면서 지구의 표면으로 끌어당기기 때문이다. 가속도는 점점 떨어져 슈퍼맨이 200m 높이에 도달할 때는 0이 된다. 바람이 반대 방향으로 부는 곳에서 스케이트를 타는 장면을 떠올린다면 쉽게 이해가 갈 것이다. 가고자 하는 방향의 반대편에서 불어오는 바람 때문에 우리는 결국 지쳐서 멈추게 된다. 이번에는 반대로 바람을 등에 업고 다시 출발점으로 되돌아온다면, 우리는 출발했던 속도를 계속 유지하며 출발점을 통과할 것이다. 단지 방향만 바뀌었을 뿐이다. 우리가 스케이트를 탈 때 바람은 지면과

나란한 방향으로 힘을 가한다. 스케이
트를 탈 때 항풍constant wind이 영향을
미치는 것처럼 슈퍼맨이 점프할 때는
중력이 영향을 미치는 것이다. 중력의
힘은 슈퍼맨이 점프를 시작할 때나,
중간만큼 올라갔을 때나, 최고점에 올
라갔을 때나 동일하다. F=ma이기 때
문에 슈퍼맨의 가속도 역시 항상 동일
하다. 그렇다면 이제 슈퍼맨이 200m
높이까지 도달하려면 어느 정도의 초

그림 4_ 《슈퍼맨》 제1호의 한 장면. 슈퍼
맨의 도약 과정을 보여준다.

속도가 필요한지 알기 위해선 하향성 등가속도 g를 알아내야 한다.

  상식적으로 더 높이 뛰려면 그만큼 더 빨리 점프해야 한다. 그럼 초속도
와 최대 높이는 어떤 관계일까? 만약 자동차를 타고 달린다면 총거리는 그
동안의 평균 속력과 차로 달린 시간을 곱해 구할 수 있다. 우리가 탄 자동
차가 한 시간 동안 60km로 달렸다면, 자동차는 출발점으로부터 시속
60km 떨어진 곳에 와 있는 것이다.

  우리는 슈퍼맨이 공중에 머무른 시간은 알 수 없다. 단지 그가 점프해 도
달한 최대 높이가 200m라는 것만 알고 있다. 자, 가속도는 속도의 변화를
걸린 시간으로 나눈 것이고, 속도는 거리를 시간으로 나눈 것이다. 이 두
가지 사실을 이용하면 슈퍼맨의 초속도 v와 최대 높이 h 사이의 관계는 $v \times v = v^2 = 2gh$로 나타낼 수 있다. 이 공식은 슈퍼맨이 올라갈 수 있는 높이
는 초속도의 제곱에 비례한다는 것을 말해준다. 그가 만일 두 배의 초속도
로 도약했다면 올라갈 수 있는 최대 높이는 네 배가 되는 셈이다.

그럼 왜 최대 높이가 초속도의 제곱에 비례할까? 그 이유는 슈퍼맨이 올라간 높이 h는 매순간의 속도와 체공시간_{물체가 공중에 떠 있는 시간} t를 곱한 값이고 또한 체공시간은 초속도가 빠르면 길어지기 때문이다.

아주 빠른 속도로 자동차를 몰고 가다가 갑자기 브레이크를 밟으면 완전히 정지할 때까지 시간이 오래 걸린다. 이와 마찬가지로 슈퍼맨도 빠르게 뛰어오르면 중력이 그의 속도를 완전히 0(최고점)으로 만드는 시간이 그만큼 길어진다. 중력 가속도가 9.6m/s이고, 초기 속도 0으로 떨어지는 물체는 1초 후 9.6m/s, 2초 후에는 19.2m/s…… 식으로 속도가 빨라진다는 사실을 이용하면, $v^2=2gh$라는 공식을 통해 200m 높이를 점프하는 데 필요한 초속도를 계산하면 약 62.6m/s($v^2=3,920$)가 된다. 이 값은 한 시간에 무려 약 225km($=60s \times 60 \times 62.6m/s$)를 갈 수 있는 속도다. 자, 이제 우

리 같은 별 볼 일 없는 인간들이 빌딩을 뛰어넘지 못하는 이유를 알았을 것이다. 단 한 번의 점프로 쓰레기통을 뛰어넘는 것만 해도 대단한 것이다.

우리가 앞에서 사용했던 슈퍼맨의 평균 속도는 초속도(v)와 종속도(0)를 합쳐 2로 나눈 값이다. $v^2 = 2gh$에서 gh 앞에 2가 붙어 있는 이유도 슈퍼맨의 평균 속도가 v/2이기 때문이다. 슈퍼맨이 도약하면 그의 속도는 점점 떨어지지만 그의 위치는 상승한다.

이렇게 연속적으로 변하는 상황을 수학적으로 풀고자 한다면 미적분을 사용해야 한다. 뉴턴이 처음으로 미적분을 사용했는데 혹시 미적분이라는 말만 들어도 몸서리를 치는 분들이 있는가? 걱정하지 마시라. 나는 이 책에서 미적분을 논할 생각이 추호도 없다. 어려운 수학으로 계산을 해도 그 답은 어차피 우리가 앞에서 $v^2 = 2gh$를 이용해 구했던 것과 같기 때문이다.

그럼 어떻게 슈퍼맨은 62.6m/s라는 빠른 속도를 낼 수 있을까? 슈퍼맨이 취한 방법은 다음의 만화(그림 5)에 나온 것처럼 높이 뛰어오르는 것이다. 슈퍼맨은 몸을 아래로 움츠렸다가 지면을 힘껏 밀어내면서 점프한다. 작용과 반작용 법칙에 따라 슈퍼맨은 위쪽으로 힘을 받아 중력을 이기면서 올라간다. 잘 알다시피 62.6m/s의 초속도를 내려면 엄청난 힘이 필요하다.

정확히 얼마만큼의 힘이 필요한지는 F＝ma(힘＝질량×가속도)를 이용해 계산해보자. 우선 100kg인 슈퍼맨이 건물 위로 뛰어오르는 동안에 생기는 가속도를 구해야 한다. 이때 가속도는 속도의 변화를 시간으로 나눈 값임을 기억하자. 그가 몸을 움츠렸다가 펴면서 지면을 다리로 밀어내는 동안 걸린 시간이 0.25초라고 하면, 그동안 변한 속도의 크기는 62.6m/s이므로, 가속도는 대략 250m/s²이 나온다. 이 정도 가속도라면 자동차가 0km에서 100km까지 도달하는데 0.1초밖에 안 걸린다.

슈퍼맨은 움츠리면서 자신의 다리 근육에 긴장을 가한다.

저 비행기를 쫓아가면 루이스를 만날 수 있을 거야.

슈퍼맨의 강한 다리 근육은 그를 지구 성층권까지 닿을 수 있도록 만든다.

와~, 엄청 큰 비행선이군!

그림 5_ 《액션 코믹스》 제23호의 한 장면. 슈퍼맨이 놀랄 만한 초속도를 내는 과정을 설명해준다.

F=ma는 우리가 큰 변화를 일으키려면 많은 힘이 필요하다는 것을 말해준다. 슈퍼맨이 높이 뛰어오를 수 있는 힘은 그의 강한 다리 근육에서 나온다. 지구에서 슈퍼맨의 질량이 100kg이라면, 200m 높이까지 올라가는 데 필요한 힘은 $F=ma=100kg \times 250m/s^2=2$만 $5,000kgm/s^2=2$만 $5,000N$이 된다.

그럼 슈퍼맨의 다리 근육이 2만 5,000N의 힘을 내는 것이 정말 가능할까? 답은 '충분히 가능하다'다. 그의 고향인 크립턴 행성의 중력은 지구보다 강하고, 그곳에서 태어난 슈퍼맨의 다리는 이미 크립턴 행성의 중력을 견딜 수 있도록 진화되어 있다. 우리는 슈퍼맨이 높이 점프하려면 최소한 2만 5,000N의 힘이 필요하다는 것을 계산해냈다.

자, 이제 이 힘의 크기 2만 5,000N(약 2,500kgf)이 슈퍼맨이 크립턴 행성에서 자신의 몸을 지탱하고 서 있는 데 필요한 힘보다 70% 더 세다고 치자.

● 지구에서 중력 가속도가 9.8m/s²이므로 1kg의 질량을 가진 물체의 무게는 1kg×9.8m/s², 약 10N에 해당하는 힘이고 1kgf라고 쓸 수 있다. 따라서 2만 5,000N은 2.5톤의 질량을 가진 물체의 무게 2,500kgf에 해당한다.

그렇다면 크립턴 행성에서 슈퍼맨의 몸무게는 1,500kgf 정도가 되는데, 이는 슈퍼맨의 질량과 크립턴에서의 중력 가속도를 곱한 값이다. 지구에서의 슈퍼맨 몸무게를 100kgf, 크립턴 행성에서의 슈퍼맨 몸무게를 1,500kgf라고 가정했을 때, 슈퍼맨의 질량은 절대 변하지 않으므로 크립턴 행성의 중력 가속도는 지구보다 15배 정도 크다고 할 수 있다.

우리는 'F=ma', '거리＝속도×시간', '가속도는 시간에 대한 속도 변화율'이라는 공식과 슈퍼맨이 한 번에 점프할 수 있는 높이를 이용해 '크립턴 행성의 중력은 지구보다 15배가 강하다'라는 사실을 알아냈다. 축하한다. 우리는 방금 어려운 물리 계산 하나를 끝냈다.

슈퍼맨의 탄생 비화!

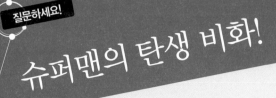

슈퍼맨의 자세한 탄생 배경을 어디 한번 들어볼까요?

슈퍼맨은 미국 클리블랜드에 살던 두 십대 청소년 제리와 조가 탄생시킨 캐릭터다. 일간 신문의 네 컷짜리 만화를 그려 큰 부자가 되기를 꿈꾸던 두 젊은이는 타잔의 용감무쌍함에 공상 과학적인 요소를 가미해 새로운 인물을 창조한다.

그들은 지구인이 외계 행성으로 여행하는 식상한 이야기 대신 멀고 먼 곳에 사는 강력한 존재가 지구로 오게 된다는 내용으로 이야기를 만들어나간다. 아마 짐작컨대 이런 혁신적인 이야기와 슈퍼맨이 입은 화려한 의상 모두 그 당시 서커스 공연을 보며 아이디어를 얻지 않았나 싶다(훗날 제리 시걸은 어느 인터뷰에서 클라크 켄트라는 이름을 〈바람과 함께 사라지다〉로 유명한 배우 클라크 게이블에서 따왔다고 말했다).

하지만 안타깝게도 어느 신문사도 제리와 조의 허무맹랑한 만화를 실어주지 않았다. 무려 4년에 걸친 출판사의 거절 때문에 큰 좌절을 맛본 제리와 조는 당시 소규모로 이루어지던 만화잡지 시장에 뛰어든다. 거기서 그들은 자신들의 이야기에 흥미를 느낀 셸던 메이어Sheldon Mayer, 1917~1991라는 젊은 편집자를 만나게 된다.

셸던은 두 젊은이의 엉성한 이야기 속에 숨은 잠재력을 알아챈다. 그리고 발행인에게 이 이야기는 분명 새로운 만화잡지의 표지를 장식할 가치가 있다고 설득한다. 결국 제리와 조의 이야기는 2주라는 짧은 시일 동안 13쪽 분량의 새로운 한 편의 만화로 만들어진다.

1938년 봄, 슈퍼맨 시리즈가 실린 《액션 코믹스》는 신문 가판대에 10센트의 가격표를 달고 첫 등장한다. 잡지 표지에는 혼란에 빠진 사람들 속에서 큼지막한 자동차를 머리 위로 들어올린 슈퍼맨이 그려져 있었다. 그리고 얼마 지나지 않아 독자들의 열광적인 반응을 이끌어낸다. 슈퍼맨이 표지로 등장하는 잡지는 불티나게 팔렸고, 그 인기에 힘입어 1939년 슈퍼맨은 마침내 신문에 연재된다. 1940년부터는 라디오 쇼를 비롯해 영화, 드라마로 만들어져 명실상부한 슈퍼스타가 된다. 이때부터 슈퍼영웅을 그린 만화가 잇따라 등장하면서 오늘날 주류를 이루는 슈퍼영웅 만화 장르가 확립되었다.

또 힘자랑 하니!

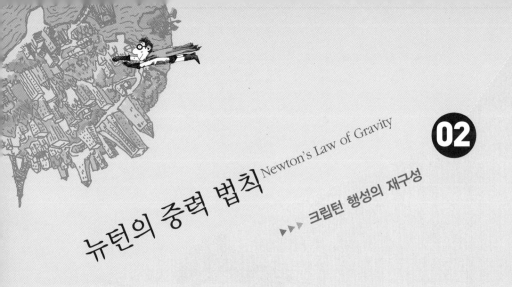

02

뉴턴의 중력 법칙 Newton's Law of Gravity

▶▶▶ 크립턴 행성의 재구성

우리는 슈퍼맨이 높은 건물에 뛰어오르기 위해서는 그가 태어난 크립턴 행성의 중력이 지구보다 15배는 강해야 한다는 사실을 알아냈다. 그렇다면 과연 그런 행성이 존재할 수 있을까? 이 질문에 답하려면 행성에서 중력이 작용하는 원리를 이해해야 한다. 그러려면 수학이 조금 필요한데 여기서 잠시 그 유명한 뉴턴의 사과와 중력의 관계를 살펴보자.

앞서 설명한 뉴턴의 운동 법칙이나 미적분학과는 별도로 뉴턴은 질량을 가진 두 물체 사이에 중력이 작용해 서로를 끌어당기는 성질이 있다는 것을 발견했다. 그리고 뉴턴은 행성의 궤도를 설명하고자 중력에 대한 공식을 만들었다. 두 물체를 m, M, 이들 사이의 거리를 d라고 할 때 물체 사이에 작용하는 중력의 크기는 다음과 같다.

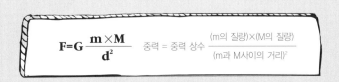

$$F = G\frac{m \times M}{d^2}$$

중력 = 중력 상수 $\dfrac{(m의\ 질량) \times (M의\ 질량)}{(m과\ M사이의\ 거리)^2}$

비례 상수인 중력 상수Gravitational Constant G의 값은 G≒6.67×10⁻¹¹Nm²/kg이다. 이 공식은 예외 없이 모든 물체에 적용된다. 태양과 지구 사이의 힘, 지구와 달 사이의 힘, 그리고 지구와 슈퍼맨 사이의 힘 모두 이 공식을 따른다.

슈퍼맨의 질량을 m, 지구의 질량을 M이라고 하면 두 물체 사이의 거리는 지구의 반지름(지구의 중심에서 슈퍼맨이 서 있는 지표면까지의 거리)이 된다. 중심에서 대칭적으로 질량이 고르게 퍼져 있는 행성에서는 마치 모든 질량이 행성의 중심에 모여 있는 것과 같다. 그래서 두 물체 사이의 거리를 슈퍼맨과 지구 중심 간의 거리라고 봐도 무방하다. 슈퍼맨의 질량 100kg과 지구의 질량 $5.9736×10^{24}$kg, 슈퍼맨과 지구 중심 사이의 거리인 지구 반지름, 그리고 미리 측정한 중력 상수를 식에 모조리 넣어 정리해 보면 힘 F는 980N이 된다.

하지만 이것은 단지 지구에서 측정한 슈퍼맨의 무게일 뿐이다. 이것은 슈퍼맨이 그저 체중계에 올라서기만 하면 측정되는 값이다. 놀랍게도 슈퍼맨에게 작용하는 힘에 대한 서로 다른 두 가지 표현은 정확히 같다. 슈퍼맨의 무게=mg, 중력=G(mM)/d²이다. 슈퍼맨의 무게와 중력이 같아야 하는데 m은 두 식 모두 공통되는 부분이므로, g=GM/d²이 된다. 지구 질량을 M에 대입하고, 지구 반지름을 d에 넣어서 계산해보면, g=9.8m/s²이 된다.

뉴턴의 중력 공식이 지닌 아름다움은 우리에게 왜 중력 가속도 g가 이런 값이 나오는지 가르쳐준다는 데 있다. 지구보다 작은 반지름과 질량을 가

• 뉴턴 상수라고도 하며, 전 세계적으로 대문자 G를 쓴다. 뉴턴의 중력 법칙과 아인슈타인의 일반 상대성 이론에 주로 쓰인다.

진 달 표면에서 물체에 작용하는 중력 가속도는 지구의 6분의 1수준인 $1.63m/s^2$밖에 되지 않는다.

이것이 바로 뉴턴과 사과에 얽힌 진실이다. 1665년 뉴턴은 사과가 떨어지는 것을 본 뒤 그 자리에서 갑자기 중력의 개념을 깨닫고 즉시 $F=G(mM)/d^2$을 써 내려갔던 것이 아니다. 17세기 뉴턴의 중력 발견이 그토록 빛났던 이유는 사과를 지구로 끌어당기는 힘과 지구가 달을 끌어당겨 지상과 우주를 연결하려는 힘의 근원이 같다는 것을 발견했다는 데 있다. 달이 공전 속도를 그대로 유지한 채 궤도를 유지하려면 일정한 힘이 달의 방향을 계속 바꿔주어 그 닫힌 궤도 속에 붙들어두어야 한다.

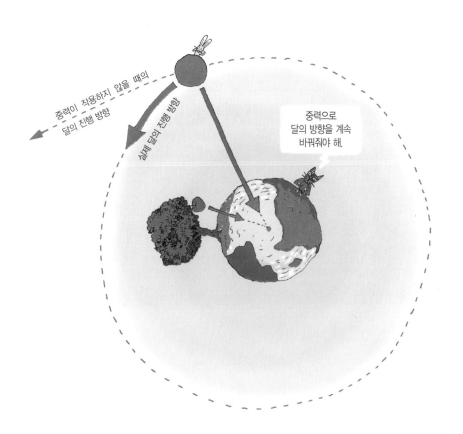

뉴턴의 운동 방정식 F＝ma를 상기하자. 만일 힘이 작용하지 않는다면 운동 상태가 변하지 않는다. 끈 하나를 물통에 묶고 이것을 지면과 수평을 이루도록 원을 그리면서 빙글빙글 돌린다. 그러려면 일단 끈을 계속 잡고 있어야 한다. 끈의 장력tention•이 변하지 않는 이상 물통은 계속 원운동을 한다. 끈의 장력 방향이 물통이 움직이는 방향과 수직이기 때문에 결국 이 힘은 물통 속도의 크기는 바꿀 수 없어도 움직이는 방향만은 바꿀 수 있다. 그리고 이 끈을 손에서 놓는 순간 물통은 일직선으로 저 멀리 날아가 버린다.

자, 이제 달의 경우를 생각해보자. 만약 달을 움직이는 힘이나 중력이 존재하지 않는다면 달은 그 어떤 방해도 받지 않은 채 일직선으로 지구 곁을 지나갈 것이다. 반대로 중력은 존재하는데 달이 정지 상태로 있다면 달은 곧장 지구로 떨어져 지면과 충돌하게 될 것이다. 달의 속도와 지구 사이의 거리가 중력의 크기와 정확히 균형을 이룰 때 비로소 안정적으로 원 궤도를 그릴 수 있다. 달이 저 멀리 날아가 버리지 않는 이유는 지구가 끌어당기기 때문이다. 달의 속도는 충분히 빠르기 때문에 지구 방향으로 끌어당겨져 충돌하지 않고 일정 거리를 유지하면서 원 궤도를 돈다. 달로 하여금 지구 궤도를 돌게 하는 힘, 지구로 하여금 태양의 타원 궤도를 돌게 하는 힘, 나무에 달린 사과로 하여금 지구로 떨어지게 하는 힘은 모두 같은 것이다. 슈퍼맨의 속도가 빌딩 꼭대기에서 줄어드는 것도 역시 같은 중력이 작용하기 때문이다.

앞서 우리는 슈퍼맨이 지구보다 15배 더 강한 중력을 가진 크립턴 행성에 적합한 신체이기 때문에 이런 엄청난 도약이 가능하다고 배웠다(중력 개

• 줄에 걸리는 힘의 크기. 줄을 통해 물체에 작용하는 힘의 크기가 10N이면 줄에 걸리는 장력 역시 10N이다.

넘을 이용해 크립턴 행성의 지질 구조를 분석할 수도 있다).

뉴턴의 중력 법칙(중력의 세기는 두 물체 사이의 거리가 멀어질수록 거리 제곱에 비례해 약해진다)을 통해 우리는 모든 행성이 둥글다는 것을 배웠다. 구의 부피는 반지름의 세제곱에 비례해 늘어나고($\frac{4}{3}\pi r^3$) 구의 표면적은 반지름의 제곱에 비례해 증가한다($4\pi r^2$). 표면적은 반지름의 제곱에 비례하지만 중력은 반지름의 제곱에 반비례한다는 사실이 서로 균형을 이루면서 지구를 엄청난 중력과 질량이 유지될 수 있는 안정적 형태인 구형으로 만드는 것이다.

천체물리학적으로 큰 천체와 작은 천체를 분류하는 기준은 형태에 있다. 작은 돌 하나를 손에 놓고 보면 표면이 아주 울퉁불퉁하다. 그것은 돌의 질량이 너무 작아서 자체의 중력으로는 돌의 형태를 구형으로 만들 수 없기 때문이다. 하지만 명왕성만큼 돌이 크다면 중력이 절대적 영향을 행사하게 되어, 원형이 아닌 다른 모양으로는 절대 만들어지지 않는다. 슈퍼맨의 실패한 복제품 비자로Bizarro의 고향별처럼 울퉁불퉁한 별은 틀림없이 매우 작은 행성일 것이다. 실제로 비자로의 행성이 구형으로 변하지 않았다면 행성의 중심에서 지면까지의 거리는 483km를 넘지 못한다. 그러나 이런 울퉁불퉁한 작은 행성은 공기 분자를 끌어당길 만한 중력이 없어서 대기가 존재할 수 없다. 그런데 만화책 속 비자로 행성의 하늘은 지구처럼 푸른색이다. 이 말은 그 행성에 대기가 존재한다는 것을 의미한다. 따라서 하루에도 몇 번씩 그런 행성에 다녀온 것 같은 느낌이 들더라도 비자로의 고향별은 물리적으로 존재할 수 없는 행성이라는 점을 인정해야 한다.

다시 크립턴처럼 정상적인 행성을 예로 들어보자. 거듭 말하지만 크립턴 행성의 중력 가속도는 지구보다 15배 크다. 거리 d는 행성의 반지름 R과 같고 행성의 질량 m은 행성의 밀도 ρ와 부피의 곱으로 표현할 수 있다. 부피는 행성이 구형이므로 구의 부피를 그대로 쓰면 된다. 중력 상수 G는 지구에서나 크립턴에서나 항상 일정하기 때문에 서로 상쇄되고 중력 가속도 비율에 다른 다음과 같은 식이 성립된다.

$$\frac{g_K}{g_E} = \frac{\rho_K R_K}{\rho_E R_E} = 15$$

$$\frac{\text{크립턴 행성의 중력 가속도}}{\text{지구의 중력 가속도}} = \frac{(\text{크립턴 행성의 밀도})\times(\text{크립턴 행성의 반지름})}{(\text{지구의 밀도})\times(\text{지구의 반지름})} = 15$$

여기에서 ρ_K와 R_K는 크립턴의 밀도와 반지름을 의미하고, ρ_E와 R_E는 지구의 밀도와 반지름을 의미한다. 지구와 크립턴 행성의 중력 가속도를 비교하려면 행성의 밀도와 반지름만 알면 된다. 크립턴 행성의 크기가 지구와 같다면 그 밀도가 지구보다 15배 높아야 하고, 크립턴 행성의 밀도가 지구와 같다면 행성 크기는 지구보다 15배 커야 한다.

이 책의 도입 부분에서 언급한 바 있지만 물리학의 본질은 적절한 질문을 던지는 것이다. 따라서 인생사가 그렇지만 물리학에서도 질문에 대한 한 가지 답변이 여러 가지 질문들로 이어지게 된다. 우리는 이미 슈퍼맨이 지구에서 단 한 번의 점프로 200m 혹은 빌딩 꼭대기까지 날아오르려면 그의 고향 크립턴 행성의 밀도나 반지름이 지구의 것들보다 15배나 더 커야 한다는 사실을 배웠다. 그렇다면 크립턴의 남아도는 중력을 지구보다 훨씬 밀도가 높아지게 하는 것($\rho_K = \rho_K$)으로 돌리고, 크립턴의 크기를 지구의 크기로 만드는 것($R_K = R_E$)이 가능하냐는 질문이 대두될 수 있을 것이다. 크립턴 행성에서 작용하는 물리 법칙이 지구에서도 똑같이 적용되려면, 지구보다 밀도가 15배 높아야 하는데 이것은 전혀 있을 수 없는 일이다. 지금부터 그 이유를 알아보자.

질량은 밀도와 부피의 곱으로 구할 수 있고 밀도는 질량을 부피로 나눈 값이다. 이제 밀도의 한계는 얼마나 되는지, 그리고 왜 크립턴 행성의 밀도가 지구보다 15배 높다는 것이 성립할 수 없는지 원자의 개념을 이용해 밝혀보자. 물체의 총질량과 부피가 얼마나 되는가는 그 물체를 구성하는 원자에 따라 결정된다. 물체의 질량은 물체가 그 안에 얼마나 많은 원자를 포함하고 있는가를 말해준다.

원자의 구조를 살펴보면 작은 원자핵에 양성자와 중성자가 들어 있고 그

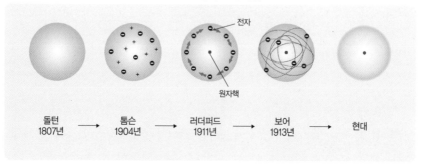

:: 원자 모형의 변천 과정

전자

원자핵

| 돌턴 1807년 | → | 톰슨 1904년 | → | 러더퍼드 1911년 | → | 보어 1913년 | → | 현대 |

주위를 가벼운 전자가 빙글빙글 도는 형상이다. 양성자는 (+), 전자는 (-) 전하로 대전되어 있는데, 이 둘은 그 수가 같기 때문에 원자는 전체적으로 전기적인 중성을 유지한다. 전자는 양성자나 중성자보다 훨씬 가벼운 입자 로서 원자핵 주변에 존재한다(중성자에 대해선 15장에서 설명할 것이다). 전자 는 양성자보다 2,000배 이상 가볍기 때문에 원자의 질량은 사실상 핵 안에 들어 있는 양성자와 중성자 질량의 합이라고 할 수 있다.

원자의 크기는 전자의 양자 역학적 궤도로 결정된다. 원자핵의 지름은 1 조 분의 1cm 정도 되지만 원자의 반지름은 전자가 원자핵에서 얼마나 멀리 떨어져 있는지에 따라 결정되며 그 크기는 핵보다 1만 배나 더 크다. 쉽게 말해, 축구 골대 맨 구석에 박힌 구슬 하나가 원자핵이라면 그것과 맞은편 골대 사이의 거리가 전자 궤도의 반지름이 되는 셈이다.

고체 상태의 물질에서 원자 사이의 공간은 그 원자의 크기에 따라서 결 정되는데, 대개는 그보다 더 압축할 수 없을 정도이다. 만약 양자 역학 Quautum Mechanics 이 지구에서와 마찬가지로 크립턴 행성에서도 성립된다면, 지구와 크립턴 행성에서 각각 가져온 똑같은 크기의 바위에 포함된 원자의 개수는 같다. 물론 중력이 큰 행성에서는 바위의 무게가 그만큼 많이 나간다. 하지만 바위를 이루는 원자 개수는 밀도를 결정하는 원자 간 거리와 마찬가지로 그 바위가 어디서 왔느냐 하는 것과는 상관이 없다. 원자의 크기가 바로 바위의 질량과 비례한다는 점에서 그 바위의 출처와는 무관하게 바위의 밀도는 같을 수밖에 없는 것이다. 고체 물질 대부분의 밀도는 10배 이내에서 대략 비슷하다. 예를 들어 물의 밀도는 $1g/cm^3$이고 납의 밀도는 $11g/cm^3$ ** 다. 납의 밀도가 물보다 높은 이유는 납 원자의 질량이 물 분자의 질량보다 10배 정도 더 무겁기 때문이다.

지구에는 바위뿐만 아니라 물도 많기 때문에, 지구의 평균 밀도는 $5g/cm^3$밖에 되지 않는다. 그런데도 지구는 태양계에서 밀도가 가장 높은 행성이다. 만일 크립턴 행성이 무거운 우라늄으로만 되어 있다고 해도, 그 밀도는 지구의 4배 수준인 $19g/cm^3$에 지나지 않는다. 앞서 밝힌 대로 크립턴 행성이 지구보다 15배 높은 밀도를 가진다면, 그 밀도가 무려 $75g/cm^3$인데, 크립턴 행성이 어떤 물질로 이루어져 있든 이렇게 높은 밀도를 가질 수는 없다.

크립턴 행성의 밀도가 지구와 같다는 전제하에 지구보다 15배 강한 중력을 가지려면 크립턴 행성은 지구 반지름보다 15배나 더 커야 한다. 그러나 이 크기 역시 만만찮다. 명왕성의 크기는 지구의 5배 정도이고, 목성도 11배밖에 안 된다.

● 하이젠베르크(Werner Heisenberg, 1901~1976)의 행렬 역학과 슈뢰딩거(Erwin Schrödinger, 1887~1961)의 파동 역학을 통합한 이론. 주로 원자의 성질을 설명하며 상대성 이론과 더불어 20세기 물리학의 양대 산맥을 이룬다.
●● 이것은 각 변의 길이가 1cm인 상자 속에 물이 가득 들어 있다면 그 질량은 1g이 되고, 납이 가득 들어 있다면 11g이 된다는 뜻이다.

태양계에 있는 행성은 이렇게 서로 다른 크기를 가지는데 그 크기는 행성의 지질과 아주 밀접한 관계가 있다. 천왕성보다 큰 행성으로는 해왕성, 토성, 목성이 있다. 이런 행성들은 기체로 이루어진 거대 행성이다. 지면에 인간이 도시나 건물을 세워 삶을 영위할 만한 고체 층이 거의 없다.

즉, 거대 행성은 항상 많은 기체로 이루어져 있다. 만약 목성이 지금보다 10배 정도 더 커져 태양만 하다면, 목성의 핵은 자체 중력에 짓눌려 핵융합을 시작하고, 그 결과 태양처럼 빛을 내뿜게 될 것이다. 목성 크기가 조금만 더 컸더라도 더 이상 거대 행성으로 존재하지 못하고, 작은 항성이 되어 버리는 것이다.

우리가 커다란 행성을 하나 만든다고 가정하자. 그러면 아주 많은 원자가 필요할 것이고 그 재료가 될 만한 것들은 수소와 헬륨뿐이다. 전 우주 질량의 73퍼센트가 수소이고, 25퍼센트가 헬륨이기 때문이다. 탄소, 규소, 구리, 질소 등과 같이 고체 행성을 만드는 데 필요한 물질은 우주 전체 질량에 2퍼센트밖에 되지 않는다.

그래서 커다란 행성들은 대개 기체로 이루어져 있고 태양으로부터 멀리 떨어진 궤도를 공전한다. 때문에 태양 복사 에너지의 세기가 약하므로 행성의 기체층은 증발되지 않는다. 반면, 고체 행성을 형성하는 무거운 원소들은 서로를 열심히 끌어당겨 점점 작아지고 그에 따라 공전 반지름은 짧아진다. 내행성이 외행성만큼 거대했다면 태양의 조수력 탓에 행성 자체가 진작에 붕괴되었을 것이다.

크립턴 행성은 아기를 우주선에 태워 다른 행성으로 보낼 만큼 문명이 발달한 곳이다. 그러므로 그런 행성이 지구보다 반지름이 15배나 큰 기체 행성이라는 것은 말이 안 된다.

그럼 지금까지의 설명으로 모두 끝난 것일까? 슈퍼맨과 크립턴 행성에 관한 이야기는 전부 거짓말일까? 반드시 그렇다고 할 수는 없다. 분명히 나는 일반적인 물질의 밀도가 지구에 있는 물질의 밀도보다 15배나 높을 수는 없다고 했다.

그러나 천문학자들은 그런 고밀도를 가진 물질을 결국 찾아냈다. 바로 '초신성Supernova'[*]이 폭발하고 남은 잔해들이다. 기체 행성의 크기가 어떤 한계점을 넘어서면 행성 중심에서의 중력 크기가 너무 강해져서 다른 원자의 핵들끼리 서로 뭉쳐져 핵융합을 일으킨다. 그 결과 더 큰 원자핵이 만들어지고 이 과정에서 에너지가 방출된다.

에너지의 근원은 아인슈타인Albert Einstein, 1879~1955의 공식 $E=mc^2$을 보면 알 수 있다. 이 공식에서 에너지 E는 질량 m에 빛의 속도인 c[**]의 제곱을 곱한 값이다. 사실, 서로 융합된 원자핵의 질량은 융합되기 전 두 핵의 질량보다 조금 작은데, 이를 질량 결손Mass Defect[***]이라고 한다. 이 미세한 질량 결손에 빛의 속도의 제곱을 곱하면 실로 엄청난 에너지가 발생한다. 이 에너지가 별의 중심에서 바깥으로 방사되면서 바깥쪽으로의 흐름을 형성하고, 이와 더불어 중력이 그것을 다시 안쪽으로 끌어당기는

:: 알베르트 아인슈타인

● 질량이 큰 별이 마지막 단계에 이르면 대폭발을 하면서 일생을 마감한다. 이때 엄청난 에너지를 순간적으로 방출하는데 그 밝기가 보통 신성보다 1만 배 이상이다.

●● 빛의 속도를 c로 나타내는 유래 가운데 '속도'를 뜻하는 라틴어 'celeritas(켈레리타스)'에서 비롯됐다는 설이 있다.

●●● 핵융합이나 핵분열 같은 핵반응이 일어날 때 반응 전 원자 질량의 합과 반응 후 원자 질량의 합의 차이를 말한다. 항상 반응 전보다 반응 후의 질량이 감소하고 $E=mc^2$에 의해 반응 후 엄청난 에너지가 발생한다.

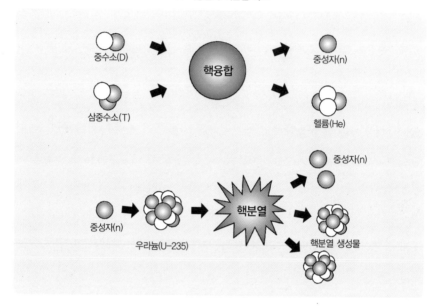

:: 핵융합과 핵분열 비교

힘이 평형을 이루면서 별의 모양을 유지한다.

수소 핵이 융합해 헬륨 핵으로 변하면 헬륨 핵끼리 또다시 융합해 탄소 핵이 된다. 그리고 이것들이 다시 융합해 질소나 산소, 혹은 다른 핵들을 형성하고, 이 과정은 행성의 마지막 순간까지 계속 반복된다. 핵융합은 무거운 핵들이 만들어짐에 따라 속도를 더해가고 마침내 별의 마지막 단계에 이르러 모두 철이나 니켈이 된다. 무거운 핵끼리 결합할수록 그 효율은 점점 떨어지게 되고, 철이 융합을 시작할 때가 되면 에너지 방출량은 별을 안정적으로 지탱하기에는 턱없이 부족해진다.

이러한 과정에서 별은 아주 작은 크기가 될 때까지 급격히 수축한다. 그리고 별의 중심 압력은 높아져서 최후의 핵융합을 시작한다. 그 결과 더 무거운 원소인 우라늄을 만들어내고 엄청난 양의 에너지를 방출한다. 이러한 최후를 맞는 별이 '초신성'이다. 별은 최후의 폭발 이후 여러 조각들로 나뉘어 우주공간을 떠다닌다. 그러다가 서로의 중력으로 다시 결합해 새로운 행성이나 별을 만들기도 한다.

우리의 몸과 지금 앉아 있는 의자, 만화책에 사용된 잉크와 종이까지 모든 원자는 별이 죽고 난 잔해들이 모여 만들어진 것이다. 따라서 우리는 모두 별의 잔해, 좀 더 엄밀히 얘기하자면 태양의 배설물로 만들어진 셈이다.

초신성이 된 뒤에도 큰 별들에는 강력한 중력 탓에 중심부에 높은 압력이 형성된다. 그 결과 나머지 전자와 양성자는 서로 짓눌린 채로 결합해 중성자를 만든다. 또 이렇게 만들어진 중성자들끼리는 아주 빽빽하게 뭉쳐진다. 이렇게 해서 형성된 별을 '중성자별Neutron Star'이라고 하는데, 그 밀도를 초과하는 것은 블랙홀-Black Hole● 밖에 없다. 납의 밀도와 비교하면, 중성자별의 밀도는 100조 배 이상 높다. 티스푼 하나 정도 분량의 중성자별이 지구에서는 1억 톤에 육박한다. 크립턴의 중력은 이 물질 덕택에 커진 것이다.

만약 지구의 중심부인 핵에 소량의 중성자별 물질이 들어간다면 지구의 중력은 갑자기 증가할 것이다. 반지름이 600m나 되는 중성자별 물질이 지구 핵 속에 있다면, 이로 인해 지면에서의 중력 가속도는 $150m/s^2$가 된다. 지구의 본래 중력 가속도가 $9.8m/s^2$인 점을 감안한다면, 대략 15배 큰 값이다. 크립턴 행성이 지구보다 중력이 15배나 세다면 그 중심부에 중성자별의 물질이 있다고 생각할 수밖에 없다.

───── ●별의 최종 진화 단계에서 엄청난 중력 수축에 의해 초고밀도·초강중력을 갖게 되어 물체는 물론 빛조차 그곳으로 들어가면 빠져나올 수 없는 천체를 말한다.

그럼 왜 크립턴 행성이 폭발했는가? 행성은 최대한 물질의 분포를 안정적으로 만들려고 한다. 그런데 행성의 중심에 초고밀도의 중성자 핵이 있으면 행성 표면에 굉장한 무리가 가해진다. 그리하여 판 구조*의 변동에 따라 화산 활동이 활발해지고 거대한 융기가 발생한다. 그에 앞서 지진이 일어나는데 슈퍼맨의 아버지인 조엘은 이 현상을 관찰하고 행성의 폭발을 예감한 것이다. 그래서 자신의 아들을 우주선에 실어 중성자 핵이 없는 행성, 즉 지구로 보낸 것이다.

이쯤 되면 제리와 조의 과학적 안목을 칭찬해주지 않을 수 없다. 1938년 당시, 십대 소년에 불과했던 이들은 당대의 많은 물리학자를 초월할 만큼 천문학과 양자 역학을 깊이 이해한 천재들이었다. 물론 단지 추측일 뿐이고, 운이 좋아서였다고 생각할 수도 있다.

어쨌든 제리와 조의 발견은 파키스탄 출신의 천문학자 수브라마니안 찬드라세카르Subrahmanyan Chandrasekhar, 1910~1995**가 초신성 후에 남겨진 별이 백색 왜성White Dwarf***이 될 수 있는 최소한의 반지름을 계산해낸 지 불과 8년 뒤에 이루어진 것이었다(찬드라세카르는 이 계산으로 1983년에 노벨 물리학상을 받았다).

내셔널 출판사의 셸던 메이어가 제리와 조의 슈퍼맨 연재만화를 받아들

● 판 구조에 따르면 지구의 지각은 10여 개의 거대한 판으로 구성되어 맨틀 위를 얼음덩어리처럼 둥둥 떠다니고 있다. 이런 거대한 판들의 움직임 때문에 화산이나 지진 활동, 습곡 산맥 형성 등 각종 지각 변동이 일어난다.

●● 백색 왜성으로 종말을 맞이하는 별의 진화 과정을 이론적으로 설명한 인도의 천체 물리학자.

●●● 태양과 비슷한 큰 질량을 가진 별이 원자와 원자가 빈틈없이 맞닿는 단계까지 수축한 상태에 이르면 백색 왜성이 된다. 이 별은 핵융합 반응을 일으키지 않고, 내부의 열에너지를 방출하면서 천천히 식어가다가 마침내 빛을 내지 못하고 일생을 마친다.

이지 않았다면, 그들의 만화는 어쩌면 《피지컬 리뷰 레터스Physical Review Letters》같은 세계 최고 권위의 물리학회지에 먼저 실렸을 것이다. 만약 그렇게 되었다면 오늘날 슈퍼맨은 만화 주인공이 아닌 과학계의 슈퍼영웅으로 활약하고 있을지도 모른다.

슈퍼맨이 군 면제를 받은 이유

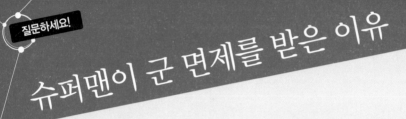

슈퍼맨같이 신체 건강한 사람이 왜 세계 대전에 참전하지 않았을까요?

비록 만화지만 슈퍼맨이 제2차 세계 대전에 참전했다면 전쟁을 단숨에 끝내지 않았을까? 사실상 최강의 슈퍼영웅인 슈퍼맨이 나선다면 히틀러Adolf Hitler, 1889~1945나 도조 히데키東條英機, 1884~1948, 무솔리니Benito Mussolini, 1883~1945쯤은 한주먹 거리도 안 될 것이다. 그 당시 캡틴 마블Captain Marvel, 휴먼 토치Human Torch, 캡틴 아메리카Captain America, 그리고 그 유명한 원더우먼Wonder Woman 같은 슈퍼영웅들이 전장을 누비며 혁혁한 전과를 올리고 있었다.

슈퍼맨의 창작자들은 고민에 빠졌다. 슈퍼맨을 참전시켜서 홀로 승리를 이끌어 내자니 실제 전장에서 싸우는 군인들의 사기가 저하될 것 같고, 그렇다고 국가의 사활이 걸린 전쟁에 건장한 백인 남성이 빠지는 것도 말이 되지 않았기 때문이다.

결국 나름대로 문제를 해결했는데 그 방식이 다소 황당하다. 척 봐도 키 크고 튼

튼해 보이는 클라크 켄트는 당연히 참전을 위해 신체검사를 받는다. 하지만 시력검사장에서 켄트는 뭔가 알 수 없는 힘 때문에 슈퍼맨 특유의 엑스레이를 발사한다. 그리고 자기 앞의 시력검사용 문자판이 아니라 벽 너머 다른 방의 문자판을 읽어버린다. 검진하던 의사들은 켄트가 거의 시각 장애인 수준이라고 말하며 입대 불가 판정을 내린다.

슈퍼맨은 실의에 빠지는데 그러나 슈퍼맨이 누군가? 곧 툭툭 털고 일어나며 미군은 자신이 없어도 능히 승리할 것이라고 확신에 찬 어조로 말한다. 그러곤 미국 내에서 벌어지는 범죄 예방에 더욱 힘쓸 것을 다짐한다.

03

충격량과 운동량 Impulse and Momentum

▶▶▶ 스파이더맨의 여친이 죽던 날

1950년대 미국 만화의 황금시대가 상원 분과 위원회의 엄격한 제재로 막을 내렸다면, 황금시대에 버금가는 은시대에 치명타를 가한 것은 만화계 내부였다.

지금의 시각으로 바라본다면 은시대(1950년대 후반~1960년대)의 만화들은 비교적 긍정적이고 유쾌한 경향을 띠고 있었다. 이 시기에 DC 코믹스DC Comics의 줄리어스 슈워츠Julius Schwartz, 1915~2004와 동료들은 황금시대 시기의 플래시와 그린 랜턴, 그린 애로우Green Arrow[●] 같은 슈퍼영웅들을 재창조해 시장에서 성공을 거두었다.

그러나 DC 코믹스에서 재탄생한 캐릭터들은 단순히 황금시대 때의 정의 감에 사로잡힌 슈퍼영웅들을 재현해 놓은 것에 불과했다. DC 코믹스의 슈

● 배트맨과 로빈 후드의 특징이 섞인 인물이다. 기체 역학의 원리를 거스르는 '권투 글러브 화살'이나 '손수건 화살' 등을 가지고 다닌다.

퍼영웅은 일단 우연찮은 계기를 통해 엄청난 힘을 얻게 된 후, 자연스레 범죄에 맞서는 정의의 용사가 된다. 이들은 이런 위험한 선택에 어떠한 회의도 느끼지 않았다. 이렇게 DC 코믹스에서 나온 슈퍼영웅들은 그 시절 만화업계의 주요 경쟁 상대였던 마블 코믹스Marvel Comics의 헐크나 엑스맨처럼 선악의 양면을 동시에 갖춘 영웅들과는 사뭇 달랐다.

반면, 1961년 마블 코믹스는 파산의 위기에 직면했다. 《휴먼 토치Human Torch》, 《서브마리너Sub-Mariner》, 《캡틴 아메리카Captain America》 등의 유명 작품을 생산하던 황금시대 때의 번영은 사라진 지 오래였다. 겨우 흔해빠지고 시시한 괴물 이야기나 우스꽝스러운 동물 이야기, 서부극, 로맨스 등을 찍어낼 뿐이었다.

하지만 이런 위기에서 벗어날 뜻밖의 행운이 찾아온다. 어느 날, 마블 코믹스의 발행인인 마틴 굿맨Martin Goodman, 1910~1992은 DC 코믹스의 소유주인 잭 리보위츠Jack Liebowitz, 1900~2000와 함께 골프를 치러 갔다. 그날 잭은 DC 코믹스의 성공이 그간에 나온 다양한 영웅들, 즉 원더우먼, 플래시, 그린 랜턴, 아쿠아맨Aquaman, 마르티안 맨헌터Martian Manhunter 등이 힘을 합쳐 슈퍼 악당들과 싸우는 내용이 나오는 《저스티스 리그The Justice League of America》라는 시리즈 덕분이라고 자랑했다. 회사로 돌아온 굿맨은 편집자로 일하던 스탠 리Stan Lee, 1922~에게 여러 명의 슈퍼영웅을 한데 묶은 스타일의 작품을 만들어보라고 지시했다. 하지만 마블 코믹스는 당시 슈퍼영웅 계열의 작품을 출간하지 않은 터라, DC 코믹스의 사업 전략을 그대로 따르기엔 문제가 있었다.

그래서 스탠은 아예 마블 코믹스를 대표할 슈퍼영웅을 새롭게 만들기로 결심했다. 얼마 뒤 스탠이 줄거리를 쓰고 잭 커비Jack Kirby, 1917~1994가 그림을 그린 새 작품 《판타스틱 4Fantastic Four》가 탄생했다. 이 만화는 대성공을 거두며 그간 침체에 빠져 있던 마블 코믹스를 다시 일으켜 세웠다.

스탠과 잭이 만든 만화 캐릭터들은 기존의 캐릭터와는 다른 독특한 개성을 드러냈다. DC코믹스의 영웅들과는 달리 마블 코믹스의 영웅들은 초능력을 갖게 된 것을 불행이라 여기며, 그러한 짐을 짊어지게 된 자신들의 운명에 절망감을 느낀다. 《판타스틱 4》 제1호에서 벤 그림Ben Grimm은 우주 방사선을 쬐고 큰 바위처럼 단단한 주황색 괴물로 변한다. 그러나 벤은 초인적인 힘을 가진 것을 기뻐하지 않고 자신은 한낱 돌덩어리에 불과하다며 온갖 원망을 퍼붓는다. 그저 본래의 평범한 모습으로 되돌아가는 것만이 벤의 유일한 소망인 것이다.

하지만 스파이더맨만큼 자신의 운명을 탓한 캐릭터도 없다. 1962년 스탠이 줄거리를 쓰고 스티브 딧코Steve Ditko, 1927~가 그림을 그린 《어메이징 판타지 Amazing Fantasy》 제15호에는 피터 파커라는 고등학생이 등장한다. 피터는 왜소한 체구를 지닌데다가 학교에서도 괴롭힘을 당하는 어수룩하고 힘없는 고등학생이다. 그는 어렸을 적 부모님을 잃고 벤 삼촌과 메이 숙모 밑에서 과보호를 받으며 자랐다. 피터는 학교 수업이 끝난 후에도 다른 친구들과 어울리지 못하고 과학 실험을 관찰하는 것으로 하루를 보낸다.

은시대에 발간된 마블 코믹스의 작품에는 방사능 사고와 관련해 적용되는 규칙이 하나 있다. 한 평범한 인물이 방사능 오염 등의 사고를 계기로 초능력을 얻어 슈퍼영웅으로 거듭난다는 설정이다. 피터가 방사능에 오염된 거미에게 물리자, 거미의 혈액이 피터의 혈관을 타고 들어와 그를 스파이더맨으로 변화시킨다.

피터는 거미에게 물린 뒤 자신이 초능력을 가지게 되었다는 것을 깨닫는

다. 말 그대로 '거미 인간'이 된 것이다. 자신
을 괴롭히던 불량배들을 혼내줄 만큼 근육
도 단단해지고, 천장에 착 달라붙어 있
거나 건물 벽을 타고 다닐 수도 있었
다. 본래 거미는 자신의 몸무게보다
몇 배 이상 무거운 것도 들어 올릴
수 있는데, 피터 역시 그런
능력을 십분 발휘했다.

나도 스파이더맨이
될 거야~옹.

또한 피터는 위험을 사전 감
지하는 육감을 갖게 된다. 어
쩌면 스탠은 화장실에서 거
미를 죽이는 곤욕을 치른 경험을 겪고, 거미들이 초능력을 사용하여 뭔가에
얻어맞아 묵사발이 되기 전에 피하는 능력을 갖춘 것으로 설정했을지 모른
다. 피터가 항문에서 거미줄을 뿜어내는 거미의 능력이 아닌 화학과 기계
공학 지식을 사용하여 자신의 손목에서 거미줄을 발사하는 장치*를 만들도
록 한 것은 어쩌면 만화윤리규정위원회의 심의가 신경 쓰였기 때문이었는
지 모른다.

그동안 주변 사람들의 조롱과 비웃음을 묵묵히 견뎌온 피터는 자신의 초
능력이 부와 명성을 안겨줄 것이라고 굳게 믿었다. 그는 프로레슬링을 통

● 2002년 제작된 영화 〈스파이더맨〉 1편에서는 주인공 피터가 자연스레 거미줄 발사 능력을 발견하는
것으로 설정되어 있다. 영화에서는 어떻게 한 평범한 고등학생이 최첨단의 거미줄 발사 장치를 만들
어낼 수 있느냐는 의구심을 없애고자 원작의 내용을 일부 수정했다.

해 새로운 기술들을 실험한 후 오락쇼에 진출을 할 목적으로 푸른색과 빨간색으로 뒤범벅된 호화찬란한 의상과 마스크를 만들었다. 텔레비전에 나가 자신의 존재를 알릴 마음으로 한껏 들떠 있었던 밤에, 그는 도망가는 도둑을 잡아달라는 경비원의 부탁을 듣고서 그럴 능력이 충분히 있으면서도 거만한 태도로 모른 체한다. 하지만 집에 들어가 보니 어렸을 때부터 아버지처럼 여기던 벤 삼촌이 의문의 침입자에게 살해당한 채로 발견된다. 피터는 벤 삼촌을 죽인 살인자를 추적 끝에 잡고서는 엄청난 충격에 휩싸인다. 그 살인자는 피터가 모른 척했던 바로 그 도둑이었다.

뒤늦게 후회의 눈물 흘리던 피터는 평소 벤 삼촌이 강조하던 가르침을 떠올린다. "커다란 힘에는 반드시 그만큼의 책임이 뒤따른다" 그 순간부터 피터는 초능력을 가진 스파이더맨으로서 범죄와 불의에 맞서 싸우기로 결심한다.

그렇다고 해서 그가 문제가 생길 때마다 적어도 세 번씩 불평하는 것을 그만두었다는 의미는 아니다. 스파이더맨 시리즈의 참신함이 돋보이는 점 중 하나는 주인공이 일상생활에서 겪는 고민과 슈퍼 악당을 상대하는 데에서 오는 어려움을 그려냈다는 점이다. 피터 파커는 로맨스, 돈, 노쇠한 아주머니의 건강, 알레르기 증상, 심지어 팔 접질림(《굉장한 스파이더맨Amazing Spider-Man》 제44~46호에는 팔을 붕대로 감싼 스파이더맨의 활약상이 나온다) 같은 문제들로 걱정을 하는 평범한 고등학생이다. 그러면서도 그는 벌처Vultulre, 샌드맨Sandman, 옥토퍼스 박사Doctor Octopus, 그린 고블린Green Goblin 등의 악당들을 궁지에 몰아넣는다. 그러

:: 영화 〈스파이더맨〉 1편에도
등장했던 그린 고블린.

다가 은시대의 종말을 의미하는 가장 충격적인 사건이 1973년 발간된《스파이더맨》 제121호에서 일어난다. 바로 피터의 여자친구인 그웬 스테이시가 죽음을 맞이한 것이다. 그런데 그웬의 죽음은 스파이더맨을 쓴 작가나 편집자, 혹은 독자 때문에 일어난 일이 아니었다. 그녀는 뉴턴의 운동 법칙 때문에 사망했다.

그린 고블린은 1973년에 발간한《굉장한 스파이더맨》 제14호에서 신비스러운 범죄 조직 두목으로 데뷔하여 점차 스파이더맨에게 가장 위협적인 적으로 성장한다. 그는 누구 못지않은 강력한 힘과 호박폭탄 같은 최첨단 무기들을 갖췄을 뿐만 아니라《굉장한 스파이더맨》 제39호에서는 스파이더맨의 정체까지 알아낸다. 그는 이 사실을 이용해 자신이 유리해질 수 있는 상황을 만들어나간다.

《굉장한 스파이더맨》 제121호에서 고블린은 스파이더맨

그림 6_ 《굉장한 스파이더맨》 제21호의 한 장면. 다리 밑으로 떨어지는 그웬을 스파이더맨이 거미줄로 간신히 붙잡는다. 끝에서 네 번째 장면에 그웬의 목 근처에 "SNAP"이라고 적힌 부분의 의미를 생각해보자.

그림 7_ 바로 이어지는 장면. 이 장면에서 천재 과학자 고블린은 스파이더맨에게 그웬이 왜 죽었는지에 대해 잠시 설명하고 있다.

을 끌어들이기 위한 미끼로 사용하기 위해 그웬을 납치해 뉴욕의 조지워싱턴 다리 꼭대기로 데려간다. 고블린은 스파이더맨과 싸움을 벌이다가 어느 순간 그웬을 다리 밑으로 밀어뜨린다.

스파이더맨은 자신의 거미줄을 발사하여 그웬이 강물에 빠지기 직전 가까스로 그녀를 붙들어 다리 꼭대기로 올린다. 하지만 스파이더맨은 결정적인 순간에 그녀를 구했음에도 불구하고 그녀가 죽었다는 충격에 휩싸였다. 고블린은 이 모습을 지켜보며 "그녀는 네 거미줄이 닿기 전에 이미 죽어 있었어. 이런 높이에서 떨어지면 어느 누구라도 땅에 닿기 전에 죽고 말지"라고 비웃는다. 여기서 우리는 고블린이 고블린 글라이더나 호박폭탄 같은 무기는 만들었으면서도 운동량 보존의 법칙[*]은 전혀 이해하지 못했음을 알 수 있다.

그웬이 땅에 닿지도 않았는데 다리 밑으로 떨어졌다는 사실만으로 죽은 것이라면 스카이다이빙을 즐기는 사람들이나 비행기에서 뛰어내리는 군인들의 운명 역시 마찬가지였을 것이다. 그러함에도 불구하고, 만화 팬들은 그웬의 직접적인 사인이 추락 때문인지 아니면 거미줄 때문인지를 놓고 오랫동안 논쟁을 벌여왔다. 《위저드Wizard》 2000년 1월호에 의하면 이 논쟁은 만화 10대 논쟁의 하나로 꼽히며, 헐크가 슈퍼맨을 이길 수 있느냐는 논쟁과 엇비슷할 정도로 뜨거운 논란을 불러일으키고 있다고 한다. 지금부터 그웬을 죽음으로 몰아넣은 원인을 구명하기 위해 물리학으로 돌아가 보도록 하자.

여기에서 가장 핵심적인 질문은 이것이다. 떨어지는 그웬 스테이시를 붙

● 물체의 충돌 전후에 외부 힘이 작용하지 않으면 충돌 전후에 운동량의 총합은 일정하게 보존된다.

잡으려면 스파이더맨이 발사하는 거미줄의 강도는 얼마나 되어야 하는 것인가?

물리학과 맞물린 그웬의 운명

먼저 스파이더맨의 거미줄이 그웬을 붙잡는 순간 그녀가 어느 정도의 속도로 떨어지고 있었는지 알아보자. 우리는 제1장에서 슈퍼맨이 단 한 번의 점프로 고층 건물을 뛰어넘는 데 필요한 속도를 $v^2=2gh$를 이용해 알아냈다. 초속도 v_0가 0인 물체가 높이 h에서 자유 낙하 할 때, 그 물체는 중력을 받아 가속도를 낸다. 이것은 슈퍼맨이 위로 점프하는 과정을 거꾸로 돌려놓은 것과 같다.

세계 주요 도시에서 새해맞이 같은 큰 기념행사를 열어도 가급적 축포를 쏘지 않는 이유가 이와 관련이 있다. 축포의 탄환은 457m/s(공기 저항 무시)의 맹렬한 속도로 쏘아올려졌다가 중력에 의해 떨어지면서 땅에 부딪히기 직전까지 가속을 받는다. 최후의 속도는 공기 저항으로 인한 에너지 손실로 초기 속도에는 미치지 못한다(상승할 때는 항력에 의한 에너지 손실로 탄환이 미치는 최고점이 조금 낮아지게 된다). 올라가면 내려오는 것이 진리이듯 탄환은 발사될 때와 거의 비슷한 속도로 땅에 떨어진다. 그러므로 만일의 사태를 우려할 수밖에 없는 것이다.

우리는 $v^2=2gh$ 공식으로 거미줄이 그웬을 붙잡았을 때의 낙하 속도가 얼마인지 계산할 수 있다. 우선 스파이더맨이 거미줄로 그웬을 붙잡은 거리가 다리 꼭대기로부터 대략 90m 떨어져 있다고 가정해보자. 이제 공식에 각각의 값을 대입하면 그웬의 속도는 42m/s(시속 151km)가 된다. 공기 저항으로 다소 떨어지는 속도가 늦춰졌지만, 그래도 그녀는 엄청난 속도로 유선형 궤적을 그리며 떨어졌다. 그런데 우리는 여기서 그웬의 목숨이 위태로워진 이유가 단지 떨어지는 속도가 빨라졌기 때문이라고 판단해서는 안 된다. 오히려 그녀가 강물에 닿기 전까지 겪은 급격한 속도 변화가 더 큰 원인으로 작용했다.

그웬의 속도가 42m/s에서 0m/s로 떨어졌다는 것은 그녀에게 외부의 힘이 가해졌다는 뜻이다. 그 힘은 스파이더맨이 거미줄을 이용해 그녀를 붙잡을 때 가해진 힘이다. 그웬에게 작용한 외부 힘이 클수록 감속도 빨라진다. 이제 보다 정확한 계산을 위해 1장에 나온 뉴턴의 가속도 법칙 $F=ma$ 를 떠올려보자. 가속도가 '단위 시간에 대한 속도의 변화율'라는 점을 상기하도록 하자. F가 시간 t 동안 일정하게 작용해 속도가 변했다면 가속도 a는 $a=(v-v_0)/t$가 된다. 여기서 $(v-v_0)$는 처음 속도와 마지막 속도의 차다. 이것을 정리하면 다음과 같다.

$$F = m \times a$$

$$a = \frac{v-v_0}{t} \qquad 가속도 = \frac{종속도 - 초속도}{시간}$$

$$F = m\frac{v-v_0}{t} = \frac{(m \times v)-(m \times v_0)}{t}$$

$$물체에 작용하는 힘 = 질량\frac{종속도 - 초속도}{시간} = \frac{(질량 \times 종속도)-(질량 \times 초속도)}{시간}$$

여기에 시간 t를 양변에 곱하면 다음과 같다.

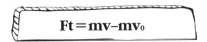

$$Ft = mv - mv_0$$

이 방정식의 좌변은 충격량Impulse, I[•], 우변은 운동량Momentum, P^{••}의 변화량을 나타낸다. 우리는 이 방정식을 통해 다음과 같은 사실을 알 수 있다. (1) 움직이는 물체의 운동을 변화시키려면 일정 시간 동안 외부 힘이 가해져야 한다. (2) 힘이 가해지는 시간이 길수록 운동량의 변화를 위해 필요한 힘은 그만큼 적어진다.

이 원리를 자동차 에어백에 적용해보자. 자동차가 시속 90km의 속도로 달린다면 물리학적으로는 자동차에 탄 운전자 역시 시속 90km의 속도로 달리는 것이 된다. 이때 갑자기 장애물이 나타나서 자동차가 급정거한다. 하지만 어떤 외부 힘도 가해지지 않은 상황에서 물체는 운동을 지속하기 때문에 운전자는 계속 시속 90km의 속도로 달리려고 든다. 여기서 운전자가 맨 안전벨트와 에어백이 외부 힘으로 작용한다. 운전자는 충돌과 동시에 자동차 안에서 시속 90km의 속도로 핸들을 향해 앞으로 돌진한다. 그러면 순식간에 에어백이 펼쳐지면서 핸들 대신 운전자의 머리와 부딪친다. 물론 에어백에 얼굴을 파묻히는 것 역시 그리 유쾌한 경험은 아니다. 하지만 에어백은 운전자가 앞을 향해 돌진해오는 속도를 늦춰주고 운전자가 받

● 물체가 충돌할 때 작용하는 힘과 충돌 시간을 곱한 물리량을 말한다.
●● 물체의 질량과 물체의 속도를 곱한 물리량으로 충돌 문제를 다루는 데 유용하다.

는 충격을 분산하는 역할을 한다. 충격받을 때의 힘을 널찍한 에어백 표면으로 분산시킴으로써 급정거에 따른 부상 위험성을 줄여주는 것이다. 여전히 운전자를 기절시킬 정도로 강력한 힘이 작용하지만 그래도 사망하는 것을 충분히 막아준다. 힘의 결과와 시간은 항상 동일하다. 예를 들어서, 초기 속도 90km/h가 최종 속도 0으로 변한다는 최종결과는 동일하다. 권투선수가 펀치를 맞을 때도 물리 법칙이 적용되는데, 상대방의 주먹이 내 얼굴과 접촉하는 시간이 길면 길수록 그 주먹이 앞으로 진행하는 것을 막기 위한 힘은 그만큼 덜 들어가는 것이다.

그웬에게 다행스런 점이 있다면 그것은 스파이더맨의 거미줄에 탄성이 있다는 점이다. 하지만 유감스럽게도 그웬이 떨어지는 속도를 늦추기 위한 시간은 짧다. 그 시간이 짧으면 짧을수록, 운동에 일정한 변화를 주기 위해 필요한 힘

이 그만큼 더 많이 들어간다. 그웬의 속도 변화량은 42m/s(=42m/s-0m/s)다. 만약 그웬의 몸무게를 50kg으로 잡고 스파이더맨의 거미줄이 그녀를 완전히 붙잡는 데 0.5초가 걸렸다고 한다면 거미줄에 걸리는 힘은 420kg의 무게에 해당한다. 즉, 스파이더맨의 거미줄에는 그웬 몸무게의 거의 9배에 해당하는 무게가 실린 셈이다. 물질의 무게를 W=mg(g는 중력 가속도)라는 등식으로 표현한다면 스파이더맨의 거미줄에 0.5초 동안 중력 가속도 g의 9배에 해당하는 힘이 가해진다고 말할 수 있다. 앞의 만화(그림 6)의 거미줄이 그웬의 낙하를 정지시키는 장면에서 그웬의 목 주변 "SNAP"* 표시는 이처럼 짧은 시간에 가해진 엄청난 힘이 낳을 수 있는 결과를 암시한다.

번지점프를 하는 사람은 뛰어내리기 전 탄성이 강한 고무 밧줄을 발목에 맨다. 이 고무 밧줄은 길게 늘어나 운동량이 변할 시간이 충분하므로 인간의 생명에 위협이 되지 않을 정도로 제동력을 유지할 수 있다. 반면 그웬은 그와 같은 속도로 떨어지지만 갑자기 정지해버리기 때문에 사실, 거미줄에 붙잡히든, 강물의 수면에 부딪히든 별 차이가 없다.

하지만 우리는 종종 원인을 알 수 없는 미스터리한 사건을 접하기도 한다. 간혹 그웬보다 훨씬 강한 힘을 받고도 살아남은 사람이 있다. 1954년 미 공군의 존 스탭John Stapp, 1910~1999 대령은 실험용 우주선을 타고 발사 이후의 엄청난 가속도를 견디는 실험에 참가했다. 그는 그 실험에서 중력 가속도의 40배에 해당하는 가속도를 받고도 살아남았다. 물론 존 대령의 몸에는 첨단 안전장치가 장착되어 있었다. 그는 실험 당시 어떤 느낌을 받았냐는 질문에 "마취도 하지 않은 채 이를 전부 뽑아내는 것 같아 너무 고통

───● 무엇인가 부러질 때 딱 혹은 딸깍하는 소리.

스러웠다"고 대답했다.

하지만 대개의 보편적인 사례를 들자면, 다리에서 강으로 떨어져 자살하는 사람은 물에 빠져 질식사하기보다는 목이 부러져 사망하는 편이다. 높은 곳에서 떨어져 수면에 부딪치는 것은 아파트 옥상에서 지면으로 떨어지는 것과 다를 게 없기 때문이다. 액체를 통과하려는 속도가 빠르면 빠를수록, 액체의 저항력이 그만큼 강해지기 때문이다. 그웬과 스파이더맨의 이 비극적인 사건은 만화가 물리 법칙을 제대로 이용한 사례이다. 그렇다고 해서 의심을 저버리지 말라는 의미는 아니다.

그웬의 죽음을 겪고 스파이더맨은 운동량과 충격량을 열심히 공부했다. 《스파이더맨 언리미티드Spider-Man Unlimited》 제2호에는 유리창을 청소하던 인부가 추락하는 장면이 나온다. 추락하고 있는 인부를 따라 내려가면서 스파이더맨은 학기말 시험을 볼 때와는 상대가 되지 않을 정도의 압박감을 받으며 삶과 관련된 물리 문제를 해결해야 한다. 인부와의 거리를 좁히면서(한 빌딩을 밀어제쳐 다른 빌딩으로, 그 빌딩을 밀어제쳐 또 다른 빌딩으로 옮겨가면서 하강하기 때문에 인부보다는 훨씬 빠른 초기 가속도를 유지할 수 있다) 스파이더맨은 이렇게 자문한다. "이번에는 제대로 해야 해. 거미줄을 사용해야 할까 아니면 채찍 줄을 사용해야 할까?"

스파이더맨은 자신의 하강 속도를 인부의 추락 속도에 맞추는 것이 최상의 방법이라 판단했고, 그와 나란히 떨어지게 되었을 때 그를 붙잡았다(자신의 다리를 빌딩 벽에 대고 마찰을 일으킴으로서 인부가 추락하는 속도와 맞출 수 있었던 것일까?). 그러고는 스파이더맨은 자신의 최대 무기인 거미줄을 발사하게 되는데, 이로 인해 그의 팔은 순식간에 발생할 운동 변화에 따른 충격을 견뎌낼 수 있게 되는 것이다.

그림 8_ 《스파이더맨 언리미티드》 제2호의 한 장면. 스파이더맨이 뉴턴의 운동 제2법칙을 실제에 적용하는 사고 과정이 드러나 있다.

이 해결책은 2002년에 나온 영화 〈스파이더맨 1〉에서 채택되었다. 그린 고블린이 메리 제인 왓슨을 퀸스보로 다리의 탑 꼭대기에서 떨어뜨리는 장면이 나오는데 이는 《굉장한 스파이더맨》 제121호에서 따온 것이 분명하다. 이때 스파이더맨이 그녀의 추락을 멈추게 한 것은 거미줄이 아니었다. 그녀를 따라 내려가 그녀를 붙잡은 다음에서야 거미줄을 안전한 장치에 발사하여 안전을 확보했던 것이다. 여기에서 알 수 있는 영웅의 특성이라면 경험을 통해 배우는 능력일 것이다.

지금까지의 이야기는 영웅이 아닌 그린 고블린에게도 영향을 미쳤다. 전술한 바 있지만《위저드》2000년 1월호에는 그웬 스테이시의 죽음에 관한, 만화 팬들의 고전적인 논쟁들이 소개되어 있다. 나는 이 논쟁들을 물리학 관점에서 정리하여 몇 개월 후 발간된《위저드》에 실었다. 그로부터 2년 후인 2002년 8월에 나온《피터 파커 : 스파이더맨Peter Parker : Spider- Man》제45호에서는 고블린도 어쩔 수 없이 물리 교육을 받아왔다는 내용이 나온다. 고블린은 그웬의 죽음에 관한 비디오를 언론사에 보내 스파이더맨으로 하여금 심리적인 고통에 빠지도록 유도한다. 고블린은 비디오 테이프에서 자신도 이 비극으로 피해를 입은 영웅이라면서 다음과 같이 주장한다.

> 그 여자가 추락하는 것을 알고 나서 나는 그녀를 구할 마음으로 나의 글라이더에 궤도 수정을 시도했었어. 느닷없이 자비의 마음이 들었던 거지. 하지만 내가 그녀에 접근하려는 순간, 스파이더맨이 말도 안 되는 멍청한 짓을 저지른 거야. 그녀가 추락하는 속도는 생각하지 않고 거미줄을 쏘아댔거든. 곧바로 그녀의 목이 썩은 나뭇가지처럼 뚝 부러졌지 뭐야!

이것은 거의 30년 만에 얻은 깨달음이다. 마침내 고블린도 그웬이 죽은 것은 추락이 아니라 갑작스러운 멈춤 때문이었다는 것을 알게 된 것이다. 성격이 고약하고 악마 같은 그린 고블린도 물리학의 이치를 깨치는데 우리야 뭐 두말할 나위가 없다.

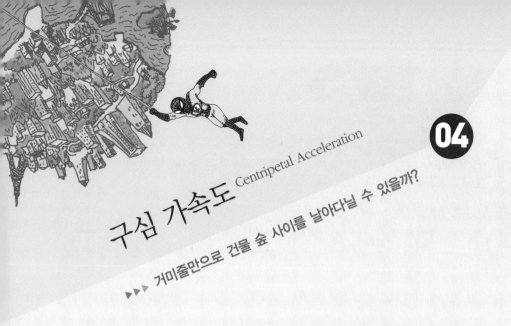

04

구심 가속도 Centripetal Acceleration

▶▶▶ 거미줄만으로 건물 숲 사이를 날아다닐 수 있을까?

여기서 스파이더맨의 특기인 거미줄 쏘아대기와 관련해 한 가지 더 짚고 넘어가자. 《굉장한 스파이더맨》의 매 호에는 스파이더맨이 손목에서 거미줄을 쏘아대며 빼곡히 들어찬 뉴욕의 건물 숲 사이를 숨 가쁘게 날아다니는 장면이 나온다. 그렇다면 스파이더맨의 거미줄이 스파이더맨 본인이나 악당, 또는 가엾은 희생자들의 몸무게를 견딜 만한 힘이 있다손 치더라도 현실에서도 스파이더맨처럼 거미줄만으로 날아다닐 수 있을까? 스파이더맨이 포물선을 그리며 날아다니려면 거미줄은 스파이더맨 몸무게 이상의 힘을 견뎌야 한다.

뉴턴의 두 번째 운동 법칙 F=ma는 물체의 운동에 변화를 주기 위해선 힘이 필요하다는 점을 일깨운다. 운동 혹은 가속도의 변화는 크기의 변화(속도를 높이거나 낮추는) 혹은 방향의 변화를 의미한다. 만약 한 물체에 어떠한 힘도 작용하지 않는다면 그 물체는 '등속 직선 운동'을 하게 되는데, 이는 물체가 일정한 속도로 직선으로 움직이는 상태를 말한다.

물체의 운동 상태를 변화시키려면 (크기 혹은 방향 면에서) 물체에 외부 힘이 작용해야 한다. 자동차가 도로에서 유턴할 때, 속도에 변화를 주지 않더라도, 외부 힘(바퀴와 도로면 사이의 마찰력)은 자동차의 방향을 바꾼다. 속도와 방향 모두의 변화를 유발하는 대표적인 힘은 중력이다. 초기 운동과는 상관없이, 물체를 지면 쪽으로 끌어당긴다. 중력은 물체를 땅으로 잡아당기는 역할만 할 뿐인데, 그것은 땅이 물체의 운동 방향이기 때문이다.

만약 황금시대의 날지 못하는 슈퍼맨이 절벽 모서리에서 느리게 내달렸다면, 슈퍼맨 역시 중력에 의해 낭떠러지로 떨어졌을 것이다. 중력은 수평 방향으로 작용하지 않기 때문에 슈퍼맨이 낭떠러지로 떨어지는 동안에도 그의 수평 방향 속도가 변하지는 않는다. 힘이 없다면 속도 변화도 없다.

앞서 말한 그웬의 경우처럼 땅으로 떨어지는 동안의 수직 가속도는 점점 증가한다. 왜냐하면 중력은 지면에 수직 방향으로 작용하기 때문이다. 슈퍼맨의 일정한 수평 방향 속도와 점점 증가하는 수직 가속도를 합친 알짜 힘의 변화로 인해 슈퍼맨은 포물선 궤도를 그리며 떨어진다. 슈퍼맨이 떨어질수록 낙하 궤도의 경사는 가팔라진다.

공을 40m/s의 속도로 지면과 수평하게 던지고, 그와 동시에 다른 손에 있던 공을 떨어뜨려 보자. 두 공이 만약 같은 높이에 있었다면 두 공은 동시에 지면에 닿는다. 두 공의 운동을 변화시킬 수 있는 유일한 힘이 수직 방향으로 작용하는 중력이기 때문이다. 한 물체의 운동 크기나 방향의 변화는 변화하는 방향으로 작용하는 외부 힘이 있을 때만 가능하다.

스파이더맨은 뉴욕의 건물 숲 사이를 자유자재로 날아다닌다. 그의 운동 궤도는 직선보다는 부채꼴의 호 모양을 그린다. 그러므로 스파이더맨이 날아다니는 동안 속도의 변화가 없다고 해도 그의 운동 방향은 끊임없이 변하는데 이는 외부의 힘이 작용하기 때문이다. 이 외부의 힘은 거미줄을 뿜을 때 발생하는 장력에서 나오는 것이 분명하다. 여기서 스파이더맨의 거미줄은 적어도 다음의 두 가지 힘을 견뎌내야 한다. 첫째는 스파이더맨의 무게를 지탱하는 힘으로서 수직으로 단순하게 매달려 있을 때에도 지속되어져야 한다. 둘째는 원 궤적 안에서 방향을 바꾸게 하는 힘이다. 날아다니다가 거미줄 발사가 중단되는 순간 스파이더맨에게 영향을 미치는 힘은 외부의 힘뿐이다. 거미줄이 끊어지면 그는 떨어지는 공과 다를 바 없다.

스파이더맨이 원 모양으로 날아다니며 뿜어내는 추가적인 힘, 즉 가속도는 달이 지구 궤도를 돌 때 경험하는 가속도와 동일하다. 중력은 달이 지구에 붙여놓은 일종의 거미줄이라고 생각해도 무방하다. 만약 거미줄의 장력이나 지구와 달을 잇는 중력이 갑자기 없어지면, 그 즉시 스파이더맨과 달은 기존에 운동하던 방향인 직각 방향으로 튕겨나갈 것이다.

자, 다시 본론으로 돌아오자. 구심 가속도*를 구하려면 우선 기하학이나 미분학이 필요하다. 여기서는 이미 알려진 구심 가속도 식 $a = v^2/R$을 사용하자. R은 원의 반지름을 나타낸다.

● 법선 가속도라고도 하며 곡선 운동 방향에 수직인 힘. 등속 원운동일 때에 힘의 중심은 원의 중심과 일치한다. 운동 방향을 바꾸는 효과를 낸다.

스파이더맨의 거미줄이 스파이더맨의 무게를 지탱하려면 mg(질량×중력 가속도)만큼의 힘을 지탱해야 한다. 그리고 그가 건물 사이로 날아다닐 때에 방향을 바꾼다면 거미줄은 무게 외에 mv^2/R의 힘을 추가로 견뎌야 한다. 스파이더맨이 빠른 속도로 움직일수록(v가 커질수록), 그리고 그가 매달린 줄이 짧을수록(반지름 R이 작을수록) 구심 가속도는 빨라진다. 스파이더맨이 60m의 거미줄에 매달려서, 25m/s의 속도로 움직인다면, 구심 가속도는 $10.4m/s^2$이 된다. 여기에 중력 가속도가 더해진다. 스파이더맨의 질량이 70kg일 때, 그가 건물 사이를 날아다니면서 받는 구심력과 중력의 합은 1,415N(구심력 729N＋중력 686N)이다. 만약 스파이더맨이 누군가를 안고 날아오른다면 거미줄이 견뎌야 하는 힘 또한 훨씬 커진다.

1,400N이 넘는 힘을 견뎌야 한다는 것은 말처럼 그리 쉽지 않다. 하지만 스파이더맨의 거미줄이 실제 거미의 거미줄과 같은 물질이라면 그리 걱정할 필요가 없다. 거미는 먹이 사냥이나, 혹은 새와 같은 천적으로부터 자신을 보호하고자 거미줄을 쳐놓는다. 그런데 이 거미줄은 같은 굵기의 강철 섬유보다 5배 강하고 나일론보다 더 탄력이 있다. 거미줄을 현미경으로 관찰하면 아주 가는 굵기의 섬유 가닥들이 수천 개 정도 뭉쳐져 있는 것을 볼 수 있다. 그런 수천 가닥의 섬유들이 액체로 가득 찬 통로 속에서 힘을 분산시키기 때문에 거미줄은 큰 힘을 지닐 수 있다.

스파이더맨은 거미줄의 화학적 조성을 바꾸는 능력이 있어서 거미줄의 성질을 변화시킬 수 있다. 물론 이것은 실제 거미가 거미줄을 만들 때 결정화된 단백질의 상대적 농도를 변화시켜 거미줄의 화학적 성질을 조절하는 것과는 방법이 다르다. 혹시 빗방울이 송골송골 맺힌 거미줄을 보면서 이것으로 천을 짜서 옷을 만들고 싶다는 상상을 해본 적이 있는가? 물론 그러

:: 거미줄은 같은 굵기의 강철 섬유보다 다섯 배 강하고 나일론보다 탄력이 크다.

기 위해서는 엄청난 양의 거미줄과 그것을 생산할 방법(거미 한 마리에서 뽑아낼 수 있는 거미줄의 양은 아주 적으므로 대규모 공장이 필요하다)을 마련해야 한다.

최근 유전 공학을 이용해 거미의 유전자를 염소에다 이식해 염소의 젖에서 거미줄을 얻는 실험이 성공한 바 있다. 또 몇몇 과학자들이 거미를 바이러스에 감염시켜 그 바이러스를 이용해 일반 세포들을 거미줄 생산 세포로 바꾸는 연구도 진행 중이다. 뿐만 아니라 유전자를 대장균이나 식물에 이식하는 연구도 있다. 물론 이런 연구들이 실용화 단계에 들어서려면 많은 시간과 비용이 필요하다.

《뉴욕 타임스The New York Times》의 과학 기자 짐 로빈스Jim Robbins는 《스미소니언Smithsonian》 2002년 7월호에 실은 〈제2의 자연Second nature〉이라는 제목의 기사에서 다음과 같이 주장했다.

"이론상으로 연필 굵기 정도로 꼰 거미줄 한 가닥만 있으면 전투기를 항공모함에 착륙시킬 수도 있다. 이처럼 거미줄은 높은 강도와 적절한 유연성을 지녔기 때문에 방탄조끼를 만드는 최첨단 합성 섬유보다 다섯 배 정도 충격에 강하다."

거미줄의 인장 강도*는 실로 엄청나서 지름이 1cm라면 8톤의 무게를 지탱할 수 있다. 따라서 스파이더맨이 헐크와 블롭을 동시에 등에 업지 않는

한, 그의 거미줄은 훨씬 큰일도 해낼 수 있다.

우리는 지금까지 F=ma라는 공식을 이용해 스파이더맨이 건물 숲 사이를 자유자재로 날아다니거나 탈선한 열차를 멈춰 세우고 촘촘한 거미줄로 총알을 막아내는 일들이 모두 실현 가능한 일임을 증명했다. 자, 하늘을 바라보고 거미줄만으로 건물 숲 사이를 날아다니는 상상을 해보자.

───── ● 물체가 잡아당기는 힘에 견딜 수 있는 최대한의 응력(단위 면적당 작용하는 힘).

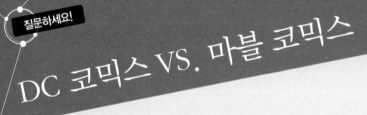

DC 코믹스 VS. 마블 코믹스

책에서 자주 등장하는 DC 코믹스와 마블 코믹스는 어떤 회사인가요?

미국 만화 출판업계의 양대 산맥이다. DC 코믹스는 1938년 슈퍼맨의 탄생을 시작으로 배트맨, 원더우먼, 플래시 등의 캐릭터를 배출한 초대형 만화 왕국이다. DC 코믹스에서는 쉽게 말해 완전 모범생 스타일의 슈퍼영웅만이 존재한다. 이들에게는 악당에 대한 두려움도 없고 자신의 행위가 옳은지에 대한 번민도 없다. 100퍼센트 무결점의 영웅이기 때문이다. 그래서 이들은 다른 곳에 한눈팔지 않고 오직 지구 평화만을 위해 불철주야 악의 무리와 맞선다. DC 코믹스는 슈퍼맨 이후 지금까지 1,000종 이상의 책을 펴냈으며, 이 중 상당수가 슈퍼영웅이 주인공인 만화책이다.

이에 맞서는 마블 코믹스 소속 슈퍼영웅들은 스파이더맨, 헐크, 데어데블, 판타스틱 4 등이 있다. 결점 없이 그야말로 완벽한 영웅의 모습인 DC 코믹스의 슈퍼영웅들과 달리 마블의 슈퍼영웅들은 대체로 어두운 과거가 있고, 끊임없이 자신의 능력에 대해 고민하는 캐릭터가 많다. 악당에게 이기기는 하지만 늘 얻어맞고 위태위

태하게 지구의 평화를 지켜낸다. 하지만 오히려 이런 인간적인 면 때문에 최근 마블 코믹스 소속 슈퍼영웅들이 다시 각광받으면서 할리우드 영화의 주인공으로 부활하고 있다.

세계 최초의 슈퍼영웅은 누구일까?

논란의 여지는 있겠지만 1929년에 처음 등장한 '뽀빠이'가 아닐까 한다. 변신(시금치), 초능력(엄청난 힘), 숙적(브루터스), 연인(올리브), 약점(시금치가 없을 때) 등 슈퍼영웅의 성립 조건을 골고루 갖추고 있기 때문이다. 하지만 태생 자체가 신문에 짧게 실린 연재만화라는 점, 슈퍼영웅의 절대 조건인 '신분 위장'이 없다는 점 때문에 이것을 인정하지 않는 사람도 많다. 만화잡지에서 신분을 숨기면서 활동한 최초의 슈퍼영웅은 바로 '슈퍼맨'이다.

저항과 마찰, 소리
Friction, Drag and Sound

05

▶▶▶ 플래시의 비밀

　그날 밤 센트럴 시티에는 비바람이 휘몰아쳤다. 경찰 과학수사대 소속의 배리 앨런Barry Allen은 왠지 그날따라 연구소 실험실을 떠나지 못하고 있었다. 그는 하던 일을 마무리 짓고자 투석기를 열었다. 그는 투석기 안에 예상했던 것보다 많은 양의 화학 물질이 들어 있는 것을 보고 다소 의아해했다.

　배리는 잠시 창문을 열어 실험실을 향해 다가오는 비구름을 바라보았다. 바로 그때였다. 갑자기 번쩍이는 번개가 실험실에 내리꽂히더니, 조금 전까지 배리가 들여다보던 화학 물질이 담긴 투석기를 박살내버렸다. 순식간에 벌어진 일이었다. 그는 손도 써보지 못한 채 화학 물질을 온몸에 뒤집어썼다.

　그런데 이게 어찌된 일인가? 그 화학 물질로 인해 배리의 몸에서 전기가 흐르는 것이었다. 배리는 강한 전압과 독성을 지닌 화학 물질에 노출되었고 그것은 배리를 번개처럼 아주 눈부시게 만들어놓았다. 배리는 잠시 동안 아무것도 할 수 없었다.

그날 밤 이후로 배리는 상상도 하지 못했던 엄청난 능력을 지니게 되었다. 그는 택시를 따라잡을 만큼 빨리 달렸고 식탁에서 갑자기 떨어지는 접시도 가뿐히 잡아냈다. 우연찮게 발생한 실험실 사고가 배리를 슈퍼영웅으로 만들어놓은 것이다. 배리는 빨간색과 노란색이 섞인 옷을 입고 슈퍼영웅 플래시*로 거듭났다.

　사실 속력과 관련된 물리 현상은 다양하다. 존 브룸John Broome, 1913~1999, 로버트 카니거Robert Kanigher, 1915~2002, 가드너 폭스Gardner Fox , 1911~1986 등 플

같이 가, 플래시.
빠르긴 엄청
빠르네!

───● 배리 앨런은 《플래시》 제1호에 첫 등장한 제이 개릭이나 조카 키드 플래시와 동일 인물이 아니다.

래시를 만든 작가들은 이러한 물리 현상을 광범위하게 다루었다. 이들은 빛처럼 빨리 달릴 수 있는 플래시의 능력을 살려 건물 벽이나 바다 위를 달리는 장면을 그려 넣었다. 플래시는 날아오는 총알을 막아낼 뿐만 아니라, 뒤에 서 있는 사람을 자기 쪽으로 끌어당길 수도 있다. 그런데 이런 초인적인 행동들을 물리학적으로 설명할 수 있을까?

《쇼케이스Showcase》 제4호 〈번개 인간의 미스터리The Mystery of the Human Thunderbolt〉 편에서 플래시가 건물 벽을 달리는 장면이 나온다. 여기에는 '플래시는 중력을 이길 수 있기 때문에 엄청난 속도를 낼 수 있다'라는 설명이 붙어 있다. 우리는 앞에서 초속도와 최고 도달 높이의 관계를 알아보았다. 어떤 물체가 높이 올라갈수록 그 속도는 중력 때문에 줄어든다. 그리고 물체가 최고 높이에 도달하는 순간 속도는 0이 된다.

슈퍼맨이 200m 높이까지 점프하려면 초속도가 최소 63m/s는 되어야 한다고 했다. 그런데 플래시의 속도라면 단숨에 40층 건물 위까지 올라갈 수 있다. 만약 플래시가 적어도 $v^2 = 2gh$ 식에서 얻은 속도보다 빠른 속도를 낼 수 있다면 그는 물리 법칙을 위배하지 않으면서 건물 꼭대기에 도달할 수 있다. 일반 성인 남자의 달리기 최고 속도는 약 7m/s(시속 25km)다. 이 속도로는 낮은 창고 건물 위까지 올라갈 수 있다.

사실 플래시가 수직 높이 h를 올라가는 데 문제가 되는 것은 속도가 아니라 마찰이다. 우리가 걸을 때마다 아주 흥미로운 물리 법칙이 적용되는데 그것은 바로 뉴턴의 작용과 반작용 법칙이다. 걷거나 달릴 때 몸이 움직이는 방향과 반대 방향으로 지면에 힘을 가해진다. 그러면 지면은 그에 대한 반작용으로 우리가 가려는 방향으로 힘을 가한다. 이 힘은 우리가 지면

에 가하는 힘과 크기가 같고 지면과 평
행을 이룬다. 이 힘이 우리를 앞으로
나아가게 하는데 바로 마찰력이다.

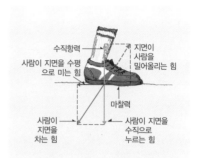

바닥에 기름이 뿌려진 곳을 걸어가
야 한다면 어떻겠는가? 걷기가 무척
힘들 것이다. 만약 플래시의 신발과 지
면 사이에 마찰이 없다면 그는 절대로
달릴 수 없다. 플래시가 상대한 악당들

우리가 미끄러지지 않고 걸을 수 있는 이유는
지면과 발(신발) 사이에 마찰력이 작용하기 때
문이다.

중에 캡틴 콜드Captain Cold라는 인물이 있다. 그는 플래시가 나타나면 냉동
광선총을 쏘아 바닥을 얼려버린다. 그러면 마찰이 거의 없는 지면 때문에
플래시는 제자리에서 옴짝달싹 못하게 된다.

보통 마찰 현상은 주변에서 쉽게 볼 수 있다. 그러므로 우리는 마찰이라
는 복잡 미묘한 개념을 비교적 잘 이해한다. 그렇다면 우리가 어떤 물체를

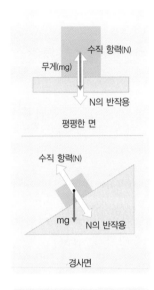

수직 항력(N)

무게(mg)

N의 반작용

평평한 면

수직 항력(N)

mg

N의 반작용

경사면

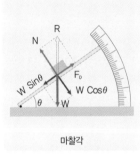

R

N

F_0

W Sinθ

W Cosθ

θ

W

마찰각

끌어당길 때 마찰이 생기는 이유는 무엇일까? 마찰 현상을 과학적으로 이해하고자 시도한 사람은 레오나르도 다빈치Leonardo da Vinci, 1452~1519와 프랑스의 물리학자 기욤 아몽통 Guillaume Amontons, 1663~1705이 최초였다. 하지만 이들도 마찰 현상을 명확히 설명하지는 못했다. 1920년대에 원자 개념이 도입되면서야 비로소 마찰 현상의 근본 원인이 밝혀졌다.

거시적인 관점에서 물질을 원자의 개념으로 정리하면 다음과 같다. (1) 주기성이 있는 결정 구조를 가진 균일한 덩어리. (2) 비결정 구조를 가진 불균일한 덩어리. 물론 물질 대부분은 두 극단 사이에 놓여 있다. 수많은 작은 결정체들이 어지럽게 연결되어 있기도 하고 때때로 비결정형 덩어리로 분리되기도 한다. 이렇게 복잡하게 얽혀 있는 구조 때문에 우리 눈에는 아주 균일해 보이는 물질도 원자 상태에서 볼 때에는 전혀 그렇지 않은 것이다.

사실 원자보다 훨씬 큰, 수천 분의 1mm 크기의 물질도 그 표면은 잔잔한 호수가 아니라 울퉁불퉁한 산맥을 닮아 있다. 결과적으로 두 물체 사이의 마찰은 원자 수준에서 봤을 때 마치 로키산맥을 뒤집은 다음 히말라야 산맥 위에 올려놓고 옆으로 끌어당기는 것과 비슷하다. 이것은 원자의 입장에선 엄청난 재앙이다.

혹자는 거대 규모의 지질학적 융기나 판 경계부에서 일어나는 지각 변동 등을 떠올릴 것이다. 이는 다름 아닌 원자 수준에서의 대변동이다. 원자 사이의 결합이 깨지면 다시 새로운 결합이 형성된다. 그리고 원자의 산사태[•]와 지진이 발생한다. 이런 현상들은 많은 양의 힘을 필요로 한다. 우리는 이런 원자들의 재배열을 가로막는 힘을 마찰력이라고 부른다. 만약 마찰이 없다면 플래시는 계속 제자리에서만 달리게 된다.

물체가 움직이는 반대 방향으로 작용하는 마찰력은 지면과 평행하고 그 크기는 물체의 무게에 비례한다. 물체의 무게가 무거울수록 원자 산맥들을 이동시키는 데 드는 힘 또한 커지게 된다. 마찰력이 커져 물체를 움직이는 데 많은 힘이 들어가기 때문이다. 당연한 얘기지만 똑같은 크기의 힘을 가할 때 무거운 물체가 가벼운 물체보다 훨씬 더 끌어당기기 어렵다.

이집트의 대표 건축물인 피라미드를 짓기 위해서는 크고 무거운 바위가 많이 필요했다. 이집트인들은 이 바위를 보다 쉽게 옮기려고 독창적인 방법을 고안해냈는데 그중 한 가지 방법이 바로 경사면을 이용하는 것이다. 편평한 바닥에 놓인 바위들은 수직 방향으로 그 무게만큼 지면을 누른다. 반면 기울어진 바닥에 놓인 바위들은 그렇지 않다. 무게는 언제나 지구 중심을 향하기 때문에 바닥이 기울어져 있으면 바위의 무게는 지면을 수직 방향으로 누르지 못한다(경사면에 달려 있는 추를 생각해보라. 추는 경사면과 수직이 아니다).

힘의 합성의 원리에 따라 두 가지 힘을 합해서 하나의 힘으로 표시할 수 있다. 이를 역으로 생각하면 하나의 힘을 둘로 나눌 수도 있다. 이를 위의

───── • 물체를 구성하는 원자들이 산사태와 같이 대량으로 쏠려나가는 현상.

상황에 적용하면 바위의 무게를 경사면에 수직인 힘과 수평인 힘으로 나눌 수 있다. 경사면에 수직인 힘은 바위의 무게를 두 개의 힘으로 나눈 것이기 때문에 원래 바위의 무게보다 작아진다. 그러므로 편평한 바닥보다는 기울어진 바닥에서 바위를 움직이는 것이 훨씬 힘이 덜 든다.

바닥의 경사가 너무 가파르면 표면의 거칠기와는 상관없이 마찰력이 물체가 내려가려는 힘보다 약해져서 물체는 바닥을 따라 미끄러진다. 플래시는 건물을 수직 방향으로 올라간다. 이때 건물 벽에 수직으로 작용하는 그의 무게 성분은 없다(무게 방향과 벽면이 평행하다는 뜻이다). 플래시의 발과 건물 벽 사이에서 마찰이 일어나지 않으므로 그는 앞으로 나아가지 못하고 제자리에서만 달리게 된다.

그럼 현실에서 플래시는 건물 벽을 달릴 수 없는 것일까? 이론적으로는 그렇다. 최소한 우리가 아는 보통의 '달리기'로는 건물 벽을 달릴 수 없다. 하지만 플래시가 달리는 식으로 발을 앞뒤로 움직인다면 건물 벽을 올라갈

수 있다. 사실 플래시가 내딛는 한 걸음의 너비는 30~40층의 건물 높이와 비슷하므로 플래시는 어느 정도 각도를 이루면서 지면을 밀어내게 된다. 그러면 반작용이 역시 각도를 이루면서 그를 밀어낸다.

플래시는 이러한 상호작용을 통해 수직 방향과 수평 방향으로 달리는 속도를 높일 수 있다. 수직 방향의 속도는 그를 지면으로부터 뛰어오를 수 있게 하고 수평 방향의 속도는 그가 달리는 방향으로 나아갈 수 있게 한다. 플래시는 수직 방향의 속도가 빠르면 높이 뛰어오르고 수평 방향의 속도가 빠르면 수직 방향의 속도가 중력에 의해 줄어들 동안 앞으로 나아간다. 수직 방향의 속도가 중력에 의해 어느 정도 줄어들면 다시 지면에 닿아 그 다음 발을 내딛는다.

플래시 같은 슈퍼영웅은 빨리 달릴수록 공중에 머무르는 시간이 늘어난다. 만약 플래시가 매 걸음마다 약 2cm 정도 수직으로 상승한다면, 그는 공중에 8분의 1초 동안 떠 있게 된다. 하지만 이 시간조차도 플래시에게는 너무 길다. 만약 그의 수평 속도가 1,600m/s라면 매 걸음마다 갈 수 있는 거리는 최소 200m를 넘는다. 이것은 슈퍼맨이 한 번에 뛰어오를 수 있는 높이와 같다. 플래시가 최소한 이 수평 속도를 유지한다면 그는 매번 내딛는 걸음마다 30~40층 건물 높이만큼의 거리를 수평으로 이동할 수 있다.

플래시는 건물을 오르기 전 달리는 방향을 수평 방향에서 수직 방향으로 순식간에 바꾸어야 한다. 앞서 스파이더맨이 날아다닐 때 거미줄을 이용해 운동 방향을 바꾸는 것이나 플래시가 그의 운동 경로를 갑자기 수직 방향으로 바꾸는 것에는 그에 상응하는 가속도 즉, 힘이 필요하다. 플래시가 건

───● 지면보다 건물 벽의 마찰이 아주 작다고 가정한다.

물을 오르기 위해 운동 방향을 90도만큼 변화시키기 위해서는 그가 신는 부츠와 지면 사이의 마찰력에서 비롯되는 큰 힘이 필요하다. 플래시는 크립턴 행성에서 온 슈퍼맨과 달리 빠른 속도와 가속도를 낼 수 있는 능력을 지녀야 한다.

플래시가 바다나 호수 같은 유체 표면을 달릴 수 있는 것도 뉴턴의 운동 법칙으로 설명할 수 있다. 플래시가 워낙 빠르기 때문에 물 위를 달리는 것도 가능하다. 어떤 사람이 공기나 물 또는 기름 등의 유체를 통과하려 할 때 그 사람의 진로를 유체가 방해하지 않아야 한다. 그런데 매질인 유체의 밀도가 높을수록 진로 방해가 심하다. 물이 가득 차 있는 수영장과 텅 빈 수영장 중에서 어느 곳에서 걷는 것이 더 힘든지는 생각해보면 금방 알 수 있다. 설상가상으로 물 대신 진득진득한 꿀로 가득 찬 수영장 안을 걸어야 한다면? 이런 유체 흐름에 대한 저항을 점성이라고 한다. 매질의 밀도가 높고 물체가 매질 속을 빠르게 통과할수록 점성의 강도는 높아진다.

공기처럼 밀도가 낮은 매질은 분자 사이의 공간이 넓다. 예를 들어 실온(상온)˙에서 공기 중 각 분자 간의 거리는 산소나 질소 분자의 지름보다 열 배 이상 크다. 게다가 공기 중의 분자들은 평균 속도 약 335m/s로 움직인다. 우리가 공기 중에서 달리는 속도는 공기 중 기체 분자의 평균 속도보다 훨씬 느리기 때문에 우리 앞에 밀도가 높은 영역을 만들지 못한다. 소몰이를 생각해보자. 달리고 있는 소 떼에 속해 있는 한 마리의 소를 더 빨리 달리도록 몰면 다른 녀석들도 영문을 모르면서 무조건 더 빨리 달리고 본다.

─────── ● 보통 섭씨 21~23도
●● 1947년 벨 X-1호 시험 조종으로 세계 최초 초음속 비행에 성공한 미국 조종사.
●●● 유체 내에서 물체가 음속 이상으로 이동할 때 유체에 나타나는 강력한 충격파의 파면.

그러나 천천히 걷고 있는 소 떼에 속해 있는 한 마리의 소를 달리도록 압박을 가하면 다른 녀석들이 길을 내줄 틈도 없이 연쇄 충돌을 일으키고 만다.

물론 1947년 초음속 비행의 시대를 열었던 척 예거Chuck Yeager, 1923~ ** 처럼 소리보다 더 빨리 움직일 수 있다. 물론 그러기 위해선 많은 노력이 필요하다. 다량의 공기를 공기 분자의 본래 움직임보다 더 빨리 치환시켜놓으면 물체 앞에는 고밀도의 공기층이 형성된다. 물체가 이 공기층을 뚫고 나가려면 강한 추진력이 필요한데 일단 통과하면 저항을 받지 않고 앞으로 빠르게 나아갈 수 있다.

《플래시 Flash》제110호 〈날씨 마법사의 도전The Challenge of the Weather Wizard〉 편에서 플래시는 날씨 마법사인 마크 마든Mark Mardon을 제압하고자 충격파면shock front *** 을 사용한다. 흔한 좀도둑에 불과했던 마크는 과학자였던 형이 죽자 날씨를 조종할 수 있는 지팡이를 훔친다. 마크는 뜻하지 않게 막강한 힘을 가지게 되자 만화 속 다른 악당들처럼 으스대며 스스로를 '날씨 마법사'로 불렀다. 그러고는 은행을 털고 경찰서를 파괴하는 등 온갖 범죄를 저지르고 다녔다.

위의 그림(그림 9)에서 플래시는 엄청난 속도로 날씨 마법사 마크에게 돌진한다.

차질고 끈끈한 성질 때문에 달리기 힘듭니다.

플래시는 엄청난 속도로 적에게 돌진한다.

그 속도가 얼마나 빠른지 플래시 앞에 있던 공기가 쌓이게 된다.

악당은 마치 유리벽에 부딪친 것처럼 이 공기층에 밀려 뒤로 나자빠진다.

그림 9_ 《플래시》 제10호의 한 장면. 물체가 공기 속을 빠르게 이동하는 동안 이동 방향 앞쪽의 공기층이 단단해진다는 것을 보여준다.

플래시의 빠른 속도 때문에 그의 앞에 공기가 쌓이고 마크는 마치 벽에 부딪친 것처럼 공기층에 밀려 뒤로 나자빠진다. 이런 현상은 플래시의 초음속 때문에 생긴 것이다. 또한 1940~1950년대 전투기 조종사들이 귀신에 홀려서 일어나는 현상이라고 생각했던 소리 장벽sound barrier을 만들어낸 원인이기도 하다.

물은 공기보다 밀도가 훨씬 높다. 공기는 각 분자 사이에 공간이 넓지만 물에서는 분자들은 빼곡히 들어차 있다. 그래서 빠른 속도로 물을 통과하기가 어렵다. 하지만 플래시는 수면을 달리는 데 아무 문제가 없다. 그것은 사람들이 강이나 바다에서 수상스키를 탈 수 있는 것과 같은 원리다.

플래시는 물속 분자들이 반응하는 시간보다 더 빨리 달릴 수 있다. 플래시가 초속 45미터 이상 되는 속도로 수면을 빠르게 때리면 물은 그 속도를 따라가지 못한다. 그 대신 초음속 비행기가 일으키는 것과 비슷한 충격파를 만들어낸다.

이런 빠른 속도에서 물은 액체보다는 고체에 가깝다. 그래서 플래시가 수면 위를 달리는 것은 물리 법칙에 위배되지 않는다. 사실 그가 달리는 속도라면 수면 위쯤은 충분히 달릴 수 있다. 이때 플래시가 앞 방향으로 운동량을 얻으려면 반드시 물을 뒤로 밀어내야 한다.

설사 물이 플래시의 발밑에서 고체가 되더라도 달리는 데 필요한 정지마찰traction을 얻을 수 있을까? 한 가지 방법은 발밑에 소용돌이Vortex를 만드는 것이다. 그러면 플래시는 작용과 반작용 법칙에 의해 앞으로 나아갈 힘을 얻는다. 플래시가 수면 위를 스치듯이 달리는 것은 소금쟁이가 수면 위를 걷는 것과 같은 원리다. 소금쟁이가 어떻게 물 위에서 이동하는지 과학자들이 밝혀내기 30여 년 전부터 플래시는 이미 그 원리를 깨닫고 있었다.

플래시가 앞쪽의 공기를 밀어내면 그가 지나간 자리는 다른 곳보다 밀도가 낮아진다. 그러면 공기 밀도가 낮은 곳으로 주변의 다른 공기 속 분자들

이 몰려든
다. 플래시
가 빨리 달릴
수록 그가 지나간 곳과
다른 곳의 압력 차이는 커진다. 이런 압
력의 불균형이 심해질수록 그곳에 작용하는 힘도 커진다.

이런 효과는 느리게 움직이는 물체에서도 나타난다. 지하철 전동차가 터
널을 통과하면서 정차 역으로 들어올 때 이런 현상을 볼 수 있다. 지하철역
내부 터널은 외부와 고립되어 있기 때문에 상승 기류가 많이 일어난다. 그
러므로 전동차가 정차 역으로 들어오면 버려진 신문과 쓰레기들이 바람에
날려 펄럭거린다. 밀폐 공간이 없는 플래시는 낮은 압력 영역을 만들 수 있
기 때문에 사람, 자동차, 폭탄 등의 낙하 속도를 임의로 늦출 수 있다. 또한
그림 10에서처럼 재빠르게 회전해 악당을 공중으로 날려버릴 수도 있다.

다시 소리의 속도를 살펴보자. 플래시는 항상 초당 300미터를 넘게 속도
로 달린다. 그래서 플래시는 달릴 때 다른 사람과 의사소통을 하려면 소리
대신 손짓, 발짓 등을 이용해야 한다. 뒤에 있거나 옆에 있는 사람은 그에
게 의사를 전달할 수 없다. 음파가 그의 속도를 따라잡지 못하기 때문이다.

플래시가 내는 속도는 결국 소닉 붐sonic boom^{**}을 일으키는 압력파를 생
성한다. 《쇼케이스》 제4호에서 플래시의 등장을 알린 것 역시 소닉 붐 현상

• 소금쟁이가 수면에 떠 있는 이유는 표면 장력 때문이고, 1초에 자신의 몸길이의 100배 정도를 이동할
  수 있는 것은 와류(소용돌이) 때문이다. 소금쟁이는 세 쌍의 다리가 있는데 이 중 가운뎃다리로 마치
  노를 젓듯이 앞으로 나아가면서 와류를 만든다고 한다.
•• 비행기가 음속을 돌파할 때 발생하는 엄청난 충격파. '꽝'하는 굉음이 발생한다.

이었다. 물론 플래시보다 앞쪽에 있는 사람에게는 그가 소리보다 빠르든 어떻든 별로 중요하지 않다. 하지만 그들 역시 플래시와 대화를 나눌 수는 없다.

소리는 매질을 통해서 전달된다. 음파는 실질적으로 압축과 팽창을 반복하는 매질의 밀도 변화를 뜻한다. 공기처럼 밀도가 낮은 물질

소리의 매질별 속력

매질의 종류	속력(m/s)
공기(20℃)	344
바닷물(20℃)	1,522
물(0℃)	1,402
강철	5,941
유리	5,440

은 분자들 간의 거리가 멀다. 그래서 물이나 철, 혹은 아파트의 얇은 벽보다 밀도 변화를 느끼기가 매우 어렵다.

일반적으로 매질의 밀도가 높을수록 소리의 속도는 빠르다. 옛날 서부 영화의 주인공은 기차가 오는지 알아보기 위해 철로에다 귀를 갖다 대었다. 기차의 진동은 공기보다 철로를 통해서 듣는 것이 더 빠르기 때문이다. 단적으로 말해서, 1cm³당 10¹⁹개의 원자가 있는 지구에서는 소리가 금방 전달되지만, 1cm³당 하나의 원자가 있는 우주 공간은 밀도가 너무 낮아 소리가 아예 전달되지 않는다.

그림 9_ 《플래시》 제117호의 한 장면. 플래시가 엄청난 속도로 원을 그리며 달려나가자 그가 지나간 자리에 낮은 압력 지역이 형성되었다. 그로 인해 악당은 공중으로 날아가버린다.

플래시가 달릴 때 누군가 그에게 거는 말소리는 고음이면서도 끊어져 들린다. 소리의 파동에서 매질의 압축(팽창)된 곳에서 다른 압축(팽창)된 곳까지의 거리를 파장이라고 한다. 파장은 우리가 듣는 소리의 진동수에 관여한다. 진동수란 매초 임의의 지점을 지나가는 파장의 개수를 일컫는다. 긴 파장은 낮은 소리를 내고(베이스 악기의 낮고 깊은 음색을 생각해보라. 줄의 길이는 음파를 결정짓는다) 짧은 파장은 높은 소리를 낸다.

플래시가 소리보다 느리게 달려도 그가 내는 속도는 플래시가 듣는 소리의 진동수에 영향을 끼친다. 지금 플래시가 그에게 위험하다고 소리치는 사람 쪽으로 달려간다고 해보자. 그 소리는 압축과 팽창의 인접 영역 간 평균 거리를 나타내는 파장을 가진다. 이 밀도가 교차되는 영역 내에서 플래시가 제자리에 서 있다면 그가 듣는 소리의 진동수는 말하는 사

옛날 서부 영화에서 이런 장면 많이 보셨죠!

람이 내는 소리의 파장으로 결정된다.

플래시가 말하는 사람 쪽으로 달려가면 공기가 압축된 영역의 한 부분이 그에게 도달하게 된다. 그리고 계속 달리다 보면 압축 영역의 다음 부분은 플래시가 제자리에 서 있을 때보다 더 빨리 그의 고막에 닿게 된다. 따라서 플래시는 보다 짧은 파장, 즉 높은 진동수의 소리를 듣게 된다. 이것은 그가 음원 쪽으로 달려가기 때문이다. 플래시가 빨리 달릴수록 이러한 파장과 진동수의 변화가 커진다.

이러한 현상을 도플러 효과 Doppler effect*라고 한다. 고정된 파원(파동의 원천으로 공간이나 물체에 주기적인 변동을 일으키는 원천이 되는 것)의 파장과 움직이는 관측자의 파장을 측정하면 관측자의 속도를 구할 수 있다. 또한 정지하는 물체 쪽으로 파동을 보내면 그것은 보낼 때와 똑같은 파장으로 물체에 반사되어 되돌아온다. 하지만 그 물체가 측정하는 곳에서 자꾸 멀어지면 돌아오는 파장은 길어지고, 물체가 측정하는 곳에서 가까워지면 돌아오는 파장은 짧아진다. 기상학자들은 폭풍의 속도를 계산할 때 도플러 레이더를 사용해 파장의 변화를 관측한다.

레이더 건(속도 측정기)은 라디오파 Radio wave**를 사용한다. 이렇게 함으로써 반사된 파장의 변화로부터 움직이는 물체(투수가 던진 야구공 혹은 경주용 자동차)의 속도를 알아낼 수 있다. 물론 이 방법을 사용하려면 빛이 거울에 반사되는 것처럼 파동이 물체에 잘 반사되어 측정기에 되돌아와야 한

──● 파원에 대해 상대 속도를 가지고 움직이는 관측자가 파동의 주파수와 파원의 주파수를 다르게 관측하는 현상.

●● 라디오나 TV 음성 송수신에 사용하는 전자기파를 말하며 보통 전파라고도 한다. FM 라디오 방송의 경우 주파수가 100MHz(1억 Hz) 내외이다.

다. 자동차 차체가 쭈글쭈글한 주석 막으로 덮여 있으면 라디오파는 여러 방향으로 분산되어 정확한 속도를 측정할 수 없다.

물체가 빨리 움직이면 파장의 변화는 심해지고 진동수(주파수)는 높아진다. 플래시가 200m/s가 넘는 속도로 말하는 사람을 향해 달리면, 보통 목소리 진동수를 100Hz로 가정했을 때, 플래시의 귀에는 이 사람의 말이 166Hz로 들린다. 플래시가 사람의 최대 가청 주파수인 2만Hz 이상의 소리를 들으려면 그는 말하는 사람 쪽으로 7만m/s보다 더 빨리(빛의 속도의 50분의 1 이상의 속도) 달려야 한다.

플래시의 장기인 총알 멈추기 기술은 뉴턴의 운동 법칙에 어긋나지 않는다. 그가 총알보다 빠르다면 방탄조끼도 필요 없다. 만약 누군가가 총에 맞을 위기에 빠진다면? 《플래시》 제124호를 보면 이런 상황이 등장한다.

플래시는 자신의 속도를 총알의 속도와 같게 해, 자신과 총알의 상대 속도˙를 0으로 만들어버렸다. 날아가는 비행기 안에서 책이나 컵을 손쉽게 들어 올릴 수 있는 것처럼, 플래시 역시 약 450m/s의 속도로 총알과 같이 움직인다면 총알을 잡는 것도 그리 어려운 일이 아니다. 《플래시》 제124호의 '편집자 주'에도 나와 있듯이 플래시가 총알을 잡는 행동은 야구 선수가 땅볼을 받을 때 손을 공이 움직이는 방향과 같은 방향으로 움직여 받는 것과 같은 원리이다.

빠른 속도에서 문제가 되는 것은 속력이 아니라 감속이다. 그웬 스테이시처럼 멈추는 데 필요한 시간이 짧으므로 그만큼 많은 힘이 필요하다. 권투 선수들은 펀치를 맞을 때 받는 충격을 줄이고자 가능한 한 맞는 동작을

• 운동하는 하나의 물체에서 본, 운동하는 다른 물체의 속도. 아인슈타인의 특수 상대성 이론에 의하면 진공 속의 빛의 속도만이 절대 속도가 된다.

그림 11_ 《플래시》 제124호의 한 장면. 플래시는 총알만큼 빠르게 달리면서 운동량과 충격량의 법칙을 몸소 입증했다.

길게 가져간다. 플래시도 비슷한 원리로 사람들이 다치기 전에 재빨리 총알을 잡아낸다. 플래시는 가공할 속도로 달릴 수 있을 뿐만 아니라 속도를 높이거나 낮출 때마다 엄청난 가속도를 이겨낼 수 있는 능력을 갖고 있다. 플래시가 달리기를 멈추면 그가 쥐고 있는 총알도 멈추기 마련이고, 그래서 결국엔 총 쏜 자의 발 앞에 그 총알을 떨어뜨리는 극적인 장면을 연출할 수 있는 것이다.

06

특수 상대성 이론 Special Relativity

▶▶▶ 번쩍이는 번개처럼

앞서 플래시가 음속보다 빨리 달리면 소닉 붐이 발생한다고 했다. 그러면 왜 이런 현상이 일어나는 것일까? 그리고 이것은 아인슈타인의 특수 상대성 이론과 어떤 관련이 있을까?

한적한 시골길에 A라는 사람이 서 있다. 플래시는 음속으로 그를 향해 달린다. 플래시가 16km 떨어진 곳에서 출발할 경우 A에 도달하는데 걸리는 시간은 50초가 채 안 된다. 출발하면서 '플래시'라고 외친 플래시는 절반인 8km를 남겨두고 다시 '규칙'이라고 외쳤다. A에게는 플래시의 이 말이 어떻게 들릴까?

플래시가 소리보다 느린 속도로 달리면서 '플래시'라고 말했다면, 이 말은 플래시보다 A로부터 8km 떨어진 지점에 더 빨리 도착한다. '플래시'라는 말이 A의 귀에 도달하는 순간 '규칙'을 외친다면, '플래시'가 A를 지나치고 나서 잠시 후 A의 귀에는 '규칙'을 듣게 된다. 그리고 나서 실제 플래시가 도착한다.

플래시가 소리보다 빨리 달린다면 어떻게 될까? 플래시는 A로부터 8km 떨어진 지점에 '플래시'라는 말보다 더 빨리 도착한다. 그런 뒤 '규칙'이라고 말하면 같은 시간에 '규칙'은 '플래시'보다 A에게 더 가까이 가 있으므로, 결국 A는 순서가 뒤바뀐 '규칙 플래시'라는 말을 듣게 된다. 플래시는 같은 거리를 소리보다 더 빨리 달리므로 A는 플래시가 지나간 다음에야 '규칙 플래시'라는 말을 들을 수 있다.

만약 플래시가 소리와 같은 속도로 달린다면 플래시와 '플래시'는 8km 지점에 같이 도착한다. 이때 플래시가 '규칙'이라고 외치면 A는 플래시가 '규칙'이라고 말을 한 지 대략 25초 후에 '플래시'와 '규칙'이라는 말을 동시에 듣는다.

그런데 사실 A는 '플래시 규칙'이나 '규칙 플래시'라고 명확하게 듣는다기 보다는 두 낱말이 겹친 것 같은 소리를 듣게 된다. 소리는 압력파pressure wave이다. 따라서 두 낱말의 파동이 합쳐지기 때문에 큰 떨림을 만들어낸다. 플래시가 A를 향해 달려가면서 말을 하거나 소음을 내지 않아도 그가 달리면서 밀어낸 공기에 의해 파생된 요동이 압력파를 형성해 천둥소리, 즉 소닉 붐을 일으킨다. 플래시가 소리보다 빨리 달린다고 해도 이러한 공

기 요동은 변함없이 일어난다. 그러므로 플래시는 비교적 조용하게 A 곁을 지나가지만 플래시의 뒤에서는 폭탄이 폭발하는 것 같은 소리가 난다('규칙 플래시'는 폭발음에 묻혀 들리지 않을 것이다). 총 쏠 때의 '철컥' 하는 소리, 캣우먼이 휘두르는 채찍의 '짝' 하는 소리는 소리보다 빠른 총알이나 채찍 끝이 만들어내는 미니 음파 폭발음이다.

만화 작가들은 플래시에 의한 무분별한 충격파가 위험하다는 것을 잘 알고 있다. DC 코믹스의 은시대 영웅들을 부활시킨 2004년 판《신 개척지 DC : The New Frontier》에서 작가 다윈 쿡Darwyn Cooke은 플래시가 중서부에 위치한 센트럴 시티에서 라스베이거스로 달리는 장면을 소개한다. 그림 밑에는 플래시의 독백이 적혀 있다. "이 도시를 벗어날 때까지는 음속 이상으로 달리지 말아야지. 몇 번의 힘든 경험을 통해 터득한 지혜거든. 그래야 유리 파편이 행인들에게 튀지 않지."《플래시》 제202호에선 정말로 플래시가 초고속으로 달려 충격파를 만들어내는 일을 하지 않는다. 기억 상실증에 걸려 자신에게 초고속 능력이 있다는 사실조차 모르기 때문이다. 길거리에서 강도를 만났을 때는 본능적으로 자신의 능력을 발휘하여 한 동네의 유리창을 모조리 박살내는 등 주변 건물에 심각한 손상을 입힌다.

A에게 들린 말이 '플래시 규칙'이든 '규칙 플래시'이든 그 순서가 어떠하든지 간에 플래시의 입을 주의하여 보면 그가 말하는 단어를 쉽게 파악할 수 있다. 이는 플래시를 반사하는 빛이 소리보다 훨씬 빠르게 움직이기 때문이다. 실제로 빛의 속도는 초속 30만km로 소리의 속도인 초속 340m보다 90만 배 정도 빠르다. 먼저 번개가 치고, 그 다음에 천둥소리가 들리는데, 그 시간 간격으로 벼락이 발생한 지점과의 거리를 계산할 수 있는 것도 이러한 이유 때문이다.

그런데 만약 플래시가 빛과 거의 같은 속도로 달린다면 어떻게 될까? 아마 '달리다'라는 움직임과 관련된 물리 값(길이, 시간, 질량 등)들이 뒤죽박죽될 것이다. 이러한 내용을 다룬 논문을 아인슈타인이 1905년에 특수 상대성 이론으로 발표했다. 여기서 '특수'란 일정한 속도로 움직이는 물체만 다룬다는 뜻이다(1916년에 발표한 일반 상대성 이론**은 가속 운동을 하는 물체까지 포함한다).

일단 이 책에서 특수 상대성 이론을 자세히 다루지는 않겠다. 다만 꼭 짚고 넘어가야 할 것이 있다. 그것은 한 물체가 빛의 속도와 비슷하게 달리면 어떻게 될까 하는 것이다. 특수 상대성 이론은 다음에 나오는 두 가지로 요약할 수 있다.

첫째, 슈퍼맨과 플래시에게는 미안한 말이지만, 어떤 물체도 빛보다 빠를 수는 없다. 또한 빛의 속도는 빨리 달리는 사람이 보든 가만히 서 있는 사람이 보든 상관없이 항상 일정하다.

둘째, 물리 법칙은 움직이는 사람에게든 서 있는 사람에게든 모두 동일하게 적용된다.

만약 플래시가 발사된 총알과 같은 속도인 450m/s로 달리면 총알은 상대적으로 움직이지 않는 것처럼 보인다. 그래서 플래시는 한 손으로 간단히 날아오는 총알을 잡아낸다. 하지만 플래시가 빠른 속도로 달리면서 보

● 우리가 있는 지점에서 약 1,600m 떨어진 곳에서 번개가 내리치면 그 섬광이 도달하는 데 약 500만 분의 1초가 걸린다. 우리는 이런 짧은 시간을 감지해낼 수 없다. 하지만 번개가 내리칠 때와 천둥소리가 들릴 때의 시간차를 이용하여 어디서 번개가 내리쳤는지 알아낼 수는 있다.

●● 1915년 아인슈타인이 특수 상대성 이론을 확장해 가속도를 가진 임의의 좌표계에서도 상대성이 성립하도록 체계화한 이론이다. 이 이론에 따르면 빛은 중력에 의해 휘어지고 무거운 질량을 가진 것은 공간을 휘게 한다. 결국 중력이 시간도 변하게 한다.

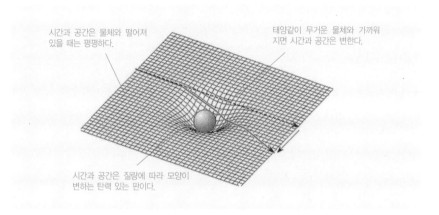

시간과 공간은 물체와 떨어져 있을 때는 평평하다.

태양같이 무거운 물체와 가까워지면 시간과 공간은 변한다.

시간과 공간은 질량에 따라 모양이 변하는 탄력 있는 판이다.

:: 아인슈타인은 특수 상대성 이론에서 시간과 공간은 절대적이지 않으며 서로 연결된다.

든, 가만히 서서 보든 빛의 속도는 초속 30만km로 똑같다. 만약 플래시가 빛의 속도의 절반인 초속 15만km로 달린다고 해도 그에게 빛의 속도는 여전히 초속 30만km다. 이것은 왜 그럴까?

플래시가 멀리 있는 A라는 사람을 향해 달려갈 때 플래시는 자기는 제자리에 있고 A가 자신에게 달려오는 것처럼 보인다. 특수 상대성 이론은 바로 이런 상황에서 플래시와 A의 관계를 설명해놓은 것이다.

우리는 먼저 빛의 속도가 초속 30만km라는 것을 알아야 한다. 이것이 과학적으로 사실임을 증명하고자 아인슈타인은 A의 눈에는 플래시가 가늘게 보이고 플래시의 시간이 자신보다 더 느리게 흐르는 것처럼 느낀다고 주장했다.

만약 플래시 손에 시계와 자가 있다면 들고 있는 자의 길이는 변화가 없다. 그리고 시계도 본래대로 잘 작동한다. 하지만 플래시 입장에서 달리는 사람은 자신이 아니라 A다. 따라서 플래시는 A가 얇아지고 A의 시간도 느리게 가는 것처럼 느낀다.

이것은 플래시가 자를 들고 있을 때 A가 이 자의 길이를 측정하려면 반드시 자의 양쪽 끝을 고려해 이 두 점이 A의 한 지점을 통과하는 시간을 측정해야 하는 것과 관련이 있다. A와 플래시처럼 서로 상대적으로 운동하는 두 사람에게 두 가지 일이 시간·공간적으로 분리되어 있지 않다면 두 가지 일이 동시에 일어났느냐 일어나지 않았느냐를 놓고 의견 일치를 보는 것이 불가능하다.

정보는 빛보다 빨리 전달될 수 없다. 그래서 사건이 일어나는 순서가 뒤바뀌는 모순이 발생한다. 이런 모순을 바로잡고자 모든 사람이 인정하는 빛의 속도 값을 구해야 한다. 그것은 물체가 움직일 때 길이는 줄어들고 시간은 더욱 느리게 흘러야만 가능해진다.

만화책에는 빛의 속도로 달리는 인물이 종종 주인공으로 나온다. 주인공이 빛의 속도로 달리면 다른 사람들은 주인공을 볼 수가 없다. 빛의 속도로 달리는 주인공 몸에서 빛을 산란시킬 방법이 없기 때문이다. 우리가 어떤 물체를 본다는 것은 빛이 그 물체에 부딪쳐서 산란된 빛이 우리 눈에 들어와야 가능한 일이다. 빛이 물체와 부딪쳐 산란되지 않는다면 물체를 볼 수 없다. 멀리서 보면 기껏해야 번쩍하는 섬광으로 보일 것이고 가까이선 보이지 않는다.

세상에서 가장 빠른 속도는 빛의 속도다. 플래시가 아무리 노력해도 빛의 속도보다 빨리 달리는 것은 불가능하다. 우리는 이 점을 이해하기 위해 제자리에 서 있는 관측자가 되어야 한다. 플래시가 더욱 빨리 달리려면 가속을 해야 하는데 속도가 빨라지면 가속을 하는 것이 점점 더 어려워진다.

우리는 가속도 법칙(힘=질량×가속도)을 근거로 다음과 같은 결론을 내릴 수 있다. 만일 플래시가 내는 힘이 일정하고 그에 상응하는 가속도가 얻어지지 않는다면, 그의 질량이 증가하지 않았기 때문이다. 게다가 시간은 느리게 가고 길이는 줄어드는 것처럼 보인다. 그럼 관측자는 달리는 플래시의 질량이 증가하고 속도는 더 빨라진다고 느낀다. 이 현상은 만화에 종종 등장한다. 《LA》제89호에서 플래시는 원자탄이 폭발하기 전에 북한의 청진 시민 51만 2,000여 명을 순간적으로 이동시켜야 한다. 이 사명을 완수하기 위해선 빛의 속도로 움직여야 했다. 그는 초고속으로 움직여 도시 사람들을 구해냈지만 산꼭대기에 거꾸러졌다. 그림 밑에는 이런 설명이 붙어 있다. "그는 빛의 속도로 난 후에 후유증으로 쓰러졌다. 쓰러지면서 화염에 싸인 청진을 내려다보았다."

상대적 효과로 인한 질량 증가는 플래시가 달릴 때만 일어난다. 물체의 운동에너지 증가는 아인슈타인의 유명한 공식인 $E=mc^2$에 의해 질량의 증가로 이어진다.

플래시는 빨리 달리는 것 외에 자신의 몸을 이루는 모든 분자를 조정할 수 있다. 그래서 자신의 몸을 이루는 분자의 진동을 벽을 구성하는 분자의 진동과 일치시켜 아무런 문제 없이 벽을 통과할 수 있다. 하지만 우리가 단단한 벽을 통과하지 못하는 이유가 벽 안의 원자에서 발산되는 주파수와는 다른 파동을 발산하기 때문이라는 것은 사실이 아니다. 인간 내부의 원자의 진동은 온도의 영향을 받는다. 우리 몸은 벽과 20퍼센트 정도의 오차 이내로 온도가 일치하므로 우리 몸을 구성하는 원자들의 진동수는 벽과 비교

● 전자의 파동성 때문에 전자가 고체의 표면을 뛰어넘어 고전 물리의 법칙으로는 갈 수 없다고 생각하는 곳까지 뚫고 나가는 현상.

적 잘 맞는다. 하지만 우리 중 어느 누구도 벽을 통과하지 못한다. 따라서 플래시 역시 벽을 통과할 수 없다.

물론 터널링Tunneling*이라 불리는, 고체 장벽을 아무 문제없이 통과할 수 있는 양자 역학적 현상이 있다. 이 현상은 제22장에서 다루기로 하겠다.

미국 만화의 황금시대와 은시대

황금시대 The Golden Age of Comics 1938~1950년대 초

미국 만화의 황금시대는 슈퍼맨이 힘차게 열어젖혔다. 초기 슈퍼맨은 엄청난 인기를 얻었고 수많은 아류작이 쏟아져 나왔다. 각양각색의 슈퍼영웅들이 지구를 지키겠다고 나섰고, 독자들은 부지런히 만화책을 구입하는 것으로 그들에게 활동비(?)를 지급했다.

만화의 황금시대에는 제2차 세계 대전이라는 역사적 배경이 있었다. 슈퍼맨이 이기는 것이 당연하므로 자국 병사의 사기 진작 수단으로 만화책은 더없이 훌륭했다. 당시 《뉴욕 타임스》는 전쟁 중인 미국 군인들에게 보내는 전체 잡지의 25퍼센트 이상이 만화책이라고 보도하며, 《슈퍼맨》만 하더라도 한 달에 3만 5,000권이라고 전했다.

한마디로 만화가 미국의 주류 대중문화로 정착한 시기가 바로 황금시대였다는 것이다. 이렇게 1938년 《슈퍼맨》이 발간된 때부터 검열이 시행되기 전인 1950년대 초반까지의 만화 호황기를 '황금시대'라고 부른다.

은시대 The Silver Age of Comics 1956~1970년대 초

일반적으로 은시대의 시작은 새로운 모습으로 등장한 플래시를 기준으로 한다.

새로운 플래시는 큰 성공을 거두는데 이에 고무된 DC 코믹스는 그린 랜턴이나 호크맨 같은 구舊영웅들을 다시 디자인해 선보이는 등 '기존 영웅들의 재발견'에 힘쓴다.

한편 DC 코믹스의 라이벌인 마블 코믹스는 오히려 황금시대보다 더 왕성하게 새로운 슈퍼영웅 캐릭터를 만들었다. 그 대표적인 예가 스파이더맨, 엑스맨, 헐크 같은 우리가 익히 아는 캐릭터들이다.

이들은 예전 영웅과는 달리 인간적인 고뇌와 심각한 결점을 안고 있다는 특징이 있었다. 그러나 이러한 약점들이 오히려 이야기를 더욱 풍부하고 극적이게 해주는 장점으로 승화되어 좀 더 성인 독자층에게 다가갈 수 있었다.

은시대의 종말에 관해서는 여러 설이 있지만, 시기적으로 1970년대 초반에 끝났다는 데 의견의 일치를 본다. 실제로 이 무렵에 은시대의 종말을 알리는 사건들이 일어난다. 1971년 '만화 규제 조항'의 개정, 1975년 성인들로 구성된 엑스맨의 재등장(그때까지 엑스맨은 몇몇을 제외하고는 전부 10대였다) 그리고 1973년 스파이더맨의 여자친구 그웬 스테이시의 죽음이 대표적이다. 은시대 이후 슈퍼영웅 캐릭터들은 한층 심각해지고 어두워지게 된다.

APPROVED
BY THE
COMICS
CODE
A
AUTHORITY

:: 코믹스 코드의 부착 여부로 황금시대와 은시대를 나눌 수도 있다.

07

물질의 성질 Properties of Matter

▶▶▶ 사람을 축소시키는 세 가지 방법

헨리 핌Henry Pym 박사는 악당들과 대결을 벌이는 슈퍼영웅으로 거듭나기 전까지 평범한 생화학자였다. 〈개미 언덕의 인간 The Man in the Ant Hill〉 편에 처음 등장한 헨리는 여느 과학자들처럼 연구비 문제로 어려움을 겪는다. 미국과학협의회는 헨리의 '축소 묘약'에 대한 연구비 지원 신청을 거절하면서 그에게 인신공격을 서슴지 않았다.

"흥, 지금 당신은 말도 안 되는 연구로 시간을 허비하고 있어!"

"좀 더 실용적인 연구를 하란 말이야!"

하지만 헨리는 동료 과학자들의 쏟아지는 비난 속에서도 자신의 의지를 굽히지 않았다.

"나는 상상력을 필요로 하는 연구에만 내 모든 힘을 쏟겠어."

그리고 결국 발명에 성공했다.

나는 이들의 대화에서 두 가지 사실을 지적하고자 한다. 첫째는 대학이나 연구소에선 지금도 실용성을 추구하는 프로젝트와 호기심을 위한 프로젝트 간의 갈등이 존재한다는 점이다. 둘째는 일반 대중들과는 달리 과학자들이 남의 아이디어에 '흥' 하는 식으로 무시하는 태도를 보인다는 점이다.

헨리는 슈퍼영웅 대부분이 그러하듯 자신이 개발한 축소 묘약에 우연히 노출된다. 그리고 1954년 출간된 추억의 만화《놀랍도록 줄어든 사나이The Incredible Shrinking Man》을 통해 개미 언덕에서 상상

그림 12_《놀라운 이야기》 제35호 〈앤트맨의 귀환〉 편의 첫 장. 앤트맨으로 변한 헨리 박사가 처음으로 등장한다.

할 수 없을 정도로 몸이 줄어드는 경험을 하게 되는데, 이 경험을 통해 상당히 고통스런 모험을 하게 된다. 만화가 끝날 무렵 '확대 묘약'을 통해 다시 본래의 크기로 회복한 헨리는 약들을 싱크대에 모두 쏟아버린다. 그는 만약 다른 사람이 이 묘약을 다시 사용한다면 큰 위험이 몰아닥칠 수 있다는 것을 깨닫고 다음과 같이 결심한다. "지금 이 순간부터 오직 실용적인 연구에만 몰두할 거야!"

너 앤트맨하고 얘기해 봤어? 인간치고는 우리 말을 곧잘 하더라.

하지만 헨리 박사의 다짐은《놀라운 이야기Tales to Astonish》제27호에서 책 판매를 고려한 작가에 의

해 깨지고 만다. 제35호에선 〈앤트맨의 귀환The Return of the Antman〉 편에 등장하여(그림 12) 축소 묘약을 다시 제조할 뿐만 아니라, 화려하기 짝이 없는 빨갛고 검은 낙하복, 그리고 개미들과 대화를 나눌 인공두뇌 헬멧을 만든다. 실제로 개미들은 몸에서 나오는 페로몬*이라는 물질을 통해 의사소통을 한다. 그러니 우리가 헨리의 헬멧이 어떻게 작동하는지 자세히 살펴볼 필요는 없을 것이다. 완벽하게 도구를 구비한 헨리는 에그헤드Egghead와 같은 범죄자들뿐 아니라, 지구를 침략하려는 포큐파인Porcupine 외계인과도 맞서 싸우는 앤트맨(개미 인간)이 된다. 키가 1cm도 안 되는 이 초능력자와 대결하여 이길 악당은 거의 없었다.

인간을 곤충만 하게 줄인다는 모험 이야기는 지난 50년 동안 공상 과학 영화나 만화의 주요 소재였다. 하지만 21세기로 접어든 지금도 몸을 줄이는 기술은 개발하지 못하고 있다. 도대체 무엇이 문제란 말인가?

요즘 신문들은 공상 과학이라도 시간이 흘러 과학이 발전하면 현실이 될 수 있다는 기대감을 심어준다. 즉, '과학적 사실 = 공상 과학 + 시간'이라는 것이다. 과학은 이미 로봇이 자동차를 만들고 우리 집 거실을 청소해주는 수준에까지 이르게 했다. 또한 컴퓨터는 세계 체스 챔피언과 체스 대결을 벌여 완승을 거두었고, 치료용 핵 치환 복제 기술은 무서운 질병과 참혹한 의료 상황을 개선해주고 있다. 인간은 달에 가서 그 표면을 걸어보고는 안전하게 지구로 귀환했다. 그리고 무인 우주선을 태양계에 속한 여러 별에 무사히 안착시켰다. 심지어 음의 에너지 개념을 응용하면 타임머신 제작도 가능하다는 과학 논문이 권위 있는 물리학 잡지에 실리기도 했다(음의 에너지가 웜홀wormhole**의 역학-일반 상대성 이론에 의해 개진된 개념-과 결합하면 워프 스피드warp speed, 즉 빛보다 빠른 스피드로 여행할 수 있다는 이론적 토대가 마련된다).

미래의 기술에 대한 측면에서 관찰해보면 〈스타트렉〉에서 사용된 휴대용 통신기는 이미 휴대폰으로 현실화된 상태이다. 디지털 이미지의 저장과 송신, 인터넷 접속 기능은 1960년대 나온 스타트렉의 상상력을 초월한다. 만화 주인공 딕 트레이시Dick Tracy의 손목 착용 쌍방향 TV 전화기의 등장도 머지않았다. 〈스타트렉〉에 등장하는 보통 책 크기만 한 트라이코더스tricorders는 화학 성분을 분석하는 기구로서 이것 역시 가까운 시일 내에 일반인들에게 소개될 것이다. PDA는 이미 보편화되었고, 칩 하나로 DNA를 분석하여 그 결과를 저장하는 등의 기능들이 개발되고 있는 중이다. 착용하면 날아다니게 하는 휴대용 제트 백이나 로봇 하인의 등장은 아직 멀었는지 모르지만 평면 TV, 전자레인지 오븐, MRImagnetic resonance imaging:자기 공명 영상은 보편화되어 있는 상태이다.

그렇지만 이런 과학 기술의 눈부신 발전에도 불구하고 우리는 아직까지 사람의 크기를 아주 작게 줄이거나 크게 늘릴 수 없다. 이런 소형화 기술보다는 워프warp 항법***으로 공간 이동을 시도하거나 타임머신으로 과거나 미래를 여행하는 것이 더욱 실현 가능성이 높다. 그러나 1960년대 영화나 만화책에서는 오히려 이런 수축 광선이 주목을 끌었다. 그리고 이것은 비밀리에 세워진 지하 연구소에서 실험되었다.

───── ● 한 개체에서 분비되어 대개 동종의 다른 개체의 행동에까지 영향을 끼치는 휘발성의 유기 물질.
●● 블랙홀과 화이트홀을 연결하는 시간과 공간벽의 구멍. 실제로 증명되지는 않았다.
●●● 시공간을 일그러뜨려 4차원적으로 두 점 사이의 거리를 단축시켜 빛의 속도보다도 더 빨리 목적지에 도착하게 한다는 항법. SF 영화 등에 자주 등장하는 이 워프 항법은 〈스타트렉〉 시나리오 작가의 제안으로 연구가 시작됐다.

1966년 나온 〈바디 캡슐Fantastic Voyage〉의 줄거리는 대략 이러하다. 중요한 인물이 뇌경색으로 쓰러지자 의사들을 잠수함에 태운 후, 쌀알만 한 크기로 축소시켜 이를 환자의 몸속에 집어넣는다. 환자의 몸속에 들어간 잠수함은 레이저 광선으로 혈전을 녹여 환자를 치료한 다음 무사히 몸 밖으로 탈출하여 원래 돌아온다. 영화는 이야기를 시작하기 전에 다음과 같은 주장을 펼친다.

> 이 영화는 여러분을 아무도 가보지 못한, 아무도 보지 못한 곳으로 안내할 것이다. 하지만 이러한 세상은 달나라 여행을 꿈꾸는 우리에게 머지않아 오게 될 것이다. 이 영화에서 벌어지는 믿을 수 없는 일들이 언젠가 곧, 우리들에게 일어나게 될 것이다.

이 영화가 나온 지 3년 만에 정말 인간은 달에 착륙했고, 그 표면을 걸었다. 지금은 30년 전에는 감히 상상도 하지 못했던 일들이 벌어지고 있다. 하지만 〈바디 캡슐〉에서처럼 의료진을 축소하여 몸속에 집어넣어 치료하기까지는 오랜 시간을 필요로 할 것이다. 그렇다면 앤트맨처럼 현실에서 몸의 크기를 극단적으로 변화시킬 수 없는 물리적인 장벽은 무엇일까?

물체 소형화가 물리적으로 가능하지 않은 이유는 물체가 원자로 구성되어 있는데, 원자의 크기는 자연의 기본 척도로서 지속적인 조정이 불가능하기 때문이다. 아이작 아시모프Isaac Asimov, 1920~1992 • 가 쓴 《마이크로 결사

• 미국의 SF 작가, 생화학자, 과학 해설자. 대표작으로 《파운데이션Foundation》, 《강철 도시The Caves of Steel》 등 약 200여 권의 저서를 출판했다.

대《fantastic voyage》를 봐도 어떤 물체를 작게 만들려면 다음의 조건들 중 적어도 한 가지는 충족되어야 한다.

❶ 원자들 스스로 작아지도록 만든다.
❷ 원자들의 일부분, 혹은 많은 부분을 제거한다.
❸ 원자들이 서로 가까워지도록 민다.

우리는 태양계의 크기를 태양을 중심으로 한 행성 궤도의 바깥 경계까지의 거리로 정한다. 원자핵양성자와 중성자로 이어진 부분 주위의 전자 궤도 역시 태양 주위를 도는 행성들의 타원 궤도와 비슷한데 원자의 반지름은 원자핵 주위를 돌아다니는 전자의 범위로 정한다. 일반적으로 원자의 크기는 3분의 1nm(나노미터)다(1nm는 10억 분의 1m다). 사람 머리카락 단면을 자세히 관찰하면 약 30만 개의 원자가 머리카락 끝에서 끝까지 놓여 있다.

전자는 원자의 중심인 원자핵 주위의 궤도에 존재한다. 원자핵의 양성자 수는 궤도를 도는 전자의 수로 알 수 있다. 무거운 원자일수록 많은 양성자를 가지고 있고 이들은 더욱 세게 전자를 원자핵 쪽으로 끌어당긴다. 그러나 전자 수가 증가할수록 전자 간의 반발력도 세지기 때문에 서로 멀어지려고 한다. 이 결과 원자의 크기는 대략 0.2~0.3nm 정도가 된다.

나는 여기에서 우리가 흔히 볼 수 있는, 원자의 구조를 그린 그림은 엄밀히 얘기하면 정확하지는 않다는 것을 짚고 넘어가겠다. 정확히 말하자면, 양자 역학에서는 전자의 정확한 위치를 말하기보다는, 원자핵으로부터 일정 거리 내에 있는 전자가 발견될 확률을 계산하여 그 위치를 추정한다. 전자를 발견할 확률이 가장 큰 거리(확률 구름Probability Cloud 에서 가장 밀도가 높은 지역)는 원자의 크기와 관련이 있다. 원자의 크기는 전자의 질량, 전하량, 원자핵 내의 양성자 개수, 플랑크 상수** h와 관련이 있다. 우리는 h가 상수(모든 양자현상의 크기를 결정하는 값)라는 점을 주목해야 한다. 전자의 질량이나 전하량 역시 중요하지만 일단 양성자 개수가 정해지면 다른 어떤 것도 변하지 않는다. 원자핵의 양전하의 수가 일단 정해지면, 나머지는 변하지 않는 것이다. 원자의 크기는 기본 상수들의 조합으로 결정되며 조정은 불가능하다.

《마이크로 결사대》의 후속작인 《두뇌로의 여행fantastic voyage Ⅱ: Destination Brain》에서 언급한 소형화를 가능하게 하는 메커니즘은 '부분적 뒤틀림 공간'의 생성을 전제한다. 그리고 이것은 어떻게든 플랑크 상수 값을 변화시킨다. 만약 h가 조정 가능한 변수라면 이 값이 10분의 1로 작아질 때 원자는 100분의 1로 줄어든다.

우리는 이것을 현실에서 가능하게 하려고 해도 어떤 일을 해야 하는지, h는 왜 변하지 않는 상수인지 전혀 모르고 있다. 만약 우리가 빛의 속력이나 전자의 전하량을 조정할 수 있도록 자연의 기본 상수를 바꾸는 방법을 안다면 우리의 삶은 엄청나게 바뀔 것이다. 그러나 그때까지 상수는 변하지 않으며, 원자의 반지름은 앞서 언급한 상수들로 기술되므로 그 크기 또한 바꿀 수 없다. 따라서 현재 우리는 원자 자체의 크기를 작게 만들 수 없다. 적어도 우리가 사는 우주를 바꾸지 않는 한 말이다.

원자들의 일부를 제거한다는 두 번째 제안을 살펴보자. 모든 물질은 원자로 이루어져 있으므로 원자를 몇 개 제거하면 물체의 크기를 줄일 수 있다. 전자 제품의 크기가 점점 작아지는 것이 좋은 예인데 그럼에도 기능은 전혀 떨어지지 않는다. 그런데 복잡한 구조를 지닌 유기체에서는 많은 양의 원자 감소가 심각한 결과를 초래할 수 있다. 180cm에서 15cm로 줄어들면 12분의 1로 축소된 것이다. 그런데 사람은 3차원이다. 따라서 길이와 폭 모두 12분의 1로 축소해야 한다. 쉽게 말해 원자 1,728개가 있다면 1개만 남기고 모두 제거해야 한다. 물론 제거한 원자들은 나중에 몸을 원래 크기로 되돌릴 때 필요하므로 따로 잘 보관해야 한다. 또한 본래 크기로 회복하려면 제거된 원자들을 재배치할 수 있어야 한다. 더욱 심각한 문제는 우리의 몸 구석구석에서 원자가 일정 개수 이상 빠져나간다면 생물학적 기능이 떨어지거나 생명이 위태로울 수 있다는 점이다.

우리 뇌에 있는 뉴런neuron을 생각해보자. 사람이 두뇌의 10퍼센트 정도만 사용한다는 것은 말도 안 되는 소리다. 사용 가능한 자원을 어처구니없이 낭비하는 것은 진화론에 역행하는 행동이기 때문이다. 만약 뉴런의 크기가 지금보다 더 작아져도 뇌에서 자기 역할을 충분히 해낸다면 엄청난 경제적 이득을 챙길 수 있다.

우선 사람을 만드는 데 필요한 원자의 수가 적어질 뿐만 아니라 사람은 뇌의 용량을 그대로 유지한 채 더 많은 뉴런을 갖게 될 것이고, 따라서 시냅스*** 연결이 더욱 많이 이루어질 것이다. 일반적으로 뉴런은 1,000분의 1cm의 폭을 가진다. 이것은 사람이든 개미든 똑같다.

사람은 개미보다 400배 이상 뉴런이 많으며 그것에 상응하는 시냅스 연결이 있기에 개미들보다 영리하다. 여기서 99퍼센트의 원자를 제거하면 세

● 양자 역학적 원자 모형에서는 동시에 전자가 여러 곳에서 발견될 수 있다. 전자가 발견될 확률을 그림으로 나타내면 구름처럼 보인다고 해서 붙여진 이름이다.

●● 1900년 플랑크가 고온의 물체로부터 방출되는 열복사의 세기 분포를 설명하고자 도입한 상수.

●●● 신경 세포의 돌기 말단이 다른 신경 세포와 접합하는 부위, 이곳에서 한 신경 세포에 있는 흥분이 다음 신경 세포에 전달된다.

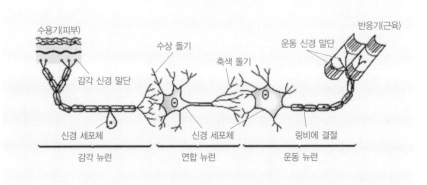

뉴런의 구조와 종류

수용기(피부)

감각 신경 말단

신경 세포체

감각 뉴런

수상 돌기

축색 돌기

신경 세포체

연합 뉴런

반응기(근육)

운동 신경 말단

링비에 결절

운동 뉴런

포 크기를 99퍼센트 줄일 수 있다. 그러나 이것은 우리의 의도대로 되지 않는다.

　마지막으로 원자들을 압축한 다음 밀도를 높이는 방법이다. 과연 원자를 압축해 사람을 축소시킬 수 있을까? 안타깝게도 이 방법 역시 불가능하다. 그 이유는 슈퍼맨의 고향인 크립턴 행성이 지구보다 밀도가 15배나 높은 행성이 될 수 없는 까닭과 같다. 물체를 이루는 원자 대부분은 이미 꽉 들어차 있다. 게다가 원자는 핵 주위에 있는 음으로 대전된 전자 확률 구름의 반발 탓에 꽤나 단단하다. 상자에 가득 담긴 구슬처럼 누르는 힘에 저항한다. 일정 부피의 공간을 구슬로 가득 채운다면 빈 공간이 별로 안 남는다. 몇 개의 구슬을 제외하고 구슬은 대부분 이웃한 구슬과 물리적으로 접해 있다. 구슬들 사이에는 분명히 빈 공간이 있다. 그러나 이 공간은 우리가 몇 개 이상의 구슬을 넣기에 충분치 않다. 구슬이 딱딱해 압축이 불가능해서 용기 벽을 누른다고 해도 충분할 만큼 부피가 감소하지 않는다. 10분의 1 정도의 크기로 압축하려면 구슬을 부술 압력이 필요하다. 이와 비슷한 압력을 사용해 사람을 축소시킨다면? 생각만 해도 끔찍하다.

몸의 크기를 줄이는 게 이렇게 힘든 일인데도 헨리 핌은 어떻게 성공했을까?《놀라운 이야기》제27호에서 헨리는 오랫동안 사물을 줄어들게 만드는 묘약을 만들고자 애쓴다. 그리고 결국 그 묘약을 만들어낸다.

그럼 옷이나 헬멧, 무기들은 어떻게 축소시켰을까? 그것은 물체의 크기를 마음대로 변화시킬 수 있는 '핌 입자 제조기'의 개발로 가능해졌다. 아쉽게도 묘약이나 핌 입자들이 실제로 어떻게 작동하는지에 대한 설명은 찾아볼 수 없다. 하지만 이런 '놀라운 예외'들은 우리가 앞으로 계속 풀어나가야 할 슈퍼영웅들의 수수께끼로 남겨놓아도 되지 않을까?

08

토크와 회전 Torque and Rotation

▶▶▶ 앤트맨은 진공청소기 먼지 봉투를 뚫고 나올 수 있을까?

천하무적 슈퍼영웅도 치명적인 아킬레스건이 있다. 예를 들어 앤트맨은 몸길이가 1cm도 되지 않는다. 슈퍼맨이 크립토나이트를 두려워하듯 앤트맨은 몸이 개미만 하기 때문에 다른 사람들에게 밟혀 죽지 않기 위해 항상 주위를 살피면서 다녀야 한다. 게다가 그의 보폭은 몇 mm도 안 되기 때문에 사람의 걸음을 따라가려면 숨이 헐떡이도록 달려야 한다.

앤트맨은 어쩔 수 없이 목수개미를 이동 수단으로 삼는다. 앤트맨이 별 탈 없이 목수개미를 타고 다닐 수 있는 이유는 질량은 감소했지만 밀도는 원래 그대로 남아 있기 때문이다. 여기서 밀도는 질량을 부피로 나눈 값이다. 만약 질량과 부피가 1,000분의 1로 감소한다면 질량과 부피의 비율 역시 변하지 않으므로 물체의 밀도는 바뀌지 않는다.

앤트맨은 줄어든 질량을 현명하게 사용했을 뿐 아니라 먼 곳까지 물체를 날려보낼 수 있는 '스프링 투척기'도 고안해냈다. 물론 우리가 앞서 배운 바와 같이 항상 문제는 운동 과정이 아니라 멈추는 순간이다. 앤트맨은 투석기에서 날아가 안전하게 착지하기 위해 개미들과 특별한 교신을 했다. 인공두뇌 헬멧을 이용해 개미들에게 자신이 착지할 때 받는 충격을 줄일 수 있도록 살아 있는 에어백을 만들라고 지시한 것이다. 앤트맨의 운동에너지는 개미들에게 골고루 분산되기 때문에 앤트맨은 개미들을 깔아뭉개 죽이는 일 없이 안전하게 착지할 수 있다.

스프링 투척기로 몇 블록 날아갈 수 있고, 또 개미들이 전혀 다치지 않도록 개미 무리에 떨어질 정도로 가벼워진 앤트맨은 프로텍터Protector, 하이재Hijacker커 그리고 컴레드 Xcomrade X의 도전에 대처할 수 있었을까? 또한 그림 13에서처럼 어떻게 진공청소기의 먼지 봉투를 주먹으로 뚫고 나올 수 있었을까? 갈고리가 매달린 밧줄을 휘둘러 봉투를 찢기라도 했단 말인가? 그 이유는 몸집은 실제 개미 크기에 불과하지만 보통 성인 남자 수준의 힘을 고스란히 유지하기 때문이다.

일부러 트집을 잡으려는 것은 아니지만 앤트맨이 성인 남자만큼의 힘을 낼 수 있다고 해도 사람을 머리 위에서 돌린다는 것이 정말 가능할까? 아무리 특수 소재의 끊어지지 않는 나일론 줄을 사용한다지만 쉽게 납득이 되지 않는다.

앤트맨이 진공청소기 먼지 봉투 속으로 쉽게 빨려들 만한 개미 크기의 신체를 가지고 있으면서도 일반 성인 남자의 힘을 낼 수 있다는 것은 무엇을 의미하는가? 이 문제를 좀 더 근본적으로 파고든다면 다음과 같은 질문이 나올 수 있다. 우리는 10kg의 물체를 쉽게 들어올릴 수 있는 힘을 가진다. 100kg은 아주 어렵게 들어올리고, 1,000kg은 전혀 들어올릴 수 없는데 그 이유는 무엇일까? 힘은 우리의 근육과 골격으로 이루어진 지렛대 모양

그림 13_ 《놀라운 이야기》 제37호의 한 장면. 앤트맨은 실제 개미 크기만 한 몸집과 몸무게를 갖고 있지만 본래 사람 크기였을 때의 힘을 갖고 있다. 그래서 그 덕분에 진공청소기의 먼지 봉투를 뚫고 나올 수 있었다.

의 구조에서 나온다. 그런데 우리 몸을 구성하는 이 지렛대는 물체를 들어 나르기에 그리 적합한 구조가 아니다.

'힘'이란 단어는 다양한 의미로 해석될 수 있지만 여기선 물체를 들어올리는 능력으로 정의한다. 인류는 창의성을 발휘하여 무거운 물건을 드는 다양한 기구들을 만들어냈다. 그런 기구를 대표하는 것 중의 하나가 바로 지렛대다. 어린 시절 누구나 한 번쯤 시소를 타본 적이 있을 것이다. 시소의 맨 끝에 앉아 지렛대의 원리를 이용해 반대편에 앉은 친구를 쉽게 들어올린 경험 말이다.

시소의 받침점이 한가운데 있다면 우리는 우리 몸무게와 거의 비슷한 무게의 물체까지만 들어올릴 수 있다. 시소의 받침점이 한쪽 끝에 가깝게 놓여 있다면 어린이라도 어른을 들어올리는 게 가능하다. 이것은 어른이 받침점에서 가까운 곳에 앉고 반대로 몸무게가 가벼운 어린이가 받침점에서 먼 곳에 앉았기 때문이다. 그리고 이런 현상은 힘의 평형보다는 토크torque에 의한 것이다.

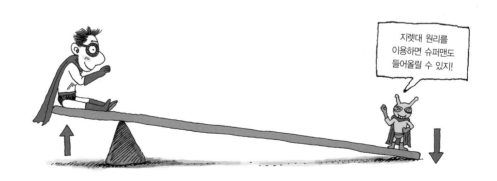

힘은 물체를 직선으로 밀거나 당길 수 있는 능력을 말한다. 반면에 토크는 물체를 회전시키는 힘이다. 토크는 수학적으로 힘이 작용하는 점과 회전축과의 거리에 힘의 크기를 곱한 것으로 정의된다.

$$\lambda = r \times F$$

토크＝작용점과 회전축과의 거리×힘의 크기

하지만 여기서 한 가지 의문점이 생긴다. 만약 힘과 거리를 곱한 값이 토크라면 일과 같지 않은가? 그러나 토크와 일은 전혀 다른 개념이다. 일은 힘과 그 힘의 방향으로 움직인 거리를 곱한 값이고 토크는 힘과 물체가 움직이는 방향의 수직 성분의 거리를 곱한 값이다. 이 거리를 경우에 따라선 토크의 모멘트암moment arm이라 부른다. 똑같은 크기의 힘을 가한다고 할 때 회전축에서 작용점(힘을 주는 지점) 사이의 거리가 멀수록 토크는 커지게 된다. 힘이 수평 방향으로 작용하는 물체가 얻은 에너지를 계산할 때, 움직인 거리는 토크의 경우 회전 각도와 대응되므로 일과 토크는 똑같이 J(줄)을 단위로 쓴다.

그러므로 문손잡이는 경첩에서 가능한 한 멀리 달려 있는 편이 유리하다. 실제로 직접 시험해보라. 문의 경첩 근처를 적당히 밀어본 뒤 반대쪽 끝 문손잡이가 있는 곳도 비슷한 힘으로 밀어보면 확실히 그 차이를 알 수 있다. 똑같은 크기의 힘이 작용하더라도 문의 경첩과 힘을 주는 지점 사이가 멀어질수록 회전 반지름이 커지기 때문에 토크가 세져 문을 더 쉽게 여닫을 수 있다.

또 다른 예로 볼트, 너트를 죄고 풀 때 쓰는 렌치(스패너)가 있다. 렌치의

손잡이 길이를 늘려 회전 반지름을
크게 만들면 토크도 따라서 세지므로
손쉽게 너트를 풀 수 있다. 렌치를 사
용해도 꿈적도 하지 않는 녹슨 너트
를 풀고자 한다면, 렌치 손잡이 끝에
뭔가를 부착하여 손잡이 길이를 늘이
면 모멘트암과 토크가 커지게 때문
에, 너트가 쉽게 풀어진다.

1종 지레 | 시소처럼 가운데에 받침점이 있고
어느 한쪽에서 힘을 가하면 반대쪽으로 힘이
전해진다(예 : 펜치, 가위 등).

2종 지레 | 받침점이 한쪽 끝에 있고 힘점, 작용
점 모두 같은 쪽에 있다(예 : 병따개, 손톱깎이 등).

3종 지레 | 받침점과 힘점의 위치가 반대로 되
어 있어서 작용점이 힘점보다 먼 지레를 말한
다(예 : 핀셋, 젓가락 등).

　다시 지렛대 얘기로 돌아가자. 시
소를 타는 어린이는 반대편의 어른이
가운데로 당겨 앉으면 얼마든지 그를
들어올릴 수 있다(사실 어린이와 시소
를 즐기는 어른은 보통 시소 받침대 쪽으
로 당겨 앉는다). 이런 경우 어린이를
향한 모멘트암이 증가하고, 어린이가
적용하는 토크가 어른을 공중으로 들
어올릴 수 있을 만큼 증가하기 때문
이다. 어린이는 지렛대의 도움이 없
이는 절대로 어른과 시소를 즐길 수
없다.

　지렛대는 앤트맨의 깜찍한 펀치에 실린 힘을 계산하는 데도 유용하다.
우리가 한 팔로 무거운 것을 들거나 던지는 것 역시 지렛대의 원리를 따르
기 때문이다. 여기 조그만 바위가 하나 있다. 우리는 그 바위를 '손'이라

고 부르는 지렛대의 한쪽 끝에 얹는다. 이두박근의 수축은 지렛대의 반대쪽 끝인 팔꿈치에 힘을 가하고 그 힘은 다시 지렛대의 반대쪽 끝인 바위를 든 손을 위로 올라가게 만든다. 바위를 앞으로 밀면 이두박근은 이완하고 삼두박근이 수축한 손을 앞으로 밀어버린다. 이처럼 근육은 수축과 이완만 행할 뿐이요 미는 역할은 하지 못한다.

따라서 물체를 앞으로 미는 행동은 우리 몸의 뼈와 곳곳에 붙어 있는 근육들이 만드는 정교한 지렛대 원리로 이루어진다. 우리 몸은 이런 정교한 운동의 범위를 늘리고자 계속 진화해왔다. 팔뚝에서 지렛대의 받침점에 해당하는 부분은 팔꿈치이다. 팔뚝을 펴고 움츠리게 하는 힘이 팔꿈치에서 비롯된다는 사실이 신기하기만 하다. 이 원리는 낚싯대에도 적용된다. 힘이 릴* 근처에 위치한 받침점에 가해지면서 정반대쪽 낚싯줄에 걸린 물고기를 회전시키거나 들어 올리게 한다. 보통 사람의 팔뚝 길이는 대개 35~36cm 정도인데, 이두박근은 팔꿈치에서 손 쪽으로 약 5cm 떨어진 곳에서 견인력, 즉 잡아당기는 힘을 생성한다. 따라서 모멘트암의 비율은 1대 7인데, 이는 이두박근이 생성하는 힘은 손에선 7분의 1로 줄어든다는 의미이다. 예를 들어서, 10kg의 물건을 들어올리기 위해 이두박근이 제공해야 하는 힘은 70kg이라는 것이다.

그럼 사람의 팔은 왜 이렇게 힘을 줄여버리는 구조로 진화한 것일까? 사람 팔의 주요 기능이 무거운 물체를 드는 것이라면 이것은 진화가 아니라 오히려 퇴화라고 볼 수 있다. 하지만 사람의 팔은 무거운 물체를 드는 것 외에 다른 여러 가지 기능을 수행해야 하기 때문에 지금의 구조가 된

● 낚싯대의 밑부분에 달아 낚싯줄을 풀고 감을 수 있게 한 장치

것이다.

　팔의 이두근이 5cm 수축하면 손은 35cm를 움직인다. 손에 든 물건을 내려놓으려고 손을 35cm 움직이게 하려면 이두근을 5cm 정도 움직여야 한다. 걸린 시간은 고작해야 0.1초다. 따라서 손으로 공을 던진다면 적게 잡아 0.1초에 35cm를 이동하는 속도, 시속 12.6km로 공을 던질 수 있다. 만약 팔꿈치에서 어깨 사이 부분을 이용한다면 훨씬 더 빠르다.

　그러나 야구선수 같은 극소수의 사람만이 시속 160km의 속력으로 공을 던질 수 있다. 우리의 팔은 큰 바위보다는 작은 돌이나 투창 등의 무기를 빠른 속도로 던지는 것이 생존에 더 유리했으므로 이렇게 힘을 감소시키는 대신 속력을 증가시키는 골격 구조로 진화한 것이다.

　그럼 지금부터 진공청소기에 빨려 들어간 앤트맨 얘기를 해보자. 헨리는 개미 크기로 줄어들었지만 7대 1 비율은 변하지 않았다. 그가 보통 사람의 크기든 개미 크기든 상관없이 팔은 여전히 헨리의 팔이고 원래 있던 근육으로 주먹을 휘두른다. 하지만 여기서 우리가 주의할 점이 있다. 그것은 근육이 낼 수 있는 힘은 근육의 길이가 아닌 단면적에 비례한다는 것이다.

　헨리가 본래 크기에서 100분의 1 수준으로 줄었다면, 근육 단면적은 0.01의 제곱인 0.0001배로 줄어든다. 그리고 그가 몸이 줄어들기 전에는 900N의 힘으로 주먹을 휘둘렀지만 줄어든 이후에 주먹에 실린 힘은 0.09N밖에 되지 않는다. 거기다 주먹의 크기도 작아져 단면적이 불과 0.003cm²에 지나지 않는다. 즉, 폭이 1mm도 채 되지 않는다.

　그렇지만 헨리 주먹에 실린 압력을 계산하면 약 30N/cm²이 된다. 이 값은 헨리가 사람 크기였을 때의 힘 900N이 주먹의 단면적 30cm²에 가해지는 압력과 같다. 결국 앤트맨이 진공청소기의 먼지 봉투를 뚫고 나오는 일은 물리학적으로 가능하고, 그래서 모든 만화 독자를 열광의 도가니로 몰아넣을 수 있었던 것이다.

방사능에 오염된 거미에 물려도 생각만큼 높이 뛸 수는 없다

'개미로 변한 앤트맨이 얼마만큼의 힘을 낼 수 있는가'라는 주제를 다루면서 한편으로 나는 스파이더맨과 관련된 의문 한 가지를 파헤쳐보고 싶었다. 우리가 이미 살펴본 바와 같이 만약 헨리가 일정한 밀도로 축소된다면, 그의 주먹이 내리치는 힘은 그가 일반 성인 남자였을 때보다 세지 않을 것이다. 반면, 헨리의 주먹이 진공청소기 먼지 봉투를 때릴 때 가해지는 압력은 변함이 없다.

우리는 보통 비례 축소가 양쪽 모두 똑같이 적용될 것이라고 생각한다. 그래서 누군가 방사능에 노출된 거미에 물린다면 자신도 거미만큼 뛰어오를 수 있다고 여긴다. 즉, 거미나 벼룩이 자신들의 키 500배에 해당하는 1m를 뛰어오른다면 거미에 물린 인간(1.8m) 역시 자신의 키보다 500배 높은 900m를 뛰어오를 수 있다고 말이다.

하지만 이것은 당치도 않은 얘기다. 피터가 정말 거미의 점프력을 갖게됐다면 그는 거미와 똑같은 높이, 다시 말해 1m밖에 뛰어오를 수 없다. 만약 스파이더맨을 만든 작가들이 이 비례 축소 문제를 제대로 이해해서 만화책에 반영했다면 스파이더맨은 정말 재미없는 과학책이 되었을 것이다. 자, 그럼 스파이더맨 만화 속에 어떤 과학적 실수가 숨어 있는지 한번 살펴보자.

우리가 얼마나 높이 뛸 수 있는지 결정하는 요소들은 무엇일까? 그것은 질량과 다리 근육이 지표면에 가하는 힘이다. 이 두 요소는 우리가 지표면을 뛰어오를 때 얼마만큼의 가속도를 낼 수 있는지를 좌우한다. 어떤 사람이 더 이상 지표면과 닿아 있지 않고 위로 올라갈 때 그 사람에게는 유일하게 중력만이 작용하며 이 힘은 그의 올라가는 속도를 떨어뜨린다.

여기에 우리가 하는 운동과 관련해 두 가지 가속도가 있다. 하나는 우리가 공중에 뜨려 할 때의 순간 부양력이고 또 하나는 위로 올라가는 속도를 떨어뜨려 결국엔 운동을 멈추게 만드는 중력이다. 우리는 앞서 속도 v와 높이 h와 관련해 $v^2=2gh$라는 공식을 배웠다. 그런데 우리가 이 공식에서 미처 알아차리지 못한 놀라운 사실이 있다. A라는 사람이 뛰어오를 때 도달하는 최종 높이는 A의 질량에 달려 있다는 것이다. 만약 A가 v의 속도로 움직인다면 오직 중력만이 지구를 향해 A를 끌어당긴다. 그러면 A의 최종 높이는 중력 가속도와 초속도 v가 결정한다.

도약과 관련된 두 번째 가속도는 뛰어오르기 시작할 때 다리 근육에 의해 생긴다. 이 가속도는 뛰어오르는 사람의 질량으로 결정된다. 뉴턴의 운동 제2 법칙에서 힘은 질량과 가속도의 곱, 즉 $F=ma$이므로 힘이 일정하다면 질량이 클수록 가속도는 작아지고 초속도도 감소한다. 시작할 때의 속도가 느리면 뛰어오를 수 있는 높이 h 역시 낮아진다.

거미는 자신의 키보다 30배 이상을 뛰어오를 수 있지만 그렇다고 거미가 대단한 것은 아니다. 워낙 크기가 작고 근육도 약해서 강한 힘을 내지 못하기 때문이다. 하지만 질량이 워낙 작아서 그 근육으로도 1m를 뛸 만큼, 자신의 몸 크기보다 수백 배 더 센 힘을 낼 수 있다.

사람은 거미보다 더 강한 근육이 있기 때문에 그만큼 더 힘을 낼 수 있다. 하지만 거미보다 질량이 훨씬 크기 때문에 뛰어오를 수 있는 높이는 똑같이 1m다(물론 올림픽에 나가는 높이뛰기 선수들은 더 높이 뛸 수 있다).

벼룩이 자신의 키보다 200배 이상 높이 뛸 수 있는 것은 신체 부위를 상당 부분 변형시켰기 때문이다. 공기 저항을 최소화하기 위해 몸을 유선형으로 만들었을 뿐 아니라 지렛대의 원리를 최대한 활용해서 가장 긴 두 다리로 지표면을 밀어낸다. 이것은 뒷다리이기 때문에 사실상 벼룩은 내려앉아 있다가 뒤쪽으로 뛰어오른다.

곤충이나 동물의 능력을 인간에게 옮긴다고 했을 때, 우리는 절대적인 크기보다 비율이 더 중요하다고 생각하는 우를 범한다. 달시 톰슨D'Arcy

Thompson , 1860~1948이 쓴《성장과 형태에 관해 On Growth and Form》각주를 보면,
"유사성의 동적인 부분은 무시하고 기하학적인 부분에만 집착하는 것은 의
인화로부터 손쉽게 나온 결과이며 요정 이야기의 공통된 특징이다"라고 쓰
여 있다. 하지만 더욱 흥미로운 신화, 혹은 재미있는 만화책을 만들기 위한
것이라면 그런 오해나 실수쯤은 충분히 눈감아줄 수 있다.

앤트맨의 뒷이야기

앤트맨과 어벤저스의 결성

1963년 마블 코믹스는 자신들이 창조한 캐릭터 중 대표적인 슈퍼영웅들이 함께 나오는 만화 시리즈 《어벤저스Avengers》를 탄생시킨다. 이 시리즈는 DC 코믹스의 슈퍼영웅 올스타팀이 나오는 《저스티스 리그》에 대항하기 위한 전략으로 앤트맨, 와스프Wasp(철 여인), 토르Thor, 아이언맨Iron Man, 헐크 등이 나온다.

이후 《어벤저스》 시리즈는 스파이더맨, 캡틴 아메리카 등 다양한 캐릭터들이 추가되면서 인기를 끌었고 2004년 새로운 시리즈가 기획되는 등 40년이 지난 지금까지도 그 생명력을 잃지 않았다.

앤트맨의 위기

《어벤저스》의 주요 캐릭터인 앤트맨 헨리와 와스프 재닛은 결혼해서 행복한 시간을 보낸다. 하지만 이들에게 큰 위기가 닥친다. 지적이고 섬세한 헨리는 오래전부터 정신 불안 증세를 겪고 있었는데, 이 증세가 심해지면서 정신을 잃거나 짧은 시간 동안 기억을 잃어버렸다.

그런데 아이러니하게도 헨리의 이런 기억 상실 증세는 안드로이드인 '울트론Ultron'을 만들어낸다. 그리고 울트론은 사악하고 폭력적인 성향을 지닌 안드로이드가 되어 헨리의 적수가 된다. 이러한 울트론을 만들어냈다는 기억은 오랫동안 헨리를 괴롭히고, 결국 헨리가 적의 계략에 말려드는 계기가 된다.

어벤저스의 숙적 에그헤드는 헨리의 명성을 해치고 팀의 분열을 일으키기 위해 헨리가 겪는 죄책감을 이용한다. 헨리는 정신 착란을 일으키면서 재닛을 공격하고 이를 계기로 두 사람은 헤어지게 된다. 팀에서도 쫓겨난 헨리는 이후 여러 사건을 통해 어벤저스 전체를 위기에 빠뜨린다는 누명을 쓰게 된다. 다행히 팀 동료인 호크아이Hawkeye의 도움으로 헨리는 다시 어벤저스에 합류하게 된다.

앤트맨의 후예

앤트맨의 능력, 즉 사물을 키우고 줄이는 힘은 마블 코믹스가 탄생시킨 여러 영웅들에게 전파된다. 앞서 언급한 호크아이 역시 한때 몸을 크게 할 수 있는 자이언트맨Giant-Man의 능력을 얻었다. 헨리의 실험실 동료이자 흑인인 빌 포스터Bill Foster 박사 역시 검은 자이언트맨으로 활약했다.

한편 앤트맨의 캐릭터는 스콧 랭Scott Lang이 잇는다. 스콧 랭은 원래 전기기술자로 감옥까지 갔다 온 전과자였다. 하지만 자신의 잘못을 깨닫고 새로운 인생을 살려고 노력 중이었다.

하지만 딸 캐시가 그만 중병에 걸리고 캐시의 수술을 담당할 의사가 악당들에게 납치당하자, 스콧은 어쩔 수 없이 헨리의 실험실에서 앤트맨이 되는 도구를 훔쳐 의사를 구해낸다. 그렇지만 스콧 랭의 진심을 이해한 헨리는 앤트맨 유니폼을 그에게 넘겨주고 마침내 스콧은 제2대 앤트맨이 된다.

조화 운동 Simple Harmonic Motion

09

▶▶▶ 앤트맨은 눈도 멀고, 귀도 멀고, 심지어 말도 못한다?

슈퍼영웅들 중 몇몇은 자신의 몸 크기를 자유자재로 늘리거나 줄일 수 있다. 마블 코믹스의 앤트맨과 와스프*를 비롯해, DC 코믹스의 애텀Atom, 《둠 패트롤Doom Patrol》의 엘라스티 걸Elasti-Girl, 《슈퍼영웅들의 구역The Legion of Super-Heroes》의 쉬링킹 바이올렛Shrinking Violet 등이 그렇다.

이 축소 기술에 대해서는 아직도 의견이 분분하다. 하지만 만약 몸이 줄어든다면 다른 사람들과 대화를 나누는 데 어려움이 생길 것이라는 점에는 모두 동의한다. 그렇다고 해서 앤트맨과 와스프를 이혼으로 몰고 간 소통

● 본명은 재닛 밴 다인(Janet Van Dyne), 앤트맨의 전 부인이다. 외계인을 연구하던 아버지가 외계인의 습격으로 죽게 되자 복수를 꿈꾼다. 헨리의 핌 입자로 그녀 역시 몸 크기를 줄이거나 날개를 자라게 하는 등의 초능력을 지니고 있다.
●● 1972년에 제작된 어린이용 만화 주인공 이름. 3cm도 되지 않는 키 덕분에 세계에서 가장 작은 탐정이 되었다.

문제를 언급하는 것은 아니다. 앤트맨이 축소되지 않은 다른 누군가와 의사소통할 때 겪는 물리적 어려움에 대해 알아보고 싶은 것이다.

만약 누군가가 개미만큼 작아진다면 일단 정상적인 사람들과는 의사소통이 불가능하다. 그러므로 의사소통을 하려면 다른 비언어적 수단을 동원해야 한다. 앤트맨은 몸이 줄어들면서 목소리가 소프라노처럼 높아진다. 실제로 개미 크기만큼 몸이 줄어들면 일반 사람들이 알아들을 수 없을 만큼 목소리 톤이 높아질 것이다.

이와 동시에 앤트맨이 들을 수 있는 가청 범위도 좁아져 그 역시 주위 사람들이 말하는 것을 거의 들을 수 없다. 더욱이 우리의 초미니 영웅의 눈은 무엇을 봐도 초점을 안 맞는 것처럼 흐릿하게 보일 것이다. 그럼 지금부터 사립 탐정 인치^{**}로 사는 것이 세상과 완전히 떨어져 있는 게 아님에도 왜

심각한 문제가 될 수 있는지 한번 알아보자.

우선 가장 기본적인 질문부터 해보자. 우리가 듣고 말하는 범위를 결정하는 것은 무엇인가? 문제를 쉽게 풀기 위해 가능한 한 간단히 대답하겠다. 정답은 진자pendulum의 주기다.

진자는 천장에 매달린 줄 끝에 연결된 물체다(줄의 질량은 무시하자). 밀도가 높은 구체球體로서, 당구공이나 볼링공 뿐만 아니라 돌멩이나 스파이더맨을 매달아놓는다고 해도 상관없다. 줄에 매달린 물체를 약간의 각을 이루도록 들어올린 다음 손을 놓는다면 두 가지 힘이 발생한다. 첫째는 항상 지구 중심 방향으로 잡아당기는 중력, 둘째는 위로 치고 올라가려는 장력이다. 장력이 작용하는 방향은 물체가 좌우로 움직이는 각도에 맞춰 계속 바뀐다. 장력의 일부는 수직으로 작용해 진자의 균형을 잡는다. 나머지는 물체가 움직이는 방향으로 작용하는 힘으로서 진자의 속도를 변화시키고, 진자가 앞뒤로 진동하면서 발생하는 가속도를 결정한다.

줄에 매달린 물체(진자)가 좌우로 운동하는 데 걸리는 시간, 즉 물체가 가장 높은 지점에서 떨어졌다가 다시 되돌아오는 데 걸리는 시간, 즉 물체가 반달 모양의 호를 그리는 데 걸리는 시간을 '주기period'라고 하고, 그 움직임을 '주기적periodic'이라 한다. 스파이더맨이 거미줄에 매달려 앞뒤로 왔다 갔다 하든, 볼링공이 낚싯줄에 매달려 움직이든 모든 주기 운동에는 오직 두 가지 요소만이 관여한다. 바로 중력 가속도와 줄의 길이다. 주기에 영향을 주지 않는 한 가지 요인은 놀랍게도 진자가 운동을 시작하는 최초의 높이(호의 각도가 넓지 않은 경우)이다.

갈릴레이Galileo Galilei, 1564~1642가 진자의 주기가 운동을 시작하는 위치의 높고 낮음에 영향을 받지 않는다는 사실을 처음으로 알아낸 것은 사실인지 아닌지 모른다. 확실한 것은 그가 무엇이 진동 주기를 결정하는지 알아냈다는 것이다. 놀랍게도 우리의 직관적인 생각과는 달리, 놀이터에 있는 그네가 앞뒤로 움직이는 데 걸리는 주기는 그네에 얼마나 무거운 사람이 앉았는지, 혹은 얼마나 세게 그네를 미느냐가 아니라, 단지 축과 그네 안장 사이에 연결된 체인의 길이로 알 수 있다. 다만 진동을 시작하는 위치가 높으면 높을수록, 그네의 맨 아래 부분을 지나갈 때의 속력 또한 빨라진다. 그것은 진동을 시작하

:: 갈릴레오 갈릴레이

는 각도가 클수록 그네 운동의 수직 성분을 벗어난 줄의 장력이 세지기 때문이다. 그럼 만약 진동을 시작하는 위치를 높게 잡아 운동 속도를 빠르게 하면 운동을 완료하는 시간까지 짧아지는 걸까? 그렇지는 않다. 자, 우리 머리보다 훨씬 높은 위치에서 진자를 떨어뜨려 보자. 그러면 낮은 위치에서 떨어뜨릴 때보다 분명 진동 속도는 빨라질 것이다. 하지만 그 진자는 운동을 끝낼 때까지 더 먼 거리를 움직여야 한다. 그러므로 진자는 진동 속도가 빨라지더라도 그만큼 더 먼 거리를 움직여야 하기 때문에 어차피 진동을 끝마치는 데 걸리는 시간은 변함이 없다. 자명종과 같은 조화 운동기기들이 어느 위치에서 운동을 시작하든 상관없이 각자의 주기를 유지하는 것도 같은 이유에서다. 메트로놈은 진자를 거꾸로 해놓은 것으로 어느 위치에서 시작하든지 메트로놈의 진동수는 일정하다. 그러나 움직이는 팔에 달린 추의 위치를 바꾸면 진동수가 달라진다.

그럼 지금부터 주기와 중력 가속도, 그리고 줄의 길이와의 상관관계를

살펴보자. 만약 중력에 의한 가속이 약해지면 물체에 가해지는 힘이 줄어들어 진동 속도가 느려진다. 그러므로 진자의 주기는 지구보다 중력이 6분의 1 정도 약한 달에서 더 길어질 수밖에 없다. 심지어 중력이 0인 우주 공간에서는 진자가 움직일 수 없다. 애초에 진자를 움직이게 하는 힘이 중력이기 때문이다.

그렇다면 줄의 길이는 진자의 주기와 어떤 관련이 있는가? 진자의 추가 지나가는 영역을 피자 조각이라고 가정한다면 피자의 중심점을 축의 중심점으로, 피자의 가장자리 부분인 부채꼴 모양의 호는 추가 지나가는 궤적이다. 자, 이제는 피자 한 판으로 기하학을 풀어보자. 그럼 동그란 가장자리의 전체 둘레 즉 원주는 $2\pi r$(r은 반지름, π는 원주율)로 구할 수 있다. 원의 반지름이 커지면 전체 둘레($2\pi r$) 및 피자 한 조각에 해당되는 부분의 가장자리의 길이 역시 늘어난다. 진자의 추를 매단 줄의 길이는 이 반지름에 해당한다. 줄의 길이가 늘어나면 추가 운동하는 거리는 늘어나고, 시간도 길어진다.

주파수란 1초에 주기 운동이 얼마나 많이 되풀이되는지 그 횟수를 나타내는 개념이다. 일정 시간 동안 어떤 현상이 되풀이될 때 필요한 시간을 주기라고 한다면 주파수는 주기의 역수가 된다. 만약 진자의 주기가 0.5초라면 이것은 진자가 움직이는 데 단지 0.5초가 걸렸다는 뜻이 된다. 1초 동안 두 번 운동을 할 수 있으므로 주파수는 2가 된다. 만약 똑같은 경우로 주기가 0.1초라면 주파수는 10이 된다. 이처럼 주기가 짧을수록 주파수는 커진다. 그리고 주기(T)의 제곱은 줄의 길이(l)와 중력(g)의 비에 비례한다. 이것을 식으로 나타내면 다음과 같다.

$$T^2 = 4\pi^2 \frac{1}{g} \qquad 주기^2 = 4\pi^2 \frac{줄의\ 길이}{중력\ 가속도}$$

이 공식을 충분히 이해하려면 대수학만 고집하려는 자세를 포기할 필요가 있다. 이 식을 통해 주기를 두 배로 늘리려면 줄의 길이가 네 배로 늘어나야 하고, 반대로 줄의 길이를 줄이면(꿈 분자를 이용하는 방법으로) 주기는 감소하고 주파수는 증가한다는 것을 알 수 있다.

사람의 성대는 줄에 매달려 왕복하는 진자가 아니다. 하지만 진자의 조화 운동Harmonic motion, 시간의 사인 함수로 표시되는 주기적 운동을 손쉽게 설명할 수 있는 도구로서, 진동계에 관한 물리 지식을 가르치는 데 유용하게 쓰인다.[•]

헨리 핌이 개미 크기만큼 줄어들었을 때 그는 본래 몸 크기에서 대략 $\sqrt{300}$분의 1로 축소된 것과 같다. 당연히 주기도 17분의 1로 줄어들고 주파수는 주기의 역수이므로 대략 17배 증가한다.

일반 성인 목소리의 평균 주파수는 1초당 약 200Hz[••]다. 하지만 몸이 개미만 한 사람은 주파수가 약 17배 증가해 1초당 3,400Hz가 된다. 우리의 가청 주파수 범위는 20~2만Hz이다. 따라서 우리는 앤트맨이 말하는 것을 들을 수 있다. 그는 흉강이 줄어들어 상당한 고음을 낼 것이다. 만약 1cm도

되지 않는 슈퍼영웅이 앙앙거리는 목소리로 악당에게 "그만 항복해"라고 소리 지르는 것보다 차라리 그 조그만 주먹으로 악당을 때리는 것이 덜 우습지 않을까?

몸이 개미만 한 크기로 작아지면 비단 목소리만 바뀌는 것이 아니다. 청력도 영향을 받는다. 예를 들어 드럼의 지름이 줄어들면 공명 주파수는 커지게 되는 이치와 같다. 커다란 드럼은 깊고 낮은 톤의 소리를 내지만 작은 드럼을 쳤을 때는 높은 주파수의 소리를 낸다. 핌 분자에 노출되어 앤트맨의 고막 크기가 줄어들면 그가 감지할 수 있는 소리의 주파수도 그에 따라 변하게 된다(인간의 가청 범위를 물리학으로 설명한다는 것은 너무 어려운 일이다. 하지만 이 책에선 가청 범위가 고막에 의해 결정되는 것으로 가정한다).

헨리의 키가 180cm일 때 그가 들을 수 있는 가장 낮은 주파수는 20Hz 정도였다. 그러나 앤트맨일 때는 대략 17배 높아진다. 일반 성인의 목소리 진동수가 약 200Hz라고 한다면 앤트맨이 들을 수 있는 범위를 벗어나므로 앤트맨은 아무 소리도 듣지 못한다. 또한 귓속 기관들이 축소되지 않은 보통 사람들과 대화하려면 손짓, 발짓을 사용할 필요가 있다.

헨리가 앤트맨이 되면 귓속 기관의 주파수 변화뿐만 아니라 청력의 민감도도 영향을 받는다. 성대가 주기 운동을 해 공기의 압축과 팽창에 영향을 끼치고 그것은 목소리가 되어 공기 중으로 퍼져나간다. 공기 중에서 일어나는 진동은 생각보다 미세하다. 공기의 전체 밀도와 비교했을 때 단지 1만분의 1 정도 차이가 날 뿐이다.

진동에 의한 밀도의 변화가 클수록 음파가 뻗어나가는 영역의 공간을 더 넓게 만든다. 소리를 내는 사람은 오직 자신의 입에서 나오는 첫 진동의 밀도만을 조절할 수 있다. 말이 우리의 입에서 벗어나면서 말을 한 사람이 압축시킨 공기의 영역이 팽창되고 그 공기는 말을 한 사람의 앞쪽 공기를 다시 팽창시키고 압축시킨다. 음파는 이러한 과정을 반복하며 앞으로 나아간다.

우리가 듣는 소리는 말한 사람의 입을 벗어난 초기 진동이 공기를 진동시키면서 우리의 귀로 전달된 것이다. 물론 말한 사람의 입을 벗어난 공기가 듣는 사람의 귀로 바로 들어가는 것은 아니다. 내가 점심식사 때 마늘을 먹었다는 사실을 당신에게 말할 작정이라면, 당신은 내가 말하기도 전에 냄새로 그 사실을 알게 될 것이다.

소리 정보는 사방으로 흩어지는 성질을 가진다. 따라서 말하는 사람으로부터 멀리 떨어져 있으면 공기 밀도(음파)의 변이가 약해지고, 가청 범위를 벗어나 그 소리를 듣지 못하게 되는 것이다. 사람이 음원에 너무 가까이 있으면 귓속 고막은 오히려 공기의 밀도 변화에 따라 진동하는 것이 불가능해진다. 다른 소리를 구분하는 것 역시 어렵다. DC 코믹스의 초미니 영웅 애텀은 《애텀Atom》 제4호 〈죄 없는 도둑The Case of the Innocent Thief〉 편에서 이

점이 문제가 될 수 있다는 것을 알았다. 엘킨스Elkins라는 도둑이 어느 날 특수 광선을 발견한다. 그리고 그는 이 광선을 맞은 사람은 다른 사람의 명령대로 움직인다는 것을 알게 된다. 엘킨스는 키가 10cm에도 미치지 못하는 애텀에게 광선을 쏴서 자신을 잡지 말라고 명령한다.

하지만 애텀은 분홍색 지우개를 용수철 삼아 그것을 딛고 점프하여 앨킨스가 가깝게 접근하자마자 한 주먹에 때려눕힌다. 이야기의 끝 부분에 애텀이 앨킨스의 최면술 명령을 듣지 않을 수 있었던 이유가 나온다. "엘킨스가 흥분해서 나에게 명령을 내리는 거야. 내 귀에는 그저 천둥치는 소리로만 들리더군. 이해하지 못할 말을 들을 필요는 전혀 없는 것이지!"

재미있는 것은 우리집 아이들은 축소 기술을 습득한 바 없고, 또 내가 고함치지 않았는데도 불구하고 애텀과 같은 주장을 매일 반복한다.

헨리가 앤트맨으로 변신한 뒤 생긴 또 다른 문제는 시력이 너무 나빠졌다는 것이다. 빛의 파장wavelength은 전자기파의 전기장과 자기장의 최대 크기 간의 가장 인접한 거리를 뜻하는데 이것으로 빛의 색깔이 결정된다. 우리가 보는 가시광선의 파장 범위는 약 380~770nm로, 파장에 따른 성질의 변화가 각각 색깔로 나타나며 빨간색에서 보라색으로 갈수록 파장이 짧아진다.

우리가 빛을 감지하려면 빛이 망막에 있는 간상체*와 추상체**로 입사入射되어야 한다. 시신경의 추상체를 자극하려면 먼저 빛이 눈동자를 통과해야 한다. 지금 여러분이 이 책을 읽을 수 있는 것도 눈동자가 열려 있기 때문이다. 사람 눈의 눈동자 반지름은 약 5mm(1mm는 100만nm)인데 이는 백색광의 파장과 비교해서 대략 1만 배 정도 크다. 빛의 입장에서 볼 때 눈동자는 마치 산을 뚫어 만든 큰 터널과 같다. 앤트맨으로 변신한 헨리의 눈동

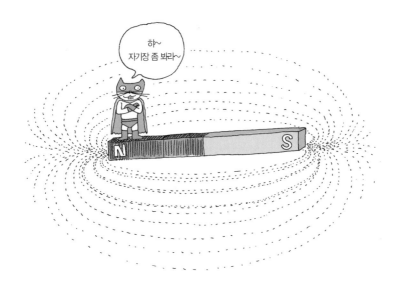

하~
자기장 좀 봐라~

자는 보통 사람보다 300배 정도 작아진다. 그의 눈 속의 구멍은 여전히 500 나노미터인 가시광선의 파장보다 30배가량 크다. 그렇지만 광선의 파장은 그 터널에 진입할 수는 있지만 간신히 통과할 수 있을 뿐이다.

　빛이 자신의 파장보다 겨우 서너 배 큰 눈동자를 통과할 때 생기는 현상을 이해하려면 큰 호수 표면에 이는 물결파Water waves를 떠올리면 된다. 물은 수면 위에 떠 있는 두 개의 독Dock••• 사이를 흐른다. 독의 간격이 매우 넓으면 (거의 1km 정도 벌어졌을 때) 물은 독 사이를 아무 문제없이 통과한다. 독 근처를 흐르는 물은 독에 부딪쳐 파면Wave front으로 변하지만 독 사이의 한가운데를 흐르는 물은 아무 영향도 받지 않는다. 이것은 헨리 핌이 정상인의 키와 자신의 눈동자가 빛의 파장보다 1만 배 더 컸을 때의 상황이다.

　헨리 핌이 앤트맨으로 변신하면 몸이 작아지듯 두 개의 독이 좁아질 경

───── ● 막대 모양의 시세포. 명암을 식별하는 작용을 한다.
　　　 ●● 원추 모양의 시세포. 색 구별 기능을 가지고 있다.
　　　 ●●● 선박을 건조·수리하는 항만 시설.

우에 물은 여전히 그 사이를 통과하지만 각 독의 가장자리에서 복잡한 간섭무늬*가 확산되기 시작한다. 이 현상을 '회절回折**'이라고 한다. 만약 이것을 직접 느껴보고 싶다면 큰 호수에 반사된 선명한 자신의 모습과 폭이 1m도 안 되는 웅덩이에 비춰진 일그러진 자신의 모습을 각각 비교해보라.

헨리가 앤트맨으로 변신하면 눈동자가 축소되어 회절이 일어나서 실제 사물의 이미지가 초점이 안 맞아 흐릿하게 보인다. 이것은 곤충의 눈이 사람이나 다른 몸집이 큰 동물과 근본적으로 다르다는 것을 말해준다. 곤충은 회절 현상 때문에 여러 개의 소형 렌즈가 결합된 눈 구조를 하고 있다.

곤충의 눈으로는 주변에 발생하는 것들을 알아낼 수는 있어도 신문 같은 것은 읽을 수 없다. 곤충의 눈은 광원光源의 변화(예를 들어서, 신문지를 돌돌 말아 자신을 내려치려는 움직임)를 탐지하는 데는 뛰어나다. 하지만 물체는 잘 식별하지 못한다. 그러므로 곤충은 눈 이외에 후각이나 촉각 같은 다른 감각 기관(더듬이의 떨림으로 공기 흐름을 감지하는 것처럼)에 의존하여 넓은 세상을 여행한다. 몸이 축소되어도 별로 영향을 받지 않는 것이 바로 후각인데, 앤트맨에게는 참으로 아쉽게도, 후각은 인간에게 가장 발달하지 못한 감각의 하나다.

• 간섭 현상으로 생기는 동심원 모양으로 된 줄무늬. 단색광(單色光)에서는 흑백의 무늬가 나타나며, 백색광(白色光)에서는 무지개 빛깔의 무늬가 나타난다.

•• 파동의 전파가 장애물 때문에 일부가 차단되었을 때 장애물의 그림자 부분까지 파동이 전파하는 현상. 장애물의 크기와 파장이 같은 정도일 때 뚜렷이 나타난다. 음파, 전자기파, 빛, 엑스선 외에 중성자선 따위의 입자선에서도 그 양자 역학적인 파동성 때문에 이 현상이 일어난다.

면적-부피 법칙 The Cube-Square Law

▶▶▶ 크기가 문제가 되나?

악당 포큐파인은 《놀라운 이야기》 제48호에서 앤트맨을 물이 반쯤 담긴 욕조에 빠트려서 없애버리려 든다. 욕조는 앤트맨이 기어오르기에 너무 미끄러웠고 이미 강제로 밀어넣어진 터라 너무 기진맥진한 상태였다. 앤트맨은 목숨을 위협당할 만큼 위태로운 상황에 처해 있었지만 물이 차 있는 욕조에서 어떤 시도를 하기엔 역부족이었다.

본래 포큐파인은 알렉스 젠트리Alex Gentry라는 기술자였는데, 스스로 최첨단의 옷을 만들어 그 속에 최루가스, 기절용 총알, 암모니아 가스(탈출이 목적인 것으로 여겨짐), 화염 방사기 액체(본인을 화염방사기로 생각한 듯), 지뢰 탐지기, 액체 접합체 같은 범죄 행각에 필요한 무기들을 감추고 다녔다. 나는 물리학 교수로서 수많은 엔지니어들과 연구해왔지만 그렇게 무거운 겉옷을 입으려 하는 사람은 아직 만나보지 못했다. 젊은이들에게 대리만족을 제공하는 것이 만화의 목적이란 점에서, 곤충처럼 몸이 작아졌는데 거기에다 무거운 기능성 망토를 걸치는 것을 좋아할 젊은이가 그리 많지 않다는

점도 지적해두고자 한다.

헨리는 《놀라운 이야기》 제49호에서 그가 가진 축소 묘약과 반대의 효과를 낼 수 있는 신약을 개발한다. 이 약은 정상 신장보다 180cm 이상 커지게 할 수 있었고 자이언트맨의 탄생을 불러왔다. (이때, 앤트맨과 자이언트맨은 동일인물이다.) 하지만 확대 묘약의 발견에도 불구하고 헨리는 다시 화려한 노란색 유니폼을 입고 악당들을 소탕하는 초미니 영웅으로 거듭난다.

그림 14_ 《놀라운 이야기》 제48호 표지 그림. 앤트맨이 포큐파인의 함정에 빠져 욕조에서 허우적거리고 있다.

아직은 몸이 커질 때 생기는 특정한 물리적 현상에 별다른 거부감이 들지 않을 것이다(그러함에도 불구하고 정상보다 큰 체구를 갖는다는 것은 만만치 않은 물리적 문제들을 동반하게 된다). 일례로《얼티밋Ultimates》제3호에서, 자이언트맨은 커다란 눈동자를 통해 개미 인간일 때보다 훨씬 많은 빛을 받아들인다. 때문에 시신경에 가해지는 과다한 하중을 피하기 위해 눈을 보호할 특수 안경이 필요하다. 또한 사람의 크기가 커지는 것 역시 작아지는 것과 마찬가지로 일련의 제약이 따르므로 기적과도 같은 예외가 필요하다.

이러한 제약은 물질(특히 뼈)의 강도와 중력에 의한 것이다. 밀도를 일정하게 유지할 수 있다면 밀도가 크기(부피)에 비례하여 커지기 때문에 중력이 작용하게 된다. 밀도는 질량을 크기로 나눈 것이다. 따라서 몸이 커질 때와 작아질 때의 밀도가 동일하다면 몸집(크기 혹은 부피)이 커지면 커질수록 질량 역시 커진다. 만약 슈퍼 성장이 우리의 질량을 일정하게 유지시켜준다면 그나마 덜 위압적인 모습일 것이다. 그러나 이 경우에는, 우리의 몸이 커질수록 밀도는 점점 작아진다.

이러한 상황은 《판타스틱 4》 제271호의 리드 리처즈Reed Richards가 외계인 침략자 고르무Gormuu를 상대할 때와 비슷하다. 리처즈와 그의 동료 3명이 우주 광선을 맞고 초능력이 생기기 전의 이야기이다. 고르무는 크라알로Kraalo 행성에서 온 무력 침략자로서 6m의 키에 녹색의 몸체를 가진 괴물이다. 이 이야기는 작가이자 예술가인 존 번John Byrne, 1950~이 1950년대 후반 마블 코믹스를 주도했던 우주에서 날아온 괴물 침략자에서부터 판타스틱 4가 지구를 구하러 와서 작가들을 부자로 만들어놓기까지의 시절에 대한 향수를 그리워하기 때문에 등장시킨 것이다. 이러한 만화(은시대 슈퍼영웅 르네상스 이전의 《놀라운 이야기》, 《이상한 이야기Strange Tales》, 《미스터리로의 여행 Journey into Mystery》, 《긴장되는 이야기Tales of Suspense》 등)에 등장하는 괴물들은 덩치가 웬만한 집만 하고, 같은 글자가 두 개 겹치는 Orrgo오르고, Bruttu브루투, Googam구검이나 첫 자가 같은 Fin Fang Foom핑 팽 품같은 이상한 이름을 갖는다. 고르무의 경쟁력은 전파 에너지에 노출되면 몸이 커진다는 것이다. 리처즈는 길이 3m에 폭이 25cm 정도인 외계인의 발자국을 발견하고는 다음과 같은 사실을 알아낸다. 이 무지막지한 외계 침략자를 물리치려면 계속 전파 에너지 공격을 가해야 한다는 것을! 외계인이 길이 3m의 발자국을 남긴다면, 부피에 따라 질량이 커지는 경우에는 당연히 그 발자국의 깊이가 수십 센티미터는 되어야 당연한 것이다.

고르무의 성장이 일정한 밀도가 아닌 일정한 질량에 의한다는 사실을 알게 된 리처즈는 이 외계 괴물이 지구보다 더 커지고 우주보다 밀도는 작아지도록 에너지를 계속 공급한다. 나중에 괴물은 그다지 존재를 알리지 못하고 별다른 위협도 가하지 못한 채 사라졌다.

교훈적인 고르무의 사례를 통해, 자이언트맨으로 위장한 헨리 핌이 일정한 밀도를 유지함으로써, 크기에 따라 체중을 일정하게 불릴 수 있다고 가정해보자. 자이언트맨의 상황을 수학적으로 설명하려면 단순하게 헨리 핌을 큰 상자로 가정해야 한다.

물리학자들은 실제 세상의 난해하고 복잡한 현상을 규명하면서, 자연에 대한 발전된 이해를 위해 상황을 극도로 단순화시키지 않을 수 없다. 우리는 다음에 나오는 닭을 키우는 농부와 이론 물리학자 사이에 일어난 이야기를 읽고 문제를 기본적인 구성 요소만으로 단순화시켜 바라보는 물리학자들의 경향을 살펴볼 수 있다.

농부들은 우수 양계상을 받은 암탉을 분양받아 집으로 돌아왔지만 그 닭들이 알을 낳지 못한다는 사실을 알게 된다. 농부들은 닭들이 알을 낳게 하는 방법을 생각해내어 적용해본다. 닭장에 은은한 음악을 흘려보내고, 조명을 설치하고, 바닥을 푹신하게 해주었지만 여전히 알을 낳지 않았다. 농부들은 절박한 심정으로 이론 물리학자를 찾아가 도움을 요청했다. 물리학자는 일주일에 걸쳐 세밀하게 문제점을 검토한 후 의기양양하게 해결책을 찾았다면서 농부들을 불러들였다. 그러나 농부들은 물리학자가 칠판에 커다란 원을 그리면서 내뱉는 말에 크게 실망하고 말았다. "원처럼 생긴 닭이

있다고 가정해보면……."

　하지만 원처럼 생긴 닭을 그리는 것으로 시작하는 것이 옳을 때도 있는 법이다. 아주 먼 거리에서는 닭이 원처럼 보인다.

　원을 표방하는 구형 모델이 닭의 기본적인 문제점을 포착한다면, 우리는 여기에 다른 지식과 정보를 더해 보다 정확한 이론을 구축하게 된다. 반면 구형으로부터 시작하는 것은 문제를 너무 단순화하기 때문에 문제에 대한 기본적인 물리를 놓칠 위험성을 내포한다. 그 대안은 기술적인 세세함에 몰입하는 것이다. 상세한 기술에는 문제에 직접적으로 관련이 없는 것도 있겠지만 매우 중요한 것도 있는 법이다. 초기 구형 모델에 들어갈 요인들, 나중으로 미루어도 될 요인들은 실제 적용 사례를 통해 결정된다.

　아마도 여러분은 내가 자이언트맨의 몸을 정육면체로 가정한다고 해도 이해해줄 것이라 믿는다. 자이언트맨을 변의 길이가 각각 1m인 큰 상자로 대신하자. 물론 그를 거대한 원통으로 간주하는 것이 좀 더 자연스러울 수 있다. 하지만 가능한 한 단순하게 하고 싶다.

자이언트맨이 상자라면 그의 부피는 길이, 높이, 넓이의 곱이 된다. 상자의 각 변의 길이를 모두 1m라고 할 때 그 부피는 $1m \times 1m \times 1m = 1m^3$이 된다. 길이, 높이, 넓이가 모두 10m인 상자인 경우 부피는 $10m \times 10m \times 10m = 1,000m^3$가 된다. 부피의 단위는 경우에 따라 입방 미터 혹은 cm^3으로 표현할 수 있는데, 이는 '밑변의 길이×(그와 접한 다른)밑변의 길이×높이'를 의미한다. 만일 자이언트맨이 한 변의 길이가 3m인 정육면체라면 그의 부피는 $3m \times 3m \times 3m = 27m^3$이 된다. 그렇다면 자이언트맨이 확대 묘약으로 모든 방향으로 2배 더 커졌다고 해보자. 그럼 그의 길이, 높이, 넓이는 각각 6m가 되고 부피는 $6 \times 6 \times 6$ 즉, $216m^3$가 된다. 자이언트의 물리 값을 두 배 늘리면 몸무게는 여덟 배 증가한다. 만약 자이언트의 몸 크기를 열 배 증가시키면 길이, 높이, 넓이는 $30 \times 30 \times 30$이니까 부피는 2만 $7,000m^3$가 될 것이다. 본래 그의 부피보다 1,000배나 커진 상자가 되는 셈이다.

만약 자이언트맨이 커지는 동안 밀도를 일정하게 유지한다면 그의 질량은 길이가 아니라 부피와 같은 비율로 증가한다. 그의 키를 두 배로 늘리면(몸의 넓이와 두께도 두 배로 늘어남) 밀도를 유지하고자 몸무게는 여덟 배 증가한다. 핸리 핌의 몸이 무거워지고 커지는 데 있어 발생하는 문제는 헨리의 뼈가 자신의 몸무게를 지탱할 수 없게 된다는 점이다. 자이언트맨은 일어서기만 해도 다리가 부러질지도 모른다. 물체의 강도, 굽힘 현상에 대한 저항, 압력에 의한 분리 혹은 으깨짐에 대한 저항력은 물체의 길이가 아닌 넓이에 의해 결정된다. 전문적으로는 이를 '물체의 인장 강도는 단면적에 의해 결정된다'고 표현한다.

9kg용 낚싯줄이라면 9kg까지의 물고기를 감당할 수 있다는 의미이다. 9kg 이상 되는 물고기가 낚였다 해서 배 위로 끌어올리려다가는 줄이 끊어지기 십상이다. 그 물고기를 낚싯줄에 붙들어두려고 길이를 늘여봐야 전혀 도움이 되지 않는다. 낚싯줄의 강도를 높이려면 줄의 길이가 아닌 단면적을 넓혀야 한다.• 낚싯줄의 단면적이 넓으면 넓을수록 끌어당기는 힘, 즉 인장력이 분산 적용되는 면적이 넓어지고, 줄을 구성하는 한 요인에 적용되는 힘이 그만큼 줄어들게 된다. 낚싯줄뿐 아니라 다른 어떤 것이든 그것이 끊어질 때는 물질들 간의 화학 결합이 끊어져 분리되는 것이다. 일정한 힘을 지탱하는 면적이 넓으면 넓을수록, 특정 분자에 가해지는 스트레스와 긴장감은 그만큼 적어지고, 줄이 끊어지거나 물체가 파괴되는 것 같은 파국은 발생할 가능성이 줄어든다. 줄이 끊어지는 이유는 분자상의 불안정이나 결점으로 인해 힘이 부분적으로 쏠리기 때문이다. 이런 물질은 일정하면서도 원자적으로 완벽한 물질과는 달리 강도에 약하다. 단면적에 의한 물질의 강도는 판타스틱 4에서의 미스터 판타스틱Mr. Fantastic이 뻗을 수 있는 거리를 결정한다. 리드 리처즈는 자신이 설계한 우주선을 몰고 처녀비행하다 우주 광선 세례를 받고 나서 자신의 신체의 일부를 축소하거나 늘리는 능력을 얻게 된다. 하지만《판타스틱 4 애뉴얼Fantasic Four Annual》제1호에선 500야드, 즉 457m 이상은 늘이지 못한다. 측면에서 보면 가로 10cm, 세로 5cm, 길이 90cm인 6면체 막대기는 양쪽으로 기둥이 받치는 톱질 받침대 위에서 마룻바닥과 평형을 이루며 안전하게 버틸 수 있다. 이 막대기

───•사과나무는 종자산포(種子散布) 메커니즘의 일환으로 이 원리를 사용한다. 사과가 여물어 충분한 질량에 도달하게 되면 그 무게가 줄기의 강도를 초과하게 된다. 꼭지가 잘리면 사과는 땅에 떨어지고, 그것을 동물이 먹는다. 그 씨앗은 동물에 의해 다른 곳으로 옮겨져 새 생명을 싹트게 한다.

와 단면적은 같지만 길이가 180cm인 막대기라면 양쪽에서 받친다 해도 가운데 부분이 살짝 내려앉을 것이다. 길이가 20m의 막대기라면 가운데 부분이 더 깊이 내려앉을 것이고, 10km의 막대기라면, 지구 곡률 오차(지구 표면이 구면이므로 고저차 때문에 생기는 오차)를 무시하더라도 그 가운데 부분이 지면에 닿게 될 것이다. 리드는 《판타스틱 4 애뉴얼》 제1호에서 몸을 길게 늘이면 늘일수록 그만큼 근육이 약해져서 힘을 내어 긴 거리를 달릴 수 없다고 말한다. 질량-크기의 관계성에 대한 이해로 고르무로부터 지구를 구한 리드 리처즈는 행동으로 인장 강도의 면적-부피 법칙Cubic-Square Law을 설명한다.

헨리가 자이언트맨이 되면 그의 부피는 단면적보다 빨리 증가한다. 넓적다리의 대퇴골이나 척추의 척추골 같은 물질의 압축 강도는 그 신체의 단면적으로 결정한다. 자이언트맨의 몸이 커질수록 그의 뼈는 자연스럽게 그 신체 크기에 맞춰져 커질 것이다. 그의 척추, 혹은 대퇴골의 강도는 그의 몸이 커지는 비율의 제곱에 비례해 증가한다. 하지만 자이언트맨의 크기가 더 많이 커져버리면 그의 뼈가 지탱해야 할 몸무게도 함께 증가한다. 밀도가 일정할 것이라고 가정하면 무게는 그의 성장 인자의 세제곱만큼 무거워진다. 만약 헨리가 1.8m의 키에 83kg의 몸무게를 가졌다면 그의 척추는 360kg, 넓적다리는 8,100kg의 힘을 버텨낼 수 있다. 이는 자연에게는 엄청난 압력이나 무게를 넉넉히 감당할 수 있는 구조를 갖고 있음을 암시한다. 코끼리와 공룡의 대퇴골은 사람의 것보다 더 두껍고 밀도 또한 높다. 물론 작은 쥐나 새의 허벅지는 사람보다 더 얇고 밀도도 낮다. 자이언트맨의 키가 18m로 커지면 본래 크기보다 10배가 더 커진 셈이다. 그럼 부피는 1,000배 더 늘어나고 뼈의 단면적은 100배 더 늘어난다. 자이언트맨의 몸무게는

자그마치 8만 4,000kg이나 나가지만 그의 척추는 3만 6,300kg, 대퇴골은 8
만 1,600kg의 무게까지만 버틸 수 있다. 그가 아무리 날고 기는 슈퍼영웅이
라도 그의 골격 구조는 늘어나는 엄청난 몸무게를 감당할 수 없다.

　1960년대 마블 코믹스의 편집자로 일하던 스탠 리는 자이언트맨의 덩치
를 그 어떤 악당도 감히 덤비지 못할 정도로 크게 키우지 않기 위해, 커다
란 덩치가 그에게 생물학적인 압박감을 안겨줄 수 있다고 주장했다. 자이
언트맨은 키가 3.7m일 때 최적의 힘을 낼 수 있다. 하지만 만약 그의 키가
15m, 혹은 그 이상 커지면 비록 덩치는 집채만 하지만 실제로는 새끼 고양
이처럼 연약한 존재가 되고 만다. 그로부터 수년 후 물질대사의 한계는 면
적-부피 법칙에서 나온 물리 법칙으로 대체된다.《얼티밋Ultimates》제2호에
서 설명한 것처럼 생장혈청growth serum에 관련된 대사 문제들이 해결된다 하

그림 15_《얼티밋Ultimates》제2호의 한 장면. 헨리와 그의 아내 자넷은 몸 크기를 변화시키는 약을
처음으로 시험하려 한다. 헨리는 키가 18m를 넘을 경우 자신의 뼈가 몸무게를 견디지 못할 것을 걱
정하고 있다.

더라도 중력과 물리학은 여전히 최종적인 몸의 크기에 엄격한 한계를 가한다(대퇴골이 부서지기 전에 등뼈부터 끊어질 것이다).

부피는 표면적보다 더 빨리 커진다는 사실은 굳이 정육면체가 아니더라도 증명할 수 있다. 구의 부피는 $\frac{4}{3}\pi r^3$, 구의 겉넓이는 $4\pi r^2$으로 주어진다. 부피는 m^3와 같이 항상 길이의 세제곱을 단위로 갖는다. 넓이는 길이의 제곱을 단위로 갖는데 이것은 마치 네모난 뜰에 깔린 양탄자의 넓이를 측정하는 것과 같다. 배트맨과 로빈은 자신들이 서서히 빠져 들어가는 황산 통에서 일어 올라오는 거품을 통해 면적-부피 법칙을 알게 된다.

샴페인이나 맥주잔을 들여다보면 거품이 위로 올라올수록 더 빨리 상승한다는 생각이 들겠지만 그렇게 보이는 것은 술에 취했기 때문이 아니다. 거품이 나는 음료수는 이산화탄소로 과포화 상태이다. 소다수 깡통이나 병을 열면 쉬잇하는 소리가 나고, 맥주에서 거품이 나는 것이 바로 이산화탄소 때문이다. 이런 현상은 음료 속에 들어 있는 이산화탄소의 압력이 대기압보다 높을 때 주로 발생한다. 샴페인의 코르크 마개나 콜라병의 뚜껑을 딸 때 갑자기 '뻥' 하는 소리가 나는데, 이것 역시 과도한 압력하에 있던 가스가 뚜껑이 열리면서 급속히 빠져나가기 때문이다. 그런 뒤에도 음료 속에는 이산화탄소가 여전히 남아 있다.

이산화탄소는 작은 거품들로 변해 유리병에 붙어 있다가 주위의 액체보다 가벼워지면 떠오르기 시작한다. 그런데 이 거품들을 위로 밀어 올리는 부력˚은 구체 모양의 거품 부피와 직접적인 연관성이 있고 그 값은 거품 반지름의 세제곱에 비례한다. 거품의 상승 속도를 낮추는 저항력은 그것의 겉넓이와 관계가 있고 이것은 거품 반지름의 제곱에 비례한다. 탄산음료 속을 둥둥 떠다니던 거품은 그 액체 속에 분산되어 있는 여분의 이산화탄소를 흡수해 점점 커진다. 결국 거품을 위로 힘껏 밀어 올릴 수 있는 강력한 힘이 형성되는 것이다. 이렇게 힘이 작용하면 가속이 붙어(뉴턴의 제2법칙은 샴페인 잔에도 적용된다) 거품은 더욱 빨리 위로 올라갈 수 있다. 가속도의 법칙은 콜라병에도 예외 없이 적용된다.

:: 샴페인이나 탄산음료의 병뚜껑을 딸 때 펑 소리와 함께 거품이 이는 것은 병 속에서 과도하게 팽창되어 있던 이산화탄소가 분출되기 때문이다.

만약 무한대로 긴 컵이 있다면 거품은 빛의 속도에 다다를 수 있을까? 물론 불가능하다. 우리는 이미 앞서 플래시와 함께 저항과 마찰을 공부했다. 유체 내에서의 저항력은 구의 겉넓이뿐 아니라 물체의 속도와도 관계가 있다(서서히 움직이는 물체보다 빨리 움직이는 물체의 움직임을 방해하는 것이 훨씬 힘들다). 거품의 속력이 점점 빨라질수록 부가되는 항력은 부력과는 반대 방향으로 발생한다. 결과적으로 거품에 작용하는 힘이 서로 상쇄되어 사라지면 거품은 종단 속도**로 움직인다.

물리 실험을 한답시고 콜라나 사이다를 너무 많이 마신 것은 아닌가? 화장실을 자주 드나들어야 하는 게 귀찮을지 몰라도 분명 물리학 공부에는 도움이 될 것이다. 나 역시 그러했다. 미지에의 도전은 그칠 줄 모르는 호기심으로부터 시작한다.

● 유체 속에 있는 물체를 떠오르게 하는 유체의 힘.

●● 물체가 낙하하면 처음에는 중력이 공기 저항보다 커서 가속이 되지만, 중력과 공기 저항이 같아지면 합력이 0이 되어 물체가 등속 운동을 하게 된다. 이때의 속도를 의미한다.

PART 2

빛과 열에너지

★★

ENERGY–Heat
&
Light

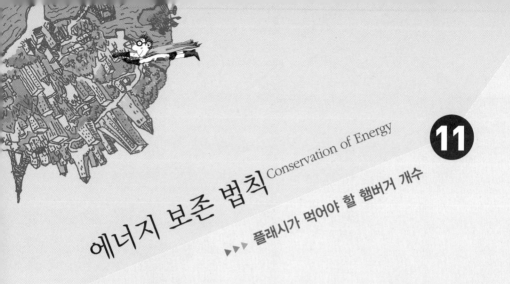

11

에너지 보존 법칙 Conservation of Energy

▶▶▶ 플래시가 먹어야 할 햄버거 개수

앞서 우리와 만났던 플래시가 다시 돌아왔다. 뭐, 특별한 이유가 있는 것은 아니고 단지 플래시에게 꼭 묻고 싶은 질문이 있어서다. 솔직히 이 질문을 하지 않으면 앞으로도 계속 긴긴 밤을 뜬눈으로 새울 것 같아 플래시에게 다시 한번 출연해달라고 떼를 썼다. 쉴 새 없이 날아드는 총알들을 잡아내느라 바쁜 와중에도 시간을 내준 플래시에게 감사드리며 바로 질문을 하겠다. "플래시, 하루에 밥은 몇 끼나 먹죠?"

플래시는 바다의 수면 위를 달리며 날아오는 총알을 잡아챌 수 있다. 하지만 아주 중요한 질문이 있는데 그것은 얼마나 자주 먹느냐 하는 것이다.

대답은 '많이 먹는다'는 것이다. 이보다 더 기본적인 질문은 '왜 먹어야 하느냐?'는 것이다.

음식에는 달리거나, 걷거나, 가만히 앉아 있는 등의 행동에 필요한 그 무엇이 담겨 있단 말인가? 우리는 왜 필수 영양소들을 바위나 금속, 플라스틱 같은 무기물이 아닌 쌀이나 고기 같은 유기물에서 섭취해야만 하는 것일까?

플래시를 포함한 우리 모두는 세포의 성장과 재생을 위해, 그리고 신진 대사에 필요한 에너지를 공급 받기 위해 음식을 먹고 영양을 섭취한다. 우리는 태어날 때부터 이미 몸속에 일정한 원자를 갖고 있는데 이것 만으로는 성장을 이어가 기란 턱없이 부족하다. 우리는 성장하면서 더 많은 원자를 필요로 한다. 원자는 세포 재생과 성장을 위해 기본 요소로 전환될 수 있도록 잘게 나누어서 복잡한 분자의 형태로 제공되어야 한다.

크립턴의 폭발에 관한 부분에서 이미 설명한 바 있지만, 우주의 모든 원자(우리가 소화하는 음식 속의 원자도 포함)들은 수명이 다한 별에서의 핵반응을 통해 합성된다. 여기에서 수소 원자들은 압축되어 헬륨 원자들을 구성하는데, 헬륨은 탄소 등으로 융합된다. 태양 중심부의 열핵반응으로 생긴 부산물들은 우리가 섭취하는 음식물의 2차 필수 요소로 제공된다.

DC 코믹스 소속인 '무엇이든 먹어치우는 래드Matter-Eater Lad'는 금속이나 돌 같은 비활성 물체도 먹을 수 있다. 마블 코믹스의 골칫덩어리 갈락투스Galactus가 아무리 행성의 생체에너지만을 골라 흡수한다 해도 우리가 먹는 음식물은 반드시 살아 있던 것이어야 한다. 그런 식품들만이 에너지라 알려진 신비스런 또 다른 필수 요소를 우리에게 제공한다.

'에너지'란 단어는 너무 흔하게 쓰이기 때문에 그 설명에조차 '에너지' 혹은 '일' 같은 단어를 사용하지 않고는 정의를 내릴 수 없다. 그래도 굳이 정의를 내리자면 에너지란 운동을 일으키는 능력의 척도라고 할 수 있다.

우리는 어떤 물체가 움직이면 이 물체가 운동에너지를 갖는다고 말한다. 그리고 이것은 다른 물체와 충돌해 운동을 발생시킨다. 심지어 물체가 전혀 움직이지 않더라도, 중력이 계속 잡아당기는데도 가속을 하지 않은 채 그냥 가만히 지표면 위에 놓여 있다고 하더라도, 그 물체는 에너지를 갖는 것이 된다. 제약을 가하지 않으면 움직일 물체에는 '위치에너지potential energy'가 있다고 말한다.

상황에 따라 다르겠지만 우리가 이야기하는 에너지는 운동에너지와 위치에너지다. 스파이더맨의 비운의 연인인 그웬처럼 다리 위에서 떨어지는 물체는 운동에너지와 위치에너지를 모두 갖는다. 그웬이 다리 꼭대기에 서 있기만 한다면 그녀는 높은 위치에너지를 갖는다. 먼 거리에서 중력이 작용하기 때문이다. 하지만 그웬의 움직임은 다리 기둥에 제약을 받는다. 만약 그웬이 다리 위에서 뛰어내리면 이러한 제약은 금세 사라지고, 중력의 영향을 받아 낙하 속도가 증가한다.

그웬이 수면에 점점 가까워질수록 그만큼 낙하 거리는 짧아지기 때문에 위치에너지는 당연히 감소한다. 그렇다고 위치에너지가 사라지지는 않는다. 그녀의 위치에너지는 낙하 속도가 증가하면서 운동에너지로 변한다. 어느 낙하 지점이든 그웬이 잃은 위치에너지와 얻은 운동에너지의 양은 같다(공기 저항으로 인한 에너지 손실은 무시한다).

그웬이 수면과 부딪힐 즈음 그녀의 위치에너지는 최소가 되고 낙하 속도와 운동에너지는 최대가 된다. 공기 저항을 무시한다면, 수면 바로 위에서 그웬이 갖는 운동에너지와 그녀가 다리 위에 서 있을 때의 위치에너지의 양은 똑같다. 운동에너지는 그 다음에 물로 전달되고, 그 과정에서 그녀의 낙하 속도는 0이 된다. 그웬이 스파이더맨의 거미줄에 잡혔을 때도 이와 같은 현상이 일어났다.

스파이더맨이 거미줄에 매달려 진자처럼 왔다 갔다 하는 모습을 떠올려 보자. 그는 진자 운동의 가장 높은 위치에서는 움직이지 않지만(다시 말하지만 가장 높은 위치에 있기 때문이다), 지면에서 높이 올라와 있는 상태이기 때문에 엄청난 위치에너지를 갖는다. 그리고 진자 운동의 가장 낮은 위치에 있을 때 가장 적은 위치에너지를 갖는다. 그런데 스파이더맨이 지표면과 가장 가까운 위치, 다시 말해 최소의 위치에너지를 갖는 위치에서 진자 운동을 시작하려든다면 그것은 성공할 수 없다. 높은 위치에서 운동을 시작해야 스파이더맨의 위치에너지가 운동에너지로 전환될 수 있다.

지표면과 가장 가까운 위치에 있을 때 스파이더맨이 얻는 운동에너지 양은 그가 잃은 위치에너지 양과 같다. 가장 낮은 위치에서 그에게 작용하는 힘은 오직 아래 방향으로만 작용하는 중력과 위 방향으로 작용하는 장력뿐이다. 두 힘은 모두 수평 방향이 아니라 수직 방향으로 작용한다.

하지만 스파이더맨은 이미 운동을 하고 있고, 모든 물체는 외력이 가해지지 않는 이상 본래의 운동 상태를 유지하려고 든다. 그래서 그가 지표면과 가장 가까운 지점을 통과해 다시 올라갈 때 운동에너지는 위치에너지로 전환된다. 만약 그 어느 누구도 스파이더맨을 밀어주지 않는다면 그의 총에너지는 처음 운동을 시작할 때의 에너지보다 많을 수 없다.

그러므로 스파이더맨이 최고로 높이 올라갈 수 있는 위치는 처음보다 증가할 수 없다. 엄밀히 말한다면 스파이더맨의 운동에너지 중 일부는 운동하는 도중 공기를 밀어내는 데 사용되므로 처음 위치보다 조금 낮은 지점까지만 올라갈 수 있다.

이렇게 위치에너지와 운동에너지를 따져보는 것은 물리학에서 아주 중요한 부분이다. 에너지는 저절로 생기거나 없어지지 않는다. 단지 어떤 형태에서 다른 형태로 전환될 뿐이다. 우리는 여기서 '에너지 보존 법칙priciple of conservation of energy'이라는 멋진 용어를 떠올릴 수 있다. 우리는 지금껏 처음 에너지가 나중 에너지와 정확히 일치하지 않는 자연의 오류를 발견해낸 적이 없다. 정말 맹세코 단 한 번도 없다.

1920~1930년대 물리학자들이 방사성원소의 붕괴를 연구했을 때, 그들은 방출된 전자와 남은 핵의 최종 에너지가 처음의 핵에너지와 일치하지 않음을 확인했다. 핵 붕괴 반응에서 에너지가 보존되지 않을 수도 있다는 가능성에 대해 볼프강 파울리Wolfgang Pauli, 1900~1958 는 사라진 에너

지는 아직까지 밝혀지지 않은 유령 입자가 가지고 갔는데, 그것은 현재까지 개발된 감지기로는 도저히 잡을 수 없는 입자일 것이라고 주장했다. 유령 입자는 실제로 존재하고, 뉴트리노neutrino, 즉 중성미자 [**]는 우주에서 아주 흔한 물질 중 하나라는 사실이 밝혀졌다.

목수가 나무판자에 못을 박는 모습을 상상해보자. 망치가 목수의 머리 위에 올려져 있을 때의 위치에너지는 팔을 휘두르면서 운동에너지로 바뀐다. 망치로 못을 때리면 망치의 운동에너지는 못의 운동을 발생시키고 그 일부 에너지는 못 머리 부분의 원자들을 격렬히 진동시켜 못을 달군다(온도가 높아진다). 망치에 입사된 운동에너지는 못 머리 원자들의 추가적 운동, 못 자체의 전 방향 운동, 나무의 분자 결합 붕괴를 위해 분산되는데, 이러한 현상을 망치질 과정에서의 효율 [***]이라는 개념으로 요약할 수 있다.

못, 나무, 공기(망치질을 할 때 나는 소리는 주위의 공기로부터 발생하는 압력파에 의해 발생한다)에 가해지는 모든 에너지를 합칠 수 있다면, 결국 못 머리를 때리기 직전에 망치가 가졌던 초기 운동에너지와 정확히 일치한다. 그러나 목수의 입장에서 못을 달구거나 소리를 발생시키는 행위 모두 낭비되는 에너지이며 효율을 감소시키는 요인이다.

때로는 이렇게 낭비되는 에너지를 쉽게 무시할 수 없을 때가 있다. 지금

● 오스트리아 태생의 미국 물리학자. 파울리의 배타 원리를 발견해 1945년 노벨 물리학상을 받았다. 파울리의 배타 원리란 한 원자 내에서 두 개의 전자가 같은 물리적 상태에 있을 수 없다고 한 것으로, 원자의 관찰된 성질을 설명하는 데 매우 유용하다.

●● 전하를 지니지 않으며 질량이 거의 0이어서 광속에 가까운 속도로 이동하는 소립자로 물체를 관통하는 능력이 매우 크다. 중성자가 양성자와 전자로 붕괴될 때 생긴다. 엔리코 페르미Enrico Fermi가 붙인 기묘한 이름.

●●● 기계가 한 일의 양과 소요된 에너지와의 비.

자동차 한 대가 도로 위를 달리고 있다. 이 자동차는 당연히 운동에너지를 갖는다. 운동에너지는 휘발유가 연소되는 과정에서 발생한 것으로, 자동차의 스파크플러그sparkplug에서 전기 충격을 가해 발화시키면 연소가 일어난다. 이런 폭발 반응으로 생성된 기체는 엄청난 속도로 피스톤을 밀어낸다. 피스톤의 상하 운동은 정교한 장치들에 의해 자동차 타이어의 회전 운동으로 전환된다. 그런데 문제는 이렇게 화학 반응으로 생긴 에너지가 전부 자동차의 피스톤을 움직이는 데 쓰이지 않는다는 것이다. 에너지 대부분은 엔진을 가열하는 데 쓰이므로 이는 운동의 관점에서 보면 비효율적이다.

또한 자동차는 도로를 달리면서 주위에 있는 공기들을 밀어내는 데 에너지를 소비한다. 자동차의 효율은 자동차가 앞으로 달려나가며 차지할 공간의 부피를 밀어내는 일에 의해 크게 좌우된다. 일반 중형차라면 1km당 3,700kg이 넘는 공기를 밀어내야 한다. 대형차라면 밀어내야 하는 공기의 부피 또한 더 커진다. 그러므로 자동차를 달리게 하는 것뿐만 아니라 공기

를 밀어내는 데도 많은 에너지를 소비한다.

수영장 물속에서 어떤 자세로 걷느냐 하는 문제 역시 같은 방식으로 접근할 수 있다. 수영장 물속에서 팔을 몸 옆에 붙인 채로 걷는 것은 팔을 벌리고 걷는 것보다 힘이 훨씬 덜 든다. 이는 서로 비슷한 질량의 자동차라도 표면적이 작으면 그만큼 더 높은 효율을 낼 수 있는 것과 같다. 스포츠카의 날렵한 디자인은 멋진 여성을 유혹할 때도 필요하지만, 얼마나 자주 주유를 하러 가야 하는가를 좌우하는 주요 요인이기도 하다.

앞서 우리와 함께 충격량과 운동량을 공부했던 고블린을 기억하는가? 그는 스파이더맨의 연인인 그웬을 조지워싱턴 다리 꼭대기로 끌고 올 때 에너지를 소비했다. 그웬의 증가된 위치에너지는 그녀가 다리 꼭대기에 올라감으로써 저장된다. 그녀의 위치에너지는 고블린의 글라이더에 담긴 연료가 연소되면서 발생시킨 화학에너지가 변환된 것이다.

그러므로 에너지 보존 법칙은 다음과 같은 사실을 말해준다. 어느 누구

도 결코 에너지를 만들거나 본래 존재하던 것을 없애지 못한다. 그리고 단지 형태만 바꾸는 것이라면, 현재 우주의 모든 에너지는 빅뱅Big Bang, 즉 우주가 탄생하는 순간에 생긴 그대로이다. 이 태초의 순간에 전 우주는 전자보다 훨씬 작은 공간 속에 압축되어 있었다. 그곳에는 에너지 말고 다른 어떤 물질도 없었고, 상상도 못할 만큼 작은 부피에 응축되어 있었다. 그 후 우주가 팽창하고 에너지의 총량은 변하지 않지만 계속 증가하는 부피 때문에 여기저기로 흩어지게 되었다.

에너지 밀도는 단위 부피당 에너지를 말한다. 결과적으로 에너지의 총량은 일정하고 부피만 증가한다면 에너지 밀도는 낮아질 것이다. 오늘날 모든 물질은 에너지 밀도가 어떤 임계점까지 낮아질 때 아인슈타인의 일반상대성 이론 공식인 $E=mc^2$으로 대표되는 과정을 통해 생겨난 것이다. 이 공식의 의미는 물질이란 '느린 속도를 가진 에너지'라는 것이다. 우주가 팽창하고 식어감에 따라서 빅뱅이 일어난 뒤 처음 1초 동안 에너지 밀도는 충분히 낮아져 양성자와 전자 같은 물질들이 응결된 모습을 나타내기 시작했다. 이것은 마치 물을 어는점까지 냉각하면 얼음 결정이 생성되는 것과 다를 바 없다. 이러한 물질의 자발적인 형성은 단 한 번만 일어난다. 우주의 역사 초기에는 에너지 밀도가 너무나도 높아서 양성자와 중성자의 응결을 허용하지 못했다가 그 후에는 에너지 밀도가 $E=mc^2$이라는 문턱까지 낮아지자 외부 우주에는 자발적으로 물질을 형성할 만큼 충분한 에너지 배경이 존재할 수 없게 된 것이다. 우주 생성 10억 년 내에 생성된 양성자와 전자는 정전기적인 인력으로 서로 뭉쳐서 수소 원자를 만들어냈다. 다시 중력 덕분에 이러한 수소 원자들끼리 뭉치면서 큰 덩어리를 만들고 이것이 별이 되었다. 이런 중력 위치에너지gravitational potential energy *가 뭉쳐 있는 별 중심부에서는 핵반응을 일으켜 수소 원자들을 더 무거운 원소들과 운동에너지로 바꾸었다.

이제 오늘날 우주에 존재하는 모든 에너지가, 결과적으로는 모든 물질이 빅뱅의 산물임을 알게 되었다. 그러나 이 사실은 에너지에 대한 두 가지 심오한 질문을 이끌어낸다. 첫째, 에너지는 무엇인가? 둘째, 에너지는 어디에서 왔는가? 과학은 이 두 가지 질문에 다음과 같은 답을 내린다. "그건 아무도 몰라!"

패스트푸드

플래시가 초스피드로 달리기 위해 얼마만큼 먹어야 하는지 알려면 우선 그의 운동에너지를 계산해야 한다. 물리학자들은 항상 에너지 보존에 관심이 많다. 한 물체의 속도를 변화시켜 운동에너지를 바꾸려면 '일'을 해야 한다. 물리학에서의 '일'은 우리가 보통 말하는 일과는 약간 차이가 있다.

우리는 물체에 힘을 가해 특정 거리만큼 끌고 갔을 때 '그 힘이 물체에 일을 했다'라고 말한다. 물론 힘의 방향에 따라 다르겠지만 물체의 운동에너지는 증가하거나 감소한다. 이처럼 일은 에너지의 또 다른 개념으로 같은 단위를 사용한다. 자유낙하 중인 질량이 m인 물체에 작용하는 중력은 질량(m)×중력가속도(g)이고 물체가 그 힘을 받고 이동한 수직 거리가 h라

● 1997년 과학자들은 엄청난 에너지 밀도로 인해 물질이 생성될 수 있다는 사실을 밝혀냈다. 실험을 통해 고에너지 감마선 포톤(광양자)을 충돌시키는 방법으로 전자/양전자 쌍을 창출함으로서 우주가 생성되고 처음 몇 초간 운행되던 메커니즘을 재생시킨 것이었다

면 중력이 한 일은 '힘×거리$_{W=mg \times h=mgh}$'가 된다. 이것은 높이 h에 있는 물체의 위치에너지를 말한다. 즉 일이란 물체의 위치에너지를 증가시키는 데 필요한 에너지라고 볼 수 있다.

앞서 나왔던 그웬의 낙하와 슈퍼맨의 도약을 떠올려보자. 두 경우 모두 중력이 한 '일'을 질량×중력가속도×높이(W=mgh)로 나타낼 수 있다. 일은 그웬의 운동에너지를 증가시키지만 슈퍼맨의 운동에너지는 감소시킨다. 둘의 차이점은 힘이 진행 방향이 서로 다르다는 것이다. 그웬은 자신이 떨어지는 방향으로 힘이 작용하지만, 슈퍼맨은 도약 방향과 반대 방향으로 힘이 작용한다.

그웬은 처음에 운동에너지 없이 아래로 떨어지는데 그녀가 낙하하는 거리, 즉 다리 높이에 걸쳐 작용하는 중력은 그녀가 물에 빠지기 직전 최종 속도를 크게 증가시킨다. 그웬의 최종 속도 v와 그녀가 낙하하는 거리 h와의 관계는 $v^2=2gh$로 정의된다. 여기에서 g는 당연히 중력 가속도이다. 대수 규칙을 이용해 이 방정식의 양변을 똑같은 수로 곱하거나 나눈 새로운 방정식도 성립한다.

자, 그럼 $v^2=2gh$의 양변을 2로 나누면 $v^2/2=gh$가 된다. 이제 식 양변에 그웬의 질량 m을 곱하면 $1/2mv^2=mgh$가 된다. 우변 값은 중력이 그웬에게 한 '일'이고 좌변 값은 그웬의 운동에너지 변화(그웬의 최종 운동에너지에서 처음 운동에너지를 뺀 값)를 뜻한다. 그런데 그웬은 다리 아래로 떨어질 때 운동에너지가 없었기 때문에 그녀의 최종 운동에너지는 $1/2mv^2$이 된다. 와! 기뻐할 일이 또 하나 생겼다. 우리가 계산을 통해 물리 법칙 하나를 얻은 것이다.

플래시가 달리기를 멈추면, '일'은 그의 운동에너지 바꾸는 것을 그만두게 된다. 《플래시》 제106호에서 플래시는 도망치는 악당을 시속 800km의 속도로 뒤쫓다가 갑자기 멈춰야만 했다. 그는 재빨리 자신의 양다리로 지표면에 엄청나게 큰 구덩이를 만들었다.

《플래시》 제106호에서 플래시의 급감속을 도와주는 힘, 특히 마찰력을 아주 자세히 설명해준다. 시속 800km로 달리다가 갑자기 멈추려면 엄청난 운동에너지의 변화가 필요한데 이렇게 하려면 많은 일이 뒤따라야 한다. 그림 16은 플래시가 약 4.5m의 거리를 가서야 멈추는 것을 보여준다. 그런데 일은 힘과 거리의 곱이므로, 거리가 짧으면 그의 다리가 땅에 작용하는 힘은 아주 강해야 한다. 플래시의 속도를 4~5m 이내의 짧은 거리에서 시속 800km만큼 변화시키려면 최소 36만N의 힘이 필요하다!

1989년에 나온 《플래시》 제2부 25호에서 월리 웨스트(3대 플래시)는 너무 빨리 달려서, 갑자기 멈추려면 수백 미터에 걸쳐 깊은 흔적을 남겨야 했다. 월리를 추적하는 과학자들은 이 흔적을 통해 그가 얼마나 빨리 달렸는지, 또 몇 번이나 멈췄는지를 알아낸다. 보통 교통사고가 났을 때 경찰들이 타이어 자국을 보고 당시의 정황을 추적하는 것 역시 같은 방식이다. 그러므로 플래시가 갑자기 달리거나 멈출 때 그가 양다리로 파놓은 깊은 구덩이를 보면 플래시가 어디에 있었는지 항상 알 수 있다.

그럼 다시 플래시의 식습관으로 돌아보자. 플래시의 운동에너지는 $1/2mv^2$이므로 플래시에게 필요한 에너지는 달리는 속도의 제곱에 비례해 증가한다. 예를 들어 플래시가 두 배의 속도로 달린다면 운동에너지는 네 배 증가하는데 이를 위해 플래시는 평소보다 네 배 더 많이 먹어야 한다.

은시대(1950년대 후반~1960년대) 미국 만화계에 지대한 영향을 끼쳤던 칼민 인판티노Carmine Infantino, 1925~는 플래시를 근육질의 엄청난 덩치가 아닌

짧게 멈추고, 돌아서자!
그런데, 내가 일으키는 마찰
때문에 땅에 커다란 구멍이
파이는구나!

그림 16_ 《플래시》 제106호의 한 장면. 플래시가 급격한 감속 효과를 실제로 보여준다. 그가 짧은 거리 내에서 빠르게 멈추려고 할수록 그의 신발은 지표면에 더 강한 힘을 가해야만 한다.

아주 호리호리한 사람으로 묘사했다. 어쨌든 그는 육상 선수였기 때문이다. 플래시의 질량 역시 70kg, 속도는 광속의 100분의 1에 해당하는 속도로 달린다고 해보자. 이때 플래시의 속력은 300만 m/s이 되고 운동에너지는 $1/2 \times 70kg \times (300만\ m/s)^2 = 315조\ kg \cdot m^2/s^2 = 75조cal$가 된다.

에너지는 물리학에서 자주 나오기 때문에 에너지 고유의 단위가 있다. 일반적으로 cal(칼로리)라는 단위를 사용하며 $0.24cal = 1kgm^2/s^2$이다. 여기서 0.24cal는 물체에 $1kg \cdot m^2/s^2 (=1N)$의 힘을 작용해 1m 끌고 갔을 때 한 일과 같다.

$1kgm^2/s^2$이 0.24cal라는 이상한 숫자가 된 이유는 19세기 중반, 물리학자들이 에너지를 혼란스러워하는 상황이 발생해 수년 동안 이렇다 할 성과를 내지 못했기 때문이다. 칼로리란 원래 열의 단위로 정의되었고, 열은 일이나 에너지와는 다른 개념이라고 여겼다. 그래서 열에 대한 단위계가 발달하

면서 운동에너지나 위치에너지와는 다른 단위가 채택
되었던 것이다.

:: 제임스 줄

열이 단지 에너지의 다른 형태이며 역학적 일이 바
로 열로 전환한다는 사실을 발견한 물리학자는 제임
스 줄James Joule, 1818~1889*이다. 이런 줄의 공로를 기리
기 위해 그의 이름을 에너지 표준단위로 정했다
$(1J=1kgm^2/s^2)$. 보통 물리학에서는 운동에너지와 위치에너지 단위로
J(Joule)을 많이 사용한다. 하지만 우리는 에너지 측정에 관여하는 다른 요
소를 강조하고자 다소 귀찮을지 몰라도 kgm^2/s^2을 계속 쓰기로 한다.

우리는 영양학자들이 쓰는 cal와 물리학자들이 쓰는 cal가 다르다는 것
을 알아야 한다. 물리학자에게 1cal는 물 1g의 온도를 1°C 올리는 데 필요
한 에너지다. 이것은 실험으로 증명된 아주 정확한 정의다. 우리는 이 정의
덕분에 비스킷 한 조각이 2만 4,000g의 물을 1°C올릴 수 있는 에너지가 있
음을 알 수 있다. 그렇다면 물리학자들에게 비스킷 한 조각은 2만 4,000cal
나 되는 에너지를 포함하고 있다는 이야기가 된다.

항상 이렇게 큰 숫자를 다루는 것을 피하고자 음식 칼로리는 물리 칼로
리의 1,000배에 해당하는 kcal를 단위로 사용한다. 즉, 비스킷 한 조각은 2
만 4,000cal이기 때문에 음식 칼로리로 고치면 24kcal가 되는 것이다. 이와
마찬가지로 치즈버거 하나에 대략 500kcal가 들어 있는데 이는 물리 칼로
리로 고치면 50만 cal가 된다. 아, 정말 이런 식으로 칼로리를 계산하다가

● 영국의 물리학자. 원래 직업은 양조업자였다. 다양한 형태의 에너지는 본질적으로 같으며 한 에너지로
부터 다른 에너지로 변환될 수 있다는 것을 입증하여 열역학 제1법칙인 에너지 보존 법칙의 기초를 세
웠다.

는 어떤 음식도 먹지 못할 것이다.

플래시의 운동에너지 75조cal를 음식 칼로리로 전환하려면 우선 1,000으로 나눠야 한다. 그가 빛의 100분의 1에 해당하는 속력으로 달리려면 750억kcal를 소모해야 한다. 쉽게 설명하면 약 1억 5,000만 개의 치즈버거를 먹어야 원하는 만큼 속력을 낼 수 있다. 물론 이것은 플래시가 먹은 음식물이 모두 운동에너지로 전환된다고 가정했을 경우다.[*]

만약 플래시가 달리다가 멈춰버리면 운동에너지는 0이 되고 다시 빨리 달리려면 또 1억 5,000만 개의 치즈버거를 먹어야만 한다. 1980년대 중반에 나온 《플래시》 중에 플래시가 빨리 달리기 위해서는 끊임없이 먹어야 한다는 설명이 짧게나마 나온 적이 있다. 사실 황금시대부터 은시대를 거쳐 현재에 이르기까지 만화에서는 에너지 보존을 편의상 무시해왔다. 오늘날 플래시의 운동에너지는 속도력Speed Force이라는 환상적인 방법을 사용해 얻는 속도에 기인한다. 어쩌겠는가. 플래시는 단지 만화 속 주인공일 뿐이다.

치즈버거와 수소폭탄

자, 다음 질문이다. 그럼 왜 치즈버거 같은 음식이 플래시에게 에너지를 제공하는 것일까? 어떤 물체가 운동에너지를 가지고 있는지를 알려면 움직이는가를 보면 되고 위치에너지는 어느 높이에 있는가를 보면 된다. 사실 여러 형태의 에너지가 있으므로 일단은 그것이 운동에너지나 위치에너지

● 우리가 취하는 칼로리의 절반 정도는 대사에 쓰인다.

의 어느 범주에 속하는가를 봐야 한다.

플래시가 음식을 섭취해서 얻는 에너지는 음식에 들어 있는 원자들의 운동에너지가 아니라 음식물의 화학 결합으로 생기는 위치에너지에서 나온다(뜨거운 음식이나 차가운 음식은 칼로리면에선 차이가 없다). 거듭 말하지만에너지는 생성되지도, 소멸되지도 않고 단지 형태만 전환된다. 그러므로누군가 치즈버거의 어느 곳에 위치에너지가 저장되어 있는지 알고 싶다면회로(?)를 역추적해보면 된다.

우선, 음식에 저장된 위치에너지를 이해하려면 약간의 기본적 화학 지식을 동원해야 한다. 두 원자가 서로 가까워져 화학 결합을 하면 새로운 단위인 분자를 만든다. 분자는 단지 산소 원자 두 개가 결합된 산소 분자인 만큼 작을 수도 있고 우리 몸의 세포 내에 존재하는 DNA처럼 길고 복잡할 수도 있다.

몇 개의 원자가 모여서 분자를 형성하는가와 같은 질문은 모두 화학에뿌리를 두고 있다. 모든 원자에는 양(+)으로 대전된 핵이 있으며, 그 주위

많이 먹어.
그래야 잘 뛸 수 있대.

를 전자 무리가 둘러싸고 있다. 원소의 화학 성질은 그것이 가진 전자의 개수, 그리고 양으로 대전된 원자핵에 대한 끌림 현상과 더불어 상호 반발력mutual repulsion이 어떻게 조화를 이루느냐에 따라 결정된다.

한 원자가 다른 원자를 아주 가까이 끌어당기면 두 원자에 있는 전자들의 위치는 겹치게 되고, 그들의 성질에 따라 두 원자 사이에는 인력引力과 반발력이 공존하게 된다. 알짜 힘이 인력引力이라면 전자들은 화학 결합을 형성하고 원자는 분자를 형성한다. 만일 알짜 힘이 반발력(혹은 척력斥力)이라면 두 원자는 서로 화학 반응을 하지 않는다.

그 힘이 무엇인지를 결정하려면 복잡한 양자 역학 계산을 해야 한다. 힘이 인력이고, 뭔가가 두 원자를 서로 가까이 가지 못하게 물리적으로 제지한다면, 두 원자 사이에 위치에너지가 생긴다. 그리고 방해물을 없애면 두 원자는 바로 분자를 형성한다.

이런 방식이라면 마치 지면에 있는 벽돌의 위치에너지가 위에 있을 때보다 낮은 것처럼, 화학적으로 결합된 두 원자는 더 낮은 에너지 상태에 있다. 벽돌을 높이 h까지 들어올리려면 일을 해야 한다. 마치 분자를 구성하는 원자들을 서로 떼어내려면 에너지를 공급해야만 하는 것처럼 말이다.

자, 우리는 이제 '플래시는 왜 음식을 먹을까'라는 질문에 답을 해야 한다. 이 질문은 '음식은 어떻게 플래시의 운동에너지를 보충해주는가'라는 질문과도 연관된다. 플래시가 달릴 때 세포의 수준에서 본다면 그는 근육의 수축과 이완을 위해 에너지를 소모한다. 이런 세포 에너지는 플래시가 매일 먹는 아침식사에서 나온다.

그럼 음식의 어느 부분에서 에너지가 발생하는 것일까? 음식에 들어 있는 식물에서 나오는데, 식물에서 직접 소비되거나 중간 처리 과정(동물의 고기)을 거치기도 한다. 이렇게 음식 속에 저장된 에너지는 단순히 분자 수준의 위치에너지다. 식물은 블록처럼 작은 분자들로 구성되어 있다. 그리고 이 분자들은 탑처럼 층을 이루며 복합 당질Complex sugar을 만든다. 이렇게 한번 만들어진 복합 당질은 매우 안정적이다. 블록들을 키가 큰 탑에 올리고 재배열하는 과정은 맨 아래의 블록을 제외한 나머지 블록의 위치에너지를 증가시켜준다.

마찬가지로, 식물이 일을 해서 최종적으로 간단한 분자에서 설탕이라는 분자를 합성하면 위치에너지가 커진다. 위치에너지는 우리 몸 세포 속의 미토콘드리아˙가 설탕에서 에너지를 얻으려고 ATP˙˙를 만들 때까지 설탕 속에 간직되어 있으면서 저장된 에너지를 방출한다. 마치 높은 탑 위의 벽돌이 위치에너지를 가지고 탑이 무너지면 위치에너지를 운동에너지로 전환하는 것과 비슷하다. 비록 플래시는 탑을 세우는 데 들인 식물 세포의 일보다는 매우 작은 에너지를 얻지만, 플래시 다리 근육의 ATP에서 방출되는 에너지의 양은 설탕 탑을 우르르 무너뜨리는 데 드는 에너지보다는 크다.

그럼 식물세포는 이런 에너지를 어디서 얻을까? 광합성 과정을 통해 얻는다. 광합성 과정을 살펴보면 태양에너지는 식물세포에 의해 흡수되어 복합 설탕을 구성하는 데 소비된다. 빛은 태양으로부터 오는데 그 태양 광선은 중력에 의한 압력을 통해서 수소 핵들이 뭉쳐져 헬륨핵을 형성하는 과정인 핵융합 과정의 부산물로 생산된다. 결국 음식에 든 모든 화학적 에너

˙ 진핵 세포 속에 들어 있는 둥근 알갱이 모양의 기관. ADP와 무기 인산으로부터 ATP를 합성하고, DNA와 RNA를 함유하고 있어 세포질 유전에 관여한다.

˙˙ Adenosine triphosphate. 모든 생물의 세포 내에 존재하며 에너지 대사에 아주 중요한 역할을 담당한다. 생물체는 ATP를 이용해 활동한다.

지는 핵융합 과정에 의해 생성된 태양 광선을 변형시킨 것이다. 핵융합은 수소폭탄의 원리가 된다. 지구의 모든 에너지는 이런 식으로 태양에너지에 근원을 둔다. 플래시의 ATP 분자에서부터 그의 옷 속에 간직한 반지에 이르기까지, 지구의 모든 원자는 태양의 용광로에서부터 생성되었다.

최종적으로 별의 중심에서 일어나는 핵융합 시 헬륨(양성자 두 개, 중성자 두 개)의 질량이 두 중수소 핵(양성자 한 개, 중성자 한 개)을 합친 질량보다 약간 작기 때문에 모든 생명체가 살 수 있다. 내가 말한 '약간 작다'의 의미는 헬륨핵의 질량이 중수소 핵 두 개를 합친 질량의 99.3퍼센트라는 것이다. 이 작은 질량 차이는 곧 $E=mc^2$을 통해서 질량 변화에 빛 속도의 제곱이 곱해지므로 엄청나게 강한 에너지를 만들어낸다.

헬륨핵의 질량이 반응물들 질량의 99.3퍼센트가 되기 때문에 우주가 지금과 같은 모습으로 존재하는 것이다. 만일 헬륨 질량이 0.1퍼센트 많았다면 중수소 핵은 형성되지 않았을 것이고 헬륨의 융합은 진행되지 않았을 것이다. 이 경우, 별은 원소를 합성하기엔 너무나 미약한 빛을 발하게 되고 무거운 원소들을 만들어 격렬한 초신성 폭발도 없었을 것이다.

또한 질량이 0.1퍼센트만 작았더라도 핵융합으로 방출되는 에너지 양이 너무 많았을 것이다. 그렇다면 양성자들은 우주 초기에 결합을 해서 헬륨핵을 형성하고, 별이 만들어질 때쯤 더 이상의 핵에너지는 남아 있지 않았을 것이다.

심호흡 운동

플래시가 달리려면 복합 분자들의 집단인 음식에 저장된 에너지가 필요하다. 이 에너지는 마치 탑의 벽돌에 저장된 위치에너지와 같아서, 식물은 그것을 비축하는 일을 해야 한다는 것을 이미 설명했다. 우리는 이렇게 식물에 저장된 에너지를 음식을 통해 취하면서 분자의 탑을 무너뜨려 운동에너지로 전환한다. 그럼 이 탑을 쓰러뜨리는 열쇠는 무엇일까? 탑은 어떻게 언제 세포에서 에너지 방출이 필요한지를 알까?

체세포 내에 있는 미토콘드리아가 에너지를 방출하는 일은 사실 심오한 생화학 분야에 속하지만, 본질적으로 속도 제한 단계rate-limiting step는 산소가 들어오고 이산화탄소가 나가는 화학 반응을 포함한다. 산소의 흡입 없이는 세포 내에 저장된 에너지는 풀리지 않고 그렇게 되면 음식을 먹는 의미가 없어진다.

플래시가 빨리 달리면 달릴수록, 그만큼 더 많은 운동에너지를 나타내고, 세포 속의 위치에너지를 더 많이 발산해야 할 뿐만 아니라, 그만큼 더 많은 산소를 흡입해야 한다. 우리는 이미 플래시가 운동에너지를 내려면 평소에 가공할 만한 양의 음식을 먹어야 함을 알고 있다. 그럼 그의 산소 흡수율은 어떨까? 플래시가 달리려면 지구에 있는 산소를 모두 사용해야 하는 걸까?

먼저 이 질문에 답하기 앞서 플래시가 1,600m를 달릴 때 얼마만큼의 산소를 소비하는가를 알아야 한다. 한 사람이 달릴 때 필요한 산소의 부피는 그 사람의 질량에 따라 다르며 6분에 1,600m를 뛰는 우수한 육상 선수라면 매분 질량 1kg당 70cm^{3}의 산소를 소비한다. 만약 플래시의 질량을 70kg으로 잡는다면, 그는 1.6km 뛸 때마다 약 30l 의 산소를 소비하는 셈이다.

그럼 이런 산소 소비율이 빨리 달릴 때도 그대로 적용된다고 가정해보자. 산소 30l 는 1자(10^{24})개의 산소 분자를 포함하고 매초 1만 6,000m를 달린다면 플래시는 매초 1자 개의 산소를 소비하게 된다. 그런데 이 수치가 굉장히 큰 것처럼 보여도 사실 우리 주위를 둘러싼 대기에는 더 많은 산소가 있다.

플래시가 매초 1자 개의 분자를 소비한다고 해도, 그가 매초 1만 6,000m의 속도로 달리면서 일정한 비율로 호흡한다면, 적어도 5,000억년이 지나야 산소를 고갈시킬 수 있다. 플래시가 빨리 달릴수록 공기를 더욱 빠른 속도로 소비하지만 실제 광속으로 달린다고 해도 2,700만 년 동안 달리면서 이 비율로 호흡해야 산소를 고갈시킬 수 있다.

그래서 지구는 안전하다. 물론 이것은 플래시가 달리면서 완전 호흡을 한다는 가정하에서 나온 계산이다. 이 말은 플래시가 시속 수천km로 달리면서 호흡을 할 수 있겠냐는 의문을 들게 한다. 그는 운 좋게도 달릴 때마다 공기통을 들고 다닌다. 《플래시》 제167호에서 멈춰 있는(플래시의 입장에서) 공기 영역을 그의 아우라Aura로 묘사한다. 공기역학적으로 '미끄럼 없는 구역no - slip zone' 이라고 부른다. 골프공 표면에 파여 있는 여러 개의 조그만 홈도 같은 현상을 만든다.

여기서 간단한 물리실험을 해보자. 화장실 세면대의 수도꼭지를 아주 살짝 틀어 세면대에 물을 받는다. 그럼 수도꼭지에서 물이 아주 부드럽게, 마치 광택이 나는 원기둥처럼 나오는 것을 볼 수 있다. 그런데 그 모양이 수도꼭지 부근에서는 두껍고, 밑으로 갈수록 가늘어지는 것은 표면장력* 때문이다. 세면대에 물 튀는 소리를 무시한다면, 물은 전혀 움직임이 없는 딱딱한 구조물처럼 보인다. 이런 형태의 물 흐름, 즉 물 분자들이 아주 부드럽게 같은 방향으로 움직이는 것을 '층류laminar flow'라고 부른다.

이제 반대로 수도꼭지를 완전히 열어 보자. 그러면 물은 거품을 내고 소용돌이 치면서 나올 것이다. 방향도 제각각 다르고, 나오는 속도도 빠르다. 이런 형태의 물 흐름을 '와류turbulent(또는 난류)'라고 부른다. 가장 효율이 높게 수도관을 통해 물을 흘려보내려면 와류보다는 층류를

:: 물줄기가 수도꼭지 부근에서는 두껍고 내려갈수록 가늘어지는 현상은 표면장력 때문이다.

형성해야 한다. 층류는 모든 물 분자를 관의 방향을 따라서 움직이게 하지만 와류는 소용돌이가 일면서 흐름과 반대 방향으로 움직이는 물 분자들이 있기 때문이다.

층류가 모든 분자를 같은 방향으로 향하게 할지는 몰라도 모두 같은 속력을 가지게 하지는 못한다. 수도관의 가장자리에 있는 분자들은 수도관과 충돌하면서 그들의 운동에너지를 수도관에 빼앗기고 서서히 멈춘다. 수도관 벽 바로 옆의 얇은 물층은 움직이지 않는다. 이 움직이지 않는 층 바로 옆의 물은 운동에너지의 일부를 잃게 된다. 수도관의 원자들과는 달리 미끄럼 없는 구역의 물 분자들은 움직이기 때문이다.

수도관의 중심을 흐르는 물 분자들은 좀 더 빠르게 움직인다. 그래서 일

———● 액체의 표면이 스스로 수축하여 가능한 한 작은 면적을 취하려는 힘.

정한 층류라도 연속된 동심의 고리가 생기고, 각각의 고리는 인접한 고리보다 더 빠르게 움직인다. 와류는 수도관 내에서 이리저리 혼돈 운동을 하지만 층류는 모든 고리에서 일정하게 움직인다.

멈춰 있는 물에 수도관을 밀어 넣는 것은 위 상황과 거울 같은 대칭성을 보여준다. 관의 벽에 인접한 물은 수도관을 따라 끌려가고, 이 고리 바로 옆의 물은 조금 더 느리게 움직인다. 하지만 물이 수도관 속으로 움직이든 수도관이 물을 관통해 움직이든 두 경우 모두 수도관 벽과 바로 인접한 층의 물은 수도관에 대해 정지해 있다. 흐름이 층류를 형성하는 한 움직이는 물체 바로 옆에는 얇은 공기층이 존재하기 때문이다.

수도꼭지의 예에서 보듯 이런 미끄럼 없는 층류는 느린 유체 운동에서 더 확실하게 나타난다. 너무 빠른 속도에서는 동심 고리의 에너지 전달이 불안정해져서 와류가 형성된다. 일정한 속도로 움직이는 물체는 와류가 형성되면 층류일 때보다 더 많은 에너지를 소모한다.

골프공의 홈은 공이 빠른 속도로 움직일 때 뒷부분에서 일어나는 와류의 단면적을 줄여준다. 공에 있는 홈은 공의 마찰을 줄여 홈이 없는 공보다 더 작은 와류를 만들므로 에너지 손실을 줄여준다. 이것은 1800년대 중반에 우연히 발견되었는데, 그때는 골프공이 구타페르카gutta-percha[•] 합성고무로 만든 부드럽고 단단한 구형이었다. 골퍼들은 패이고 긁힌 자국이 많은 공이 새 공일 때보다 같은 스윙에서 더 멀리 나간다는 사실을 경험적으로 알았다. 유체역학 이론에 대한 이해와 실험적인 연구가 가장 이상적인 골프

● 말레이반도·수마트라·보르네오 등지에 야생하는 팔라퀴움속(Palaquium) 및 파예나속(Payena) 식물의 수액 속에 들어 있는 탄화수소.

공을 만들어냈다.

골프공의 이론은 플래시에게도 적용된다. 플래시가 달릴 때 그와 바로 인접한 부분의 공기층은 그의 몸에 대해 상대적으로 정지해 있다. 그래서 그는 항상 주변에 움직이지 않는 공기주머니를 가지고 다니는 셈이 된다. 그 층이 불과 몇 cm밖에 되지 않는다 해도, 그곳엔 거의 1자 개의 산소 분자가 존재한다. 이 공기 저장고는 플래시를 단 몇 초라도 더 뛰게 하려고 끊임없이 공기층 밖에 있는 신선한 공기로 교체한다.

플래시를 둘러싼 미끄럼 없는 구역은 그가 달리는 동안 호흡을 가능하게 해줄 뿐만 아니라, 공기 저항에 의한 예상치 못한 결과들로부터 자유롭게 만든다. 예를 들어 엄청난 속도로 지구 대기권에 들어온 운석은 활활 타서 유성체가 된다. 운석 궤도에 있는 공기를 밀어내는 과정에서 엄청난 마찰력을 일으키기 때문이다.[*] 그렇다면 왜 플래시는 초고속으로 달려도 타지 않을까?

《플래시》 제167호에 답이 나와 있다. 플래시가 초스피드 능력과 함께 얻은 '보호 아우라'는 10차원 요

:: 골프공의 홈은 공이 빠른 속도로 움직일 때 뒷부분에서 일어나는 와류의 단면적을 줄여준다.

● 대기를 통과하는 모든 운석들이 타버리는 것은 아니다. 많은 양의 크립토나이트가 지구에 손상되지 않은 채로 도달한 것을 설명하기 위해 《슈퍼맨》 제130호에서는 슈퍼맨의 행성이 파괴될 때 나온 잔해들은 공기와 마찰해도 타지 않는다고 주장했다.

정인 모피가 준 것이다. 모피는 마법을 사용해 플래시에게 초스피드는 남겨주었지만 아우라는 빼앗아버렸다. 결국 플래시는 여전히 초스피드로 달릴 수 있지만 엄청난 공기 저항 탓에 몸이 타는 것은 피할 수 없게 되었다.

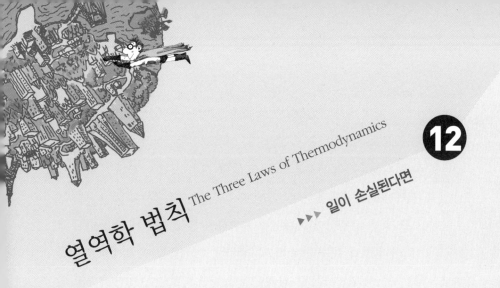

12

열역학 법칙 The Three Laws of Thermodynamics

▶▶▶ 일이 손실된다면

《둠 패트롤》에 나오는 여배우 리타 파는, 핌 입자의 극성을 바꿔 몸집을 크게 만드는 헨리 핌과는 달랐다. 그녀는 아프리카에서 영화를 찍다가 알려지지 않은 화산 분화구에서 나온 미지의 가스에 노출된 이후 5층짜리 건물만큼 커질 수도, 곤충 크기만큼 작아질 수도 있는 일명 '엘라스티 걸Elasti-Girl'이 되었다. 그리고 지금부터 나올 또 다른 슈퍼영웅인 애텀 역시 자신의 몸 크기를 마음대로 조절할 수 있다. 다만 애텀은 원자 수준까지 작아질 수만 있다.

사실 나는 여러 슈퍼영웅 가운데 애텀을 가장 좋아한다. 애텀은 본래 레이 팔머라는 물리학 교수였다. 《쇼케이스》 제34호에서 레이는 돈을 벌 목적으로 물체의 크기를 줄어들게 하는 광선을 만드는 데 헛된 시간을 쓰는 사람으로 나온다. 하지만 그는 연이은 실험을 통해 의자를 줄이는 데 성공한다.

문제는 의자의 크기를 줄이는 데 그치지 않고 폭발시켜버렸다는 것이다. 다른 물체로 실험했을 때도 마찬가지였다. 레이는 "물질을 압축하는 것은 획기적인 발전이다. 인류는 이를 통해 같은 넓이의 땅에서 이전보다 1,000배 이상의 작물을 수확할 수 있게 된다. 그리고 짐을 실어나르는 트럭 한 대는 수송용 기차 100대 분량을 옮길 수 있다"라고 말한다. 물론 이러한 폭발은 물건 저장을 어렵게 만든다.

레이는 물체 축소 광선의 문제점을 해결할 방법을 우연히 찾아낸다. 그는 어느 날 저녁 무렵 차를 몰고 가다가 우연히 백색 왜성이 떨어지는 것을 보았다. 레이는 곧 외계에서 온 물질을 이용하면 폭발을 일으키지 않고 안전하게 물질의 크기를 줄일 수 있을 것이라고 확신한다. 백색 왜성 같은 외계 물질에는 물리학자들이 예전에는 밝혀내지 못했던, 물체의 크기를 줄이는 성분이 포함되어 있는 것이 확실했기 때문이다.

애텀의 탄생 배경과 백색 왜성 문제는 차후에 다시 논의하기로 하고 지금부터는 애텀의 키가 15cm 혹은 전자보다 더 작게 변하는 것이 물리학적으로 성립이 된다고 가정하고 넘어가자. 애텀이 앤트맨이나 엘라스티 걸 같은 초미니 영웅들과 다른 점이 있다면 그는 밀도를 일정하게 유지할 필요가 없다는 것이다. 다시 말해 애텀은 자신의 몸과 몸무게를 독립적으로 조절할 수 있다. 이것이 가능했던 것은 백색 왜성의 엄청난 밀도가 두 가지의 '기적 같은 예외'를 가져다주었기 때문이다.

본래 레이는 180cm의 키에 82kg 정도 나가는 건장한 체격을 지녔다. 그런데 여기서 키를 15cm로 줄여버리면 키가 무려 12배나 감소한다. 그런데 레이의 키만 줄어드는 것이 아니라 그의 등에서 배까지의 두께, 한쪽 어깨에서 다른 쪽 어깨까지의 길이 또한 12배 감소한다. 따라서 레이의 전체 부피는 12×12×12, 즉 1,728배가 줄어든다. 이때 레이의 밀도가 그대로라면 그의 몸무게는 47g이 된다.

이런 몸무게로는 크로노스나 라이트 박사 같은 악당들과 도저히 싸울 수 없다. 물론 그나마 다행인 것이 애텀의 옷에 부착된 벨트 버클로 크기와 무게를 조절할 수 있어(나중에는 장갑에도 같은 기능을 부착한다) 몸은 작게 유지한 채 몸무게만 82kg까지 자유자재로 조절할 수 있다. 다음의 그림(그림 17)에서 보는 것처럼 애텀은 가벼운 몸무게 덕분에 지우개를 점프대로 이용해 악당의 얼굴까지 점프할 수 있다. 그리고 몸무게를 최대로 늘려 악당의 턱을 후려친다. 결과적으로 애텀은 보통 성인 남자의 체격인 레이가 악당의 턱을 친 것과 같은 힘을 사용한 셈이다.

애텀이 악당을 공격하는 또 다른 방법은 악당이 맨 넥타이에 매달린 후

그림 17_ 《애텀》 제4호 표지 그림. 이 미니 영웅은 크기와 무게를 조절할 수 있다. 그는 분홍색 지우개를 도약판으로 이용할 만큼 몸무게를 줄여 악당의 턱 가까이 뛰어오른다. 그리고 갑자기 몸무게를 급격하게 증가시켜 악당에게 공격을 가한다.

그림 18_ 《애텀》 제2호의 한 장면. 몸 크기와 무게를 동시에 줄여 불에 휩싸인 건물에서 발생된 기류를 타고 탈출한다.

몸무게를 최대로 늘리는 것이다. 그럼 악당의 머리는 탁자나 다른 딱딱한 표면에 부딪치게 되고 곧바로 정신을 잃게 된다. 그래서 1960년대 후반의 악당들은 범죄를 저지를 때마다 양복을 집어던지고 대신 아방가르드하고 캐주얼한 복장을 했던 것이다.

애텀은 몸 크기가 줄어든 상태에서도 자신의 몸무게를 자유자재로 바꿀 수 있기 때문에 바람이나 온도 차이로 생기는 공기의 흐름을 타고 날 수 있다. 또한 자신의 몸을 전자 크기로 줄여 전화선을 타고 다른 지역까지 갈 수도 있다.

위 그림(그림 18)에서 애텀은 불이 난 헛간의 꼭대기로 가야 했다. 그래서 3cm 정도로 몸을 줄인 뒤, 몸무게를 깃털보다 가볍게 조절했다. 그러고 나서 지붕으로 올라가는 뜨거운 공기를 타고 이동했다. 그러나 이 경우에 애텀은 제대로 방향을 잡을 수 없을 뿐만 아니라 빨리 지칠 수밖에 없다. 그는 물리학의 한 분야인 통계 역학과 열역학을 몸소 경험한다.

열역학 제1법칙: 절대 이길 수 없다*

뉴턴이 세 가지 운동 법칙을 세운 것처럼 열역학-열의 흐름에 관한 학문-에도 세 가지 법칙이 있다. 열역학 분야는 원자를 제대로 이해하기 전인 19세기 과학자들의 주도로 발전했다. 일과 열, 온도 개념, 물질 상태의 변화, 열역학적 과정의 본질적인 비효율성 같은 문제들을 풀려고 애쓰면서 이런 법칙들을 천천히 정립해나갔다.

그림 18에서는 애텀이 불길로 생겨난 기류를 타고 하늘로 올라간다. 이것이 가능한지를 풀어보면서 열역학 제1법칙을 살펴보자.

19세기 과학자들은 물질이 열소라는 독립적인 유체를 포함한다고 믿었다. 물체를 역학적으로 변형하면 열소를 방출해서 만지면 따뜻해진다고 믿었다.

열소는 서로 반발력이 있어서 따뜻해지면서 팽창을 한다고 생각한 것이다. 지금 생각하면 우스울지 몰라도 물질이 원자로 구성되어 있다는 것을 이해하기 전에는 열소 모델은 이러한 현상들을 설명하는 데 유용했다. 미스터리였던 열의 진짜 성질은, 역학적 일이 어떤 특별한 물질의 분출 없이 직접 열로 바뀔 수 있다는 것을 증명한, 줄과 톰슨에 의해 해결됐다. 열은 시스템이 일(거리로 곱한 힘으로 정의)을 하지 않을 때 에너지의 변화를 표현하는 단어다. 에너지에 변화가 생겼다는 것은 열을 전달했거나 일을 했다는 뜻인데 이것은 열역학 제1법칙의 핵심 내용이다.

우리는 모든 물질이 원자로 구성된다는 사실과 물체가 뜨거울 때는 원자

● 열역학 법칙에 대한 이런 표현은 미국의 SF 소설가인 존 캠벨이 한 말이다.

의 운동에너지가 높고 차가울 때는 낮다는 것을 알고 있다. 따라서 물체의 온도는 물체의 원자가 가진 평균 에너지를 알아내는 데 유용한 도구가 된다. 우리는 원자가 높은 운동에너지를 가진 상태를 온도가 높다고 하고, 낮은 운동에너지를 가진 상태를 온도가 낮다고 말한다.

앞서 다루었던 마찰에서 두 물체를 마찰시키는 것을 원자적 관점에서 보면 거대한 산맥이 서로 긁히며 지나가는 것처럼 보인다고 했다(거시적 관점에서 보면 위에 있는 물체가 끌려가는 것이다). 그 결과 운동에너지가 표면을 구성하는 원자의 진동에너지로 전달된다. 이 운동에너지의 전달을 열이라고 하고 마찰을 일으킨 물체의 온도는 올라간다. 여기서 열소 입자의 존재는 필요하지 않다.

우리가 이미 공부했듯이 에너지는 운동에너지와 위치에너지 형태로 존재한다. 공기 분자의 질량은 아주 작다. 그래서 공기 분자의 위치에너지는 무시해도 될 정도다. 따라서 방 안에 있는 공기 분자의 에너지는 대부분 운동에너지다. 앞으로는 대기의 정확한 화학 조성에 관계된 것이 아니라 그냥 일반적인 공기 분자를 언급할 것이다. 그림 18의 상황에서 뜨거운 공기는 위에 있는 차가운 공기보다 더 큰 운동에너지를 가진다. 물론 이것이 과학적인 표현이 아님을 안다. 단지 두 개를 비교하자면 아래쪽 공기는 다른 것보다 따뜻하고, 위쪽 공기는 다른 것보다 차갑다는 것이다.

애텀이 불타는 헛간 위로 이동하려면 아래에 있는 공기가 그를 따뜻하게 해야 한다. 보통 달리는 차가 멈춰 있는 차, 또는 서행하는 차와 부딪치면 빠르게 달리던 차는 속도가 줄어들고, 멈춰 있거나 서행하던 차는 속도가 빨라지게 된다. 이처럼 애텀의 몸에 있는 것보다 더 큰 에너지를 가진 공기 분자가 그와 부딪치면 공기 분자의 운동에너지가 그의 옷에 있는 원자들을 격렬히 떨게 한다.

에너지는 어떤 경로를 통하든 보존되어야 한다. 공기의 평균 에너지(온도)는 충돌 후 줄어들고 그 에너지가 전달된 애텀의 온도는 올라간다. 이런 원자의 성질은 두 물체가 열 접촉을 할 때 왜 열의 흐름이 온도가 높은 물체에서 낮은 물체로 가고 반대 방향으로는 가지 않는가를 설명해준다. 이와 유사하게 찬 공기에 노출되면 애텀 옷에 있는 원자들은 그들이 접하는 공기 분자보다 더 빨리, 더 격렬하게 진동한다. 그리고 공기 분자와 옷의 원자들이 부딪치게 되면 공기 분자는 그 전보다 더 빨리 움직인다. 에너지는 보존되어야 하기 때문에 애텀의 온도는 낮아지게 된다.

애텀이 공중에 뜰 정도로 가볍고 그를 둘러싼 공기의 온도가 일정하다면 그는 모든 방향에서 같은 힘을 받는다. 이때 그의 몸무게가 얼마든 상관없이 그는 중력 때문에 바닥으로 떨어진다. 하지만 애텀 밑에 있는 뜨거운 공기는 위에 있는 차가운 공기보다 빨리 움직이기 때문에 여기서 생겨난 바람이 애텀을 공중에 뜨게 해준다.

애텀 밑에 있는 뜨거운 공기 분자가 매초 애텀과 충돌해 위로 올라가게 하는 횟수가 애텀 위에 있는 차가운 공기 분자가 아래로 내려가는 횟수보다 더 많기 때문에 애텀이 뜰 수 있는 것이다. 게다가 빠르게 움직이는 분자의 방향을 바꾸는 데 드는 힘은 느리게 움직이는 분자의 방향을 바꾸는 것보다 힘이 더 든다. 그리고 힘은 쌍으로 작용하므로 애텀이 공기 분자들의 방향을 바꾸는 힘을 가하면 분자는 애텀을 밀어낸다. 그렇기 때문에 그를 아래서 위로 올리는 충돌이 위에서 아래로 내리는 충돌보다 더 많이 일어나는 힘의 불균형이 생긴다. 물론 이 힘은 연속적이거나 일정하지 않다. 하지만 열 기울기가 일정 시간 가해진 평균 힘은 뜨거운 지역에서 차가운 지역으로 그를 밀어낸다.

이렇게 애텀은 운동에너지와 위치에너지를 얻는다. 그는 열의 흐름 때문에 약간 뜨거워진다. 다시 말해 그의 몸에 있는 원자의 운동에너지가 증가한다는 뜻이다. 그리고 뜨거운 공기 분자들의 힘을 받아 일이 일어나 애텀을 점점 위로 띄우게 되므로 중력 위치에너지도 증가한다. 열역학 제1 법칙은 '애텀'의 전체 에너지 변화가 열의 흐름과 그에게 주어진 일의 합과 같다는 것이다.

또 다른 예로 자동차 실린더에 있는 피스톤을 뜨거운 기체가 밀어내면 피스톤은 캠cam*과 샤프트shaft**를 지나가고 이로 인해 바퀴가 돌아간다. 뜨거운 기체 에너지가 피스톤을 움직이는 일이라는 형태로 바뀐 것이다. 과학자들과 기술자들이 열이 뜨거운 곳에서 차가운 곳으로 흐르는 과정에서 생산적인 일을 할 수 있다는 것을 발견하면서 산업혁명이 일어났다.

산업혁명 이전에는 도르래와 같이 사람이나 동물, 풍력, 수력 등이 내는 힘을 증폭시키는 도구가 발달했다. 사람이나 동물이 하는 일들은 그들이 먹었던 음식물의 화학적 에너지가 다른 형태로 바뀐 것이다. 음식물에 있는 에너지는 체온을 유지하고, 신진대사에 쓰이는 등 여러 가지 기능을 한다. 결과적으로 우리가 도구를 사용해 하는 일은 음식으로 섭취한 에너지의 작은 부분이다.

이와 반대로 석탄이나 기름을 태워 나오는 위치에너지는 보다 직접적으로 운동에너지를 일로 전환시켜준다. 100퍼센트의 효율이 아닐지라도 석

● 자동차 엔진과 같은 기계에서 회전 운동을 왕복 운동으로 바꿔주는 장치.
●● 회전 운동 또는 직선 왕복 운동에 의한 동력을 전달하는 막대 모양의 기계 부품.

탄이나 기름을 태워서 나오는 에너지가 살아 있는 생물체가 하는 일보다 효율이 훨씬 좋다.

외부로 나가는 일이 없다는 이상적인 가정하에 열역학 제1법칙은 우리가 도구에서 얻을 수 있는 전체 일은 정확히 열의 흐름(운동에너지의 변화)과 일치한다고 정의한다. 에너지 보존 법칙에서 뜨거운 곳에서 차가운 곳으로 이동하는 열의 흐름보다 많은 일을 끌어내는 것은 불가능하다. 소제목의 '절대 이길 수 없다'라는 말은 들어간 양보다 나오는 양이 더 많을 수 없음을 뜻하는 말이다.

그럼 들어간 것보다 많이 나올 수는 없더라도 왜 들어간 것만큼 나오는 것 또한 어려울까? 연료를 한 번만 공급해도 멈추지 않고 영원히 움직이는 완벽한 기계는 만들 수 없을까? 기계를 아무리 잘 설계해도 얻을 수 있는 일의 양에는 한계가 있다.

열역학 제2법칙 : 비길 수도 없다

열역학 제1법칙인 에너지 보존 법칙에는 들어간 열에너지만큼 100퍼센트 일로 바꾸어주는 기계를 만들 수 없다는 내용이 어디에도 보이지 않는다. 사실 제1법칙의 연장선에서 보면 효율 100퍼센트인 기계는 가능하다. 에너지가 어디로 손실되지도 않는다고 했고, 오직 전환만 된다고 했으니 당연히 100퍼센트 효율이어야 한다.

우리가 열이 일로 바뀌는 것의 한계를 이해하려면 새로운 개념을 도입해야 한다. 이 개념은 에너지 개념만큼 중요하고 상호 보완적인 관계에 있다.

이 새로운 개념이 바로 '엔트로피Entropy'*다. 엔트로피 개념은 열의 흐름과 관련이 높다. 애텀이 온도 차이로 생긴 바람을 타고 날아다니거나 그냥 공기를 타고 불규칙하게 움직이는 것과도 관계가 깊다.

우주 궤도를 돌던 JLA**의 인공위성이나 어벤저스가 사용하는 우주선이 폭발하면 주위의 압력이 낮은 쪽으로 공기가 격렬하게 방출된다. 그럼 무엇이 JLA의 인공위성을 밖으로 밀어내는 것일까? 일반적으로 공기가 압력이 높은 곳에서 낮은 곳으로 이동해가는 것을 '자연은 진공을 싫어해서 nature abhors a vacuum'***라는 비유를 들어가며 설명한다.

그런데 JLA 인공위성 내에 공기가 충분히 있어도 뉴턴의 운동 법칙과 모순되는 점은 존재하지 않는다. 가능성이 거의 없지만 인공위성의 출입구가 열려 있는 상태라도 마찬가지다. 공기 분자의 이동은 인공위성에서 급격한 압력의 감소라는 상황에서 일어나는 공기 분자의 운동에너지와 관련된 무작위 운동이다.

당신이 있는 방 옆에 진공 상태의 방이 있다고 가정해보자. 그 방의 문이 다른 방과 연결이 차단되어 있다면 당신은 옆방이 완벽한 진공 상태라는 것을 알 수 없다. 특정한 온도와 압력을 가진 당신 방에 있는 공기 분자들은 서로 충돌하며 와글와글거린다. 이런 상태는 평화롭고 안정된 진공 상태인 방과 당신이 있는 방 사이의 문이 열리면 바뀌게 된다.

'왜 공기 분자가 문이 열리면 진공 상태인 방으로 달려가는가?'라고 묻

● 물질계의 열적 상태를 나타내는 물리량의 하나, 우주 전체 에너지 양은 일정하나, 전체 엔트로피는 증가한다.
●● Justice League of America의 약자. DC 코믹스의 슈퍼영웅 캐릭터들로 구성된 팀.
●●● 아리스토텔레스가 자연에는 진공이 존재할 수 없다는 뜻으로 한 말이다.

는 것보다는 '뭐 어때?'라고 생각하는 것이 더 낫다. 문이 닫혀 있던 상황에서는 문을 향해서 움직이던 공기 분자들은 문에 부딪쳐 튕겨진다. 하지만 문이 열린 상황에서는 문을 향해서 움직이던 공기 분자들은 계속 나아가 진공인 방으로 들어갈 수 있다.

하지만 당신이 있는 방에 있던 공기의 매우 작은 일부분만이 문이 닫혀 있는 상황에서 문을 향해 갔다. 공기 분자 상당수는 방문 쪽으로 움직이지 않았고, 분자들끼리 서로 부딪치며 다른 방향으로 움직인다. 받아들이기 힘들겠지만 처음에 문을 향해 운동하던 공기 분자들을 제외하면 남은 모든 공기 분자는 서로 부딪치는 것을 계속하고 진공인 방으로 향하는 분자들은 거의 없다. 이렇게 말하면 문이 닫혀 있을 때 임의로 부딪치는 공기 분자들은 문 근처로 가는 것을 피한다고 생각할 수 있다. 그리고 문 바로 옆에 앉아 있으면 공기 분자가 질식한다고 생각할 수 있다.

하지만 그런 걱정은 하지 않아도 된다. 우리를 향해 오는 공기 분자의 수는 매시간마다 일정하기 때문이다. 어떤 공기 분자도 방 한구석에 가만히 있지 않는다. 마치 잘 섞인 52장의 카드 중 어떤 카드가 제일 위에 올지 모르는 것처럼 말이다.

공기 분자는 자유 의지가 없다. 그리고 문이 열려 있든 닫혀 있든 분자들끼리 부딪치며 문 쪽으로 향하는 운동을 하는 것은 변하지 않는다. 한 번 공기 분자가 진공인 방으로 가면 처음에는 서로 부딪칠 공기 분자가 없다. 원래 있던 방에서 진공인 방으로 이동하는 방법은 진공이었던 방에서 원래 있던 방으로 갈 수 있는 가짓수보다 훨씬 많다.

엔트로피라는 용어는 주어진 시스템에서 스스로 정렬될 수 있는 방법의 가짓수를 표현하는 데 쓰인다. 카드를 새로 사면 카드들은 순서대로 정렬되어 있다. 이 상황을 엔트로피가 낮다고 말할 수 있다. 반면, 카드가 막 섞여 있을 때 엔트로피는 최대로 높아진다. 잘 섞인 카드 패에서 네 장의 에이스가 순서대로 정렬되어 있는 것은 어려운 일이다. 이보다 훨씬 어려운 것이 특정 공기 분자 하나가 어디에 있는지 아는 것이다.

모든 공기 분자가 무작위적인 충돌을 한 후 원래 있지 않던 진공 상태인 방으로 몰리는 것은 물리 법칙에는 어긋나지 않지만 현실적으로는 불가능한 일이다. 이것은 카드를 무작위로 섞었을 때 마치 새로 산 카드처럼 순서대로 정렬되는 것보다 훨씬 더 어려운 일이다. 한쪽 방으로 공기 분자가 모두 모이는 상식 밖의 일이 벌어지는 것을 보려면 우리는 우주의 나이보다 더 오랫동안 기다려야 할 것이다.

자연계는 엔트로피가 최대가 되는 쪽으로 향한다고 물리학자들은 말한다. 엔트로피가 최대로 되는 현상은 우리 주변에서 흔하게 볼 수 있다. 양말 수십 켤레를 건조기에 넣고 그것이 돌아가는 동안 옆에서 지켜보자. 건조가 끝나고 양말 한 켤레를 꺼냈을 때 짝이 맞는 양말일 수도 있다.

그런데 이것은 정말 놀라운 일이다. 이런 일이 일어날 경우의 수는 적고, 대부분은 짝이 다른 양말을 꺼내게 된다. 건조기는 모든 양말을 무작위로 섞어버린다. 엔트로피 현상은 이렇게 건조기가 양말을 무작위로 섞을 때의 상황과 비슷하다.

처음에 방문이 열려 공기 분자들이 진공 상태인 방으로 움직이면 공기 분자의 엔트로피가 증가한다. 기본적으로 엔트로피의 증가는 만약 어떤 일이 일어날 수 있다면 그것이 일어날 것임을 말하는 것과 같다. 방 안에 있는 공기 분자가 전체적으로 비슷한 운동에너지를 지닌 채 균일하게 퍼진다면 그렇게 될 수 있는 가짓수는 모든 공기 분자가 방 한구석에 몰려 있거나, 한 개의 공기 분자가 방 안에 있는 운동에너지를 독차지하고 다른 공기 분자들은 운동에너지를 전혀 가지지 못한 경우의 수보다 많다.

보통 우리가 관찰하는 것은 그렇게 일어난다. 돌연변이인 스칼릿은 처음에는 《엑스맨》에서 매그니토가 이끄는 사악한 돌연변이 집단의 일원으로 나왔지만, 나중에는 《어벤저스》에서 영웅이 되어 다시 등장한다. 그녀는 마법을 부릴 수 있다. 스칼릿이 물체에 어떤 동작을 취하면 이상한 일이 벌어진다. 확률을 바꿀 수 있는 능력을 가진 그녀는 일어날 것 같지 않은 사건을 실제로 일어나게 만든다. 앞에서 말한 것처럼 우리는 그녀의 이런 재능을 시스템의 엔트로피를 바꿀 수 있는 힘으로 받아들일 수 있다. 엔트로피를 바꾸는 능력은 모든 공기 분자가 방의 한쪽 구석에 몰리는 것 같은 희귀한 일을 우리의 기대보다 훨씬 더 빨리 일어나게 할 수 있다.

자동차 실린더 안의 압축 가스나 보일러 안의 증기가 유용한 일을 하려면 제한된 공간에서 더 넓은 공간으로 팽창해야 한다. 진공인 방과 독립되어 있는 방에 있는 공기 분자들을 생각해보라. 다른 사람의 조작 없이 공기 분자가 스스로 방문을 연다고 생각하면 될 것이다. 두 방 사이의 문을 잠그지 않았다면 많은 공기 분자가 문의 한쪽 면을 칠 것이다. 다른 힘들이 존재하지 않는다면 문에 작용하는 힘 때문에 문이 열린다. 이것은 JLA에 있는 분자들이 그들의 인공위성에 구멍이 생길 때 일어나는 힘의 불균형과 같다. 인공위성에 구멍이 생기면 힘의 불균형이 빠르게 일어난다. 공기 분자 간의 충돌은 1나노초보다 더 짧은 시간에 일어난다.

공기 분자가 진공 상태인 방으로 이동하면 무질서해질 확률이 높아진다. 즉 엔트로피가 증가하는 것이다. 진공 상태인 방에 있는 공기 분자 전부를 원래 있던 방으로 옮겨서 맨 처음 상태로 만들지 않는 이상 공기 분자들이 문을 밀어서 여는 일은 발생하지 않는다. 내가 이렇게 공기 분자들을 옮겨 나르는 노력을 했다면 내가 처음 상태로 만들기 위해 많은 에너지를 소모한 것이 된다.

자동차 엔진 내에서 가솔린과 산소를 섞어 불을 붙이면 화학 반응을 거치면서 열을 내뿜는다. 그리고 반응하게 되면 기체들은 폭발하기 전보다 더 빠르게 움직인다. 정상적인 방향으로 빠르게 움직이는 분자들만이 엔진에 있는 피스톤을 움직이게 하고, 이로 인해 타이어를 회전시킨다. 피스톤에서 나온 분자들이 소모되는데, 이 분자들이야 말로 화학 반응을 통해 얻어지는 쓸모 있는 것들이다. 이 과정에서 공급한 에너지 양보다 얻어낼 수 있는 에너지는 적다. 그뿐만 아니라 엔트로피 증가의 원리는 언제나 시스템을 만들 때 쓴 것보다 더 적은 양을 얻어낼 수밖에 없다는 사실도 말해준다. 이것이 바로 열역학 제2법칙의 핵심이다. 어떤 과정으로도 100퍼센트 효율을 얻어낼 수 없다. 아무리 성능 좋은 모터와 엔진이라도 33퍼센트 이상의 효율을 내지 못한다. 열역학 제2법칙은 엄격한 주인에 비유할 수 있다. 하지만 그 주인의 손길을 벗어날 길이 없어 보인다.

애텀의 특수한 능력으로 열역학 제2법칙을 깰 수 있을까? 온도는 공기 분자의 평균 에너지를 나타낸다. 그리고 공기 분자는 특정 온도에 있다. 여기서 '평균'이라는 단어는 참 중요한 역할을 한다. 방 안에 있는 공기 분자 하나 하나가 모두 같은 운동에너지를 가진 것은 아니라는 말이다.

어떤 분자는 평균보다 빠르게 움직이고 어떤 분자는 느리게 움직인다. 뜨거운 커피에서 나오는 김을 보면 모든 분자가 똑같은 에너지를 가진 것이 아님을 알 수 있다. 커피에 있는 물 분자 중에서 액체 상태를 벗어날 수 있을 만큼 에너지가 넘치는 것들은 구름을 형성하여 커피 위를 맴돈다. 커피가 뜨거우면 뜨거울수록, 커피 위를 떠도는 분자도 많아진다. 높은 단계의 운동에너지 분포에서 액체 상태를 붕괴시킬 수 있는 물 분자가 발생하기 때문이다. 커피를 식힐 때 그냥 '후' 하고 부는 것만으로는 별 효과를 거두지 못한다. 입김의 온도가 37도이기 때문이다. 그보다 더 좋은 방법은 김을 분산시키는 것이다. 에너지를 많이 가진 분자인 김을 밀어내서 커피로 다시 들어가지 못하게 하면 된다. 에너지를 많이 가진 김(수증기) 속의 분자가 제거되면 커피의 평균 에너지, 즉, 온도는 낮아진다. 이런 물리적 과정을 '증발 냉각'이라고 한다. 이 원리는 냉장고에도 그대로 적용되어진다. 바람이 부는 날에 몸의 온도를 낮추는 가장 효율적인 방법이 땀을 많이 흘리는 것인데, 바람이 그 땀을 제거해주기 때문이다.

애텀에게서 열역학 제2법칙을 초월할 수 있는 아이디어를 구할 수 있다면 증발 냉각의 개념을 변환하는 것에서 찾아야 한다. 우선 애텀이 공기 분자만큼이나 작다고 생각하고 출발해보자. 그는 조그만 상자(경첩이 달린 문이 있는)를 가지고 있다. 이 예는 열역학 제2법칙을 시험하고자 제임스 맥스웰James Maxwell, 1831~1879[•]이 제안한 맥스웰의 도깨비 Maxwell's Demon[••] 라는 실험과 비슷하다고 보면 된다.

애텀이 있는 방의 공기 분자들은 모두 특정 온도로 설정되어 있다. 이 말은 기계를 작동시킬만한 열 흐름을 만들어내지 못한다는 의미다. 하지만 애텀은 온도가 측정의 기준이라는 점을 이용하여 운동에너지를 기반으로

[•] 영국의 물리학자. 전자기학의 기본 방정식인 맥스웰 방정식을 도출하고 이로부터 전자기파의 존재를 예측했다.

[••] 1871년 영국의 물리학자 맥스웰이 열역학 제2법칙에 '오류'가 생길 수 있음을 증명하기 위해 만들어낸 가상의 존재. 맥스웰은 모든 분자를 이들의 속도에 따라 분리해내는 일을 하는 존재를 가정했는데 후에 톰슨이 이를 '맥스웰의 도깨비'라 명명했다.

하여 공기 분자를 정렬한다. 그에게 접근하는 공기 분자들은 평균보다 빠른데, 그는 상자의 문을 열어 그 분자들을 안으로 유인한다. 이 상자는 단열이 잘되어 있어서 상자 안에 있는 분자들의 운동에너지는 보존된다. 평균보다 느리게 움직이는 분자들은 무시해버린다. 짧은 시간 안에 그는 초기 평균 에너지 수치보다 더 많은 운동에너지를 가진 공기 분자들을 가득 모으게 된다. 게다가 빠르게 움직이는 분자가 없어지면서 남아 있는 공기 분자의 평균 에너지는 낮아졌다. 마치 커피의 김을 불어서 없애는 효과가 나타난 것이다. 애텀은 이제 평균보다 뜨거운 분자를 확보한 상태에서 이 분자들을 차가운 분자와 접촉하게 함으로써 뜨거운 분자와 차가운 분자 간에 열 흐름이 발생하도록 하여 엔진을 가동시킬 수 있는 힘이 생기도록 한다. 따라서 초기에 공기 분자들이 단 하나의 온도로 맞춰져 있는 경우엔 이처럼 유용하게 사용할 수 있는 것이다.

만약 우리가 애텀을 걱정하지 않는다면 그는 방금 말한 행동을 할 수도 있다. 그는 상자를 열고 닫으면서 에너지별로 공기 분자를 분류하는 데 에너지를 사용한다. 이 에너지는 공기 분자들이 상자에 들어오고 나가는 전체 에너지의 균형을 맞추는 데에 쓰인다. 그 에너지를 무시한다는 것은 휘발유의 시세에는 아랑곳하지 않고 하루 100원어치의 기름으로 자동차를 운행할 수 있다고 말하는 것과 다를 바 없다. 애텀이 공기 분자를 정렬하는 데 사용한 열과 일을 정밀하게 분석하면 공기 분자를 모음으로써 애텀 자신이 나머지 공기에 에너지를 보급해줘서, 그로 말미암아 평균 운동에너지가 늘어나지만, 종국에는 순수 운동량의 차이가 나지 않는다는 것을 알게 된다. 만약 우리가 커피를 불어서 마실 때 주위의 공기 온도가 똑같이 뜨겁다면 커피는 식지 않는다. 커피에 입김을 불어도 방 안에서 뜨거운 다른 분자를 제공한다면 커피는 결코 식지 않을 것이다.

우리의 행동과 상관없이 열역학 제2법칙을 초월할 방법은 존재하지 않는다. 불행히도 그 대안조차 가능하지 않다.

열역학 제3법칙: 게임을 포기할 수도 없다

엔트로피로 인해 그 어떤 과정에서 일어나는 유용한 일이 제약을 받는다면, 엔트로피가 존재하지 않는 시스템을 만들어 그 한계를 극복할 수는 없는 것인가? 현실적으로 아무리 어려워도 모든 원자들이 정확하고도 일정하

게 정리되어 있어, 분자 하나의 위치를 분명히 할 수 있을 정도의 시스템을 구상할 수는 있는 법이다. 두 시스템을 정렬하여 엔진에 엔트로피가 발생하지 않도록 열 흐름을 창출할 수는 없는 것인가? 그렇게만 할 수 있다면 열역학 제2법칙은 신경 쓸 필요가 없을 것이다.

이런 현상이 일어날 수 없는 이유는 물질의 엔트로피와 그것의 내부 에너지(열전달을 가능하게 해줌)가 서로 영향을 주지 않고는 변화가 일어날 수 없을 정도로 연결되어 있기 때문이다. 방 안 공기 분자의 엔트로피는 공기 분자의 움직임의 척도이다. 공기의 운동에너지가 낮다면 결국에는 액체로 변하게 된다. 액체의 엔트로피는 증기 상태에서의 엔트로피보다 낮은데, 그것은 특정 분자의 위치에 대한 불확실성이 적기 때문이다. 기체 상태인 분자는 방 안 곳곳으로 퍼져나가는 데 비해 액체 상태인 분자는 방바닥에 놓인 그릇 안에만 있다. 그러나 액체 상태에 있는 분자라 하더라도 위치와 속도에 대한 무질서한 변이가 존재한다. 액체 상태에서 온도가 더 낮아지면 분자의 평균 에너지가 서로 끌어당기는 힘을 이길 수 없게 되고, 결국에는 고체 상태가 되며 얼어버린다. 분자 간의 화학적 결합은 방향성을 가지는 것을 선호한다. 그래서 자연 상태에서 고체 물질은 일정한 모양으로 정렬해 특정한 결정 구조를 가진다. 매우 온도가 낮을 때, 모든 원자는 이상적인 결정을 만들 것이고, 우리는 원자가 어디에 있는지 잘 알 수 있게 될 것이다.

고체 결정의 엔트로피는, 원자의 위치에 대한 흔들림을 제외하면, 0이 될 수 있다. 고체는 어느 정도의 온도일지는 몰라도 여전히 온도는 가지고 있을 것이고, 고체의 원자는 앞뒤로 진동한다. 고체에 있는 모든 원자들의 진동이 멈추게 될 때 확실하게 불확실성이 없어지고, 엔트로피는 0이 될 수 있다. 여기서 오직 온도가 0이 되었을 때만 엔트로피가 0이 된다는 것이 열역학 제3법칙이다. 절대 영(0)도는 운동에너지를 가진 원자가 하나도 없다는 말이다. 우리가 쓰는 온도계가 무엇이든 간에 이곳에선 평균 운동에너지가 0이라는 것을 표현하기 때문에 이런 관점에서 고체가 절대 영도가 된다는 것이다. 그러나 실제로 이렇게 추운 곳은 없다는 것에 주목해야 한다. 심지어 진공인 곳에도 우주선cosmic rays •과 우주 배경 복사cosmic background radiation •• 같은 것이 있고, 이것들은 에너지를 가진다. 사실 우주 빅뱅 때 방출된 라디오파가 우주의 온도를 절대 온도 0도보다 높은 절대 온도 3도로 만든다.

그래서 어떤 공간이라도 온도가 있고, 따라서 엔트로피도 있다. 열역학 제2 법칙을 극복하는 유일한 방법은 엔트로피가 0인 시스템을 사용하는 것이다. 하지만 우리는 이것이 절대 영도에서만 가능하다. 만약 절대 영도에 있다면, 어떻게 엔진을 움직일 열을 흐르게 할 수 있을것인가? 세 가지 열역학 법칙들은 우리가 효율성 100퍼센트의 기계를 만들지 못하도록 방해한다.

엔트로피에 관한 우리의 설명은 구성 원자의 진동에 치우쳐 있는데, 이는 대부분의 과학자들이 물질이 원자로 구성되어 있다고 확신하기 훨씬 전에 제2법칙이 형성되었다는 사실과는 모순되는 것이다. 몇몇 과학자는 19세기 중반부터 물질이 원자로 이루어졌다는 이론을 진지하게 받아들이기 시작했다. 물론 그 이론을 믿지 않는 과학자들도 많았다.

이 이론을 믿지 않았던 과학자들은 물질이 원자로 이루어졌다는 생각은 액체와 기체의 특성을 보다 간단히 계산할 수 있다는 점에서 유용한 이론

• 우주에서 지구로 쏟아지는 높은 에너지와 미립자와 방사선 등을 총칭한다.
•• 우주 공간의 배경을 이루며 모든 방향에서 같은 강도로 들어오는 전파.

이라 할 수 있지만 눈으로 볼 수 없는 작은 물질에 물리적 현실을 부여하는 것은 의미 없다고 생각했다. 당시의 많은 물리학자들, 특히 에른스트 마흐 Ernst Mach, 1838~1916 (공기 중에서 소리의 속도를 마하Mach라고 한다)도 이런 견해에 동조했다.

그렇지만 원자 가설을 기초로 한 혁신적인 생각들이 맞아떨어졌기 때문에 원자 가설이 결국은 승리한다. 양자 혁명을 일으킨 막스 플랑크Max Planck, 1858~1947가 이런 말을 한 적이 있다. "새로운 과학적 진리가 승리하는 것은 그것에 반대하는 적들을 설득해서가 아니라 적은 결국 죽고, 이 진리를 받아들이는 새로운 세대가 자라나기 때문이다."

오래된 학설에 개의치 않고, 젊은 과학자들이 원자 이론을 받아들인 중요한 이유는 원자와 분자의 무작위적 충돌로 나타나는 작은 물체의 진동을 설명하게 되면서였다. 이 현상은 새로운 실험장치인 현미경을 사용해 물에 떠 있는 꽃가루의 움직임을 관찰한 식물학자인 로버트 브라운Robert Brown, 1773~1858을 기념해 나중에 '브라운 운동'이라는 이름이 붙여졌다. 이 브라운 운동은 1828년에 알려졌다. 하지만 이것의 이론적 설명은 1905년 베른 특허국의 직원이었던 한 젊은이의 박사 학위 논문을 통해서 이루어졌다. 이 젊은이가 바로 아인슈타인이었다. 아인슈타인은 꽃가루와 그것이 떠 있는 물 분자와의 충돌, 주변 환경의 온도 변화 등을 연결해 꽃가루 운동에 대한 정량적인 계산을 해냈다.

아인슈타인을 통해 얻은 연구 결과의 근접한 일치는 물리학자들이 원자 가설을 정말 옳다고 여기게 했다. 브라운 운동 이론은 같은 논문에 실린 상

● 오스트리아의 과학자·철학자. '질량상수'를 제안하고, 《에너지 보존 법칙의 역사와 기원》을 써 물리학의 기초적 분석과 체계화에 이바지함.

대성 이론보다는 혁신적이지 않았지만, 브라운 운동에 대한 통계적인 설명
이 아인슈타인 업적의 전부였다 하더라도 그는 유명한 물리학자가 되었을
것이다.

전도와 대류 Conduction and Convection **13**

▶▶▶ **돌연변이 기상학**

애텀이 자신의 몸을 꽃가루 수준으로 줄이면 1000분의 1mm쯤 된다. 머리카락 지름보다도 작은 것이다. 그는 브라운이 관찰했던 진동을 체험하게 될 것이다. 여기서는 무엇보다 크기가 중요하다. 애텀이 정상 크기였을 때는 자신의 몸에 분자나 원자들이 부딪히는 것은 무시할 수 있었다.

애텀이 그보다 더 작아져 공기 분자와 충돌만 하지 않는다면 다행이다. 어쩌면 한순간 애텀은 밑에서 치고 올라오는 공기 분자들에 부딪혀 갑자기 위로 떠밀릴지도 모른다. 이렇게 위로 떠밀리더라도 일정 범위 내에서 멈추고 그 다음 순간 아래로 떨어질 수도 있다. 결과적으로 애텀이 이리저리 진동하지 않더라도 반드시 멀미약은 먹어야 할 것 같다.

혹시 브라운 운동을 직접 체험하고 싶다면 굳이 애텀처럼 작아질 필요는 없다. 우리 귀에 있는 고막에서는 공기 분자들이 무작위로 충돌한다. 우리는 이런 충돌을 평소에는 잘 감지하지 못하지만 가청 범위에는 속해 있다. 방음 장치가 된 방에서 30분 정도 앉아 있어보라. 그럼 청력이 훨씬 좋아진다. 이것은 어두운 방에 있다가 밝은 곳에 나오면 눈이 민감하게 반응하는 것과 같은 이치다.

이런 상태에서 원자들의 움직임이 고막을 때리는 것을 느낄 때까지 집중해보라. 본질적으로는 방 안의 온도라 할 수 있는 공기의 엔트로피에서 나오는 그 소리를 조용한 방에서는 들을 수 있다. 꼭 슈퍼맨이 아니어도 말이다.

은시대의 마블 코믹스의 편집자이자 수석 작가였던 스탠 리는 슈퍼영웅들의 초능력의 근원을 방사능과 연결시키는 것을 좋아했다. 피터가 우연히 방사능에 노출된 거미에 물려 스파이더맨이 될 수 있었던 것처럼 말이다.

《판타스틱 4》에서는 가까이는 태양, 더 나아가 다른 은하계로부터 우주 광선을 집중적으로 받게 된다. 브루스 배너는 감마선gamma ray [•]에 노출된 뒤 헐크로 변해버렸다. 맷 머독은 트럭에서 떨어진 방사능 동위 원소를 눈에 맞고 시력을 잃고 만다. 하지만 레이더 센스를 갖게 되고, 그로 인해 데어데블(마블 코믹스의 1964년도 작품)이 되어 범죄 조직과 맞서게 된다. 스탠은 이런 상투적인 설정에 곧 싫증을 느꼈다. 그래서 그는 동료인 잭과 함께 슈퍼 능력을 갖춘 새로운 팀을 만들어내기로 결심했다. 그 결과물이 바로 엑스맨이다.

엑스맨은 태어날 때부터 초능력을 지닌 돌연변이들로 구성되었다. 《엑스맨》 제1호에 등장하는 오리지널 멤버 중 한 사람인 바비 드레이크는 보통 아이스맨으로 불린다. 그는 자신뿐만 아니라 주위 온도를 섭씨 0도 이하로 낮출 수 있는 능력이 있다. 그래서 뜻하지 않는 위험에 처했을 때에는 얼음

● 방사성 물질에서 나오는 방사선의 한 종류. 파장이 극히 짧고 물질 투과성이 강한 전자기파로 금속의 내부 결함을 탐지하거나 암을 치료하는 데 쓰인다.

으로 방어막을 친다.

《엑스맨》 제47호를 보면 바비는 얼음을 발사하는 대신 공기 속에 포함되어 있는 수증기를 응결시켜 주위 온도를 낮춘다. 이렇게 바비가 주위에서 뺏은 열은 반드시 다른 곳에서의 열로 보충해야 한다. 그리고 열역학 제2법칙에 의해 보충된 열은 빼앗긴 열보다 더 많아야 한다. 예를 들어 냉장고는 폐쇄된 공간의 열을 제거하여 다른 곳에 저장해두어야 한다. 게다가 냉장고의 냉매refrigerants를 압축시키는 모터 역시 에너지를 필요로 한다.

이렇게 냉장고에 사용되는 전기에너지 중 일부는 효율적인 일로 변환되지 못하고 낭비되는 열로 쓰이게 된다. 이 낭비되는 열은 보통 냉장고 뒤쪽으로 빠져나간다. 만약 냉장고만으로 부엌을 따뜻하게 하고 싶다면 냉장고 문을 활짝 열어놓으면 된다. 그럼 냉장고는 자신이 제거할 수 있는 이상의 열을 부엌에 방출할 것이다. 부엌의 더운 온도에 대항해 더 많은 열을 내놓는다. 아쉽게도 아이스맨이 주위 온도를 낮출 때 발생시킨 열을 어디에 뒀는가는 여전히 미스터리다.

아이스맨이 방어막을 칠 때 그의 몸을 덮는 것은 투명한 얼음이 아니라 보송보송한 눈이다. 물이 얼음이 되느냐 눈이 되느냐는 물 분자가 얼어 고체 상태로 될 때 그 정렬 상태에 따라 결정된다. 눈송이는 구름 속에 있는 물 분자가 모여 형성된 것이다. 물 분자는 수증기 상태에서 응결될 때 에너지를 내놓고 주위 공기의 온도를 상승시킨다. 밀도는 낮아지고 온도가 올라간 공기는 뜨거운 공기 풍선처럼 구름을 뜨게 만든다.

물 분자들이 너무 많이 모이게 되면 구름 속 미세입자들과 함께 작은 물방울을 형성한다. 구름의 온도가 섭씨 0도 이상이 되면 물방울의 위치에너지가 운동에너지로 바뀌어 비가 되어 내린다. 진눈깨비는 이 물방울들이 얼어붙은 것이다. 눈송이를 만드는 작업은 이것보다 좀 더 복잡하다. 눈송이는 수증기가 미세 입자 주위에서 천천히 얼면서 생성되는 것이다. 물 분자들은 화학적인 특성상 육각형 격자 모양을 형성한다.

금속 원자들은 식료품 가게에 놓여 있는 오렌지나 전쟁에 쓰이는 포탄처럼 차곡차곡 쌓여 고체를 이룬다. 이렇게 빼곡히 들어찬 구조는 금속 원자들을 한데 묶는 화학

:: 눈 결정 | 눈송이를 현미경으로 살펴보면 다양한 모양의 결정을 확인할 수 있는데 이는 눈송이가 생성되면서 물 분자가 브라운 운동을 하기 때문이다.

적인 힘에 의해 결정된다. 물 분자는 V자 모양의 기하학적 모양인데, 이것은 산소 원자 한 개를 중심으로 수소 원자 두 개가 붙어 있는 형태다. 이것은 마치 토끼 얼굴에 귀 두 개가 쫑긋 서 있는 모양과 비슷하다. 이런 형태는 물 분자가 모이는 모양을 결정하는데 이 때문에 육각형이 되는 것이다.

그렇다면 눈송이에 있는 레이스 같은 모양은 어떻게 설명할 수 있을까? 구름 속에서 눈송이가 만들어질 때 구름은 상대적으로 습도가 낮다. 물 분자가 눈송이를 키우려면 넓게 퍼져야 하는데, 이때 특정 방향으로만 자라진 않는다. 대신 이 방향에서 저 방향으로 심한 요동을 치는 브라운 운동을 한다. 사실 이런 랜덤워크random walk 유형은 마치 본래 목적지에서 전혀 상

● 1회에 일정한 직선 거리 a만큼 움직이는 사람이 있다. 이 사람이 n회 걸음을 옮긴 뒤 출발점에서의 거리 r과 r+dr 사이에 있을 확률을 구하는 문제이다. 어떤 변수가 무작위로 변할 때 랜덤워크한다고 말한다.

관없는 방향으로 발걸음을 옮기는 것과 같으므로 어쩔 수 없이 속도가 매우 느려질 수밖에 없다.

우리가 뜨거운 물체를 손에 쥘 때 느끼는 열은 공기 분자가 고온의 영역에서 무작위로 확산되면서 전달한 것이다. 이렇게 한 곳에서 다른 곳으로 에너지를 전달하는 방식을 '전도傳導'라고 하는데 매우 비효율적이다. 그런데 이런 전도 현상을 직접 느껴보는 것은 쉽지 않은 일이다. 관찰 대상인 물체가 벌겋게 달아오르지 않는 한 우리는 에너지 이동 현상을 확인하기 위해 물체 가까이 손을 대봐야 하기 때문이다.

아인슈타인은 브라운 운동을 다룬 논문에서 시간에 따라 원자들이 얼마나 요동치는가를 방정식을 사용해 풀었다. 물 분자가 눈송이를 1cm 확산시키는 데 걸리는 시간은 1mm를 확산시키는 시간의 100배가 걸린다. 따라서 눈송이의 바깥 지역일수록 물 분자가 눈송이에 도달하기 위해 랜덤워크를 해야 하는 거리가 줄어들기 때문에 이 지역에서 물 분자가 더 빨리 쌓이게 된다.

물 분자들이 주로 육각형의 여섯 개 꼭짓점에 모이기 때문에 이곳에서 먼저 확산이 일어난다. 그리고 확산 속도는 다른 영역들보다 훨씬 빠르다. 나뭇가지에서 또 다른 나뭇가지가 자라는 것처럼, 물 분자 속에 포함된 에너지는 눈송이가 어느 정도 녹은 뒤 다시 얼면서 눈송이를 더 크게 만드는 역할을 담당한다(구름의 습도, 온도와 밀접한 연관이 있다). 처음 물 분자와 미세 입자가 어떻게 결합하는가에 따라 눈송이의 결정 모양이 정해지므로, 서로 비슷한 모양은 있어도 똑같은 모양은 나올 수 없다. 이렇게 브라운 운동에 기초해 만들어진 불규칙한 요동으로 생성된 눈송이는 무척이나 아름다운 대칭성을 가진다.

그림 19_ 이것은 《스파이더맨》 제92호의 한 장면. 스파이더맨과 아이스맨이 싸우고 있다(서로 같은 편이라는 것을 알게 될 때까지 두 영웅은 계속 싸운다). 스파이더맨이 아이스맨이 만든 얼음 구조물을 본 적이 없는 것은 당연하다. 이 장면에서 아이스맨은 얼음 구조물의 무게 중심에서 많이 벗어나 있어서 불안정해 보인다.

아이스맨이 내세우는 초능력은 손으로 얼음 광선을 쏠 수 있다는 것이다. 그는 얼음 광선으로 사람이나 물체를 얼릴 수 있고 그의 발밑에 거대한 얼음산을 만들 수도 있다. 아이스맨은 매그니토와 블롭 같은 악당들과 싸우면서 얼음 미끄럼틀이나 얼음산을 만들어 그것을 타고 이동한다. 이론에 의하면 아이스맨은 거대한 얼음산을 만들고 그 안에 미끄럼틀을 놓으면 얼마든지 목적지로 빠르게 미끄러져 갈 수 있다.

사실 이러한 이동 방법은 누군가 주위 온도를 조정해주고, 공기 속에 얼음을 만들 만큼의 수증기만 충분하다면 물리 법칙에 위배되지 않는다. 하지만 얼음 미끄럼틀이 어디까지 뻗어 있는지와는 상관없이 아이스맨이 그것을 타고 미끄러져 내려갔다는 것은 문제가 된다. 아이스맨은 얼음 미끄럼틀의 무게 중심에서 많이 벗어나 있기 때문이다. 그렇게 되면 골치 아픈 일이 벌어진다.

질량의 중심은 중력의 중심을 의미하기도 하며, 어느 물체가 모든 질량이-얼마나 분포되어 있고 얼마나 균형 잡혀 있는가와는 상관없이- 한 점에 쏠리는 것처럼 움직이는 위치를 말한다. 우리가 밑줄을 그을 때 사용하는 자는 보통 무게 중심이 한가운데에 있다. 자의 한가운데 부분을 손가락 위에 올려놓으면 균형이 맞아 떨어지진 않는다. 하지만 한가운데가 아닌 양 끝 부분 중 한 곳을 손가락 위에 올려놓으면 자는 금방 떨어져버린다. 질량의 중심은 물체의 질량 분포에 따라 달라진다. 야구방망이 같은 한쪽은 두껍고 무거우며 다른 쪽은 얇고 가벼운 물체의 무게 중심은 얇은 부분보다는 두꺼운 부분에 더 가까이 있다.

그럼 아이스맨의 얼음 미끄럼틀이 어떻게 깨지지 않고 뻗어나갈 수 있는 것일까? 자, 지금 탁자 위에 책 한 권을 올려놓았다. 이 책의 무게는 바닥을 향하고 무게는 탁자를 받치는 힘과 균형을 이룬다. 이 책의 질량의 중심은 한가운데에 있고 탁자 위에 올려져 있는 한 책은 안정적이다. 하지만 이 책을 탁자 끝에 약간만 걸쳐 놓으면 미끄러져 떨어진다. 탁자 끝에 걸쳐놓은 책은 토크, 즉 회전력이 발생하는 것이다.

이와 같이 아이스맨의 미끄럼틀은 앞으로 뻗어나갈수록 무게 중심으로부터 계속 멀어진다. 때문에 그가 얼음의 끄트머리를 따라 미끄러질 때 생기는 토크에 의해 발생하는 응력stress이 얼음 미끄럼틀이 버틸 수 있는 응력보다 커져 얼음 미끄럼틀이 부서지게 된다. 물리학의 역학 법칙에 어긋나지 않으려면 아이스맨은 얼음 미끄럼틀 아래 부분을 얼음 기둥으로 계속 보강해나가야 한다. 그래야만 무게 중심에서 멀리 떨어져도 얼음이 부서지는 것을 피할 수 있다.

때로는 그림 20에 나온 것처럼 아이스맨이 세운 구조물의 믿기 힘든 역학적 안정성을 어쩔 수 없이 인정해야 할 때도 있다. 어느 정도 물리학에 관심이 있는 독자라면 아이스맨이 만든 사다리가 한 쪽 부분으로만 세워져 있는데 이것이 어떻게 무너지지 않고 멀쩡히 서 있는지 궁금할 것이다. 이것은 물리학자의 호기심을 능가하기 때문에 가능하다. 그것은 바로 만화가의 상상력이다.

1960년대 처음 등장한 《엑스맨》 만화는 그다지 성공을 거두지 못했다.

그림 20_ 《엑스맨》 제47호의 한 장면. 바비는 독자들에게 자신의 힘에 대해 직접적으로 말한다. 그는 자기가 하는 행동이 물리학적으로 성립되지 않음을 살짝 암시해준다.

1970년에는 발행을 중단하기까지 했다. 그러나 5년 뒤 마블 코믹스는 《엑스맨》을 부활하기로 결정한다. 새롭게 선보인 《엑스맨》은 상업적으로 큰 성공을 거둔다. 더욱이 울버린, 스톰, 콜로서스, 나이트크롤러 같은 새로운 엑스맨이 등장하면서 많은 팬을 거느리게 되었다. 그렇다고 모두가 좋아한 것은 아니었다. 오리지널 《엑스맨》을 만들었던 스탠 리는 새롭게 등장한 스톰이 날씨를 조종하는 것에 대해 다음과 같은 불평을 늘어놓았다.

"나는 콜로서스가 자기 피부를 유기성 철로 바꾼다거나 나이트크롤러의 순간이동 능력 같은 것은 그다지 문제가 없다고 생각한다. 하지만 스톰이 자기 마음대로 날씨를 변화시키는 것은 도저히 받아들일 수 없다."

그런데 사실 스탠 본인은 스톰의 초능력을 뭐라고 비판할 입장이 아니었다. 그가 예전에 만들어낸 슈퍼영웅 중 한 명이 스톰과 비슷한 능력이 있었기 때문이다. 그 영웅은 바로 오리지널 《엑스맨》에 등장하는 아이스맨이었다. 아이스맨은 온도 구배thermal gradients를 조절하고 생성할 수 있는 능력으로 날씨 변화를 일으켰다.

날씨는 햇빛의 에너지를 흡수하는 대기의 영향을 받는다. 원칙적으로 너무 단순하여 정확한 예측이 불가능하다. 계절 등에 따른 날씨 변화라 하면 우리는 보통 바람이나 비, 눈 등을 떠올린다. 이렇게 날씨를 나타내는 모든 것은 공간마다 다른 온도, 그리고 대기에 흡수되는 태양에너지의 변화에 영향을 받는다.

대기 온도의 공간적 변화는 주어진 부피 안에 존재하는 공기 분자의 수인 대기 밀도의 변화와 연관이 있다. 높은 밀도의 공기와 낮은 밀도의 공기가 서로 만나면 두 공간의 밀도가 같아질 때까지 밀도가 높은 쪽에서 낮은 쪽으로 공기의 흐름이 발생한다. 이러한 공기 흐름은 앞서 다루었던 엔트로피를 생각하면 쉽게 이해할 수 있다.

만약 한 지역의 공기 밀도를 다른 지역보다 낮게 유지한다면 바람과 같은 공기 흐름을 지속시킬 수 있다. 이렇게 바람이 불면 구름이 움직이기 시작하는데 이것은 공간의 태양광 흡수에 변화를 준다. 태양광을 흡수하는 것은 공기의 흐름을 바꾸고 구름의 이동 궤도에 영향을 주는데 전 지구적인 규모로 봤을 때는 지구의 자전이 공기의 흐름을 결정한다.

날씨를 정확하게 예측하는 것은 시간과 공간의 함수로 공기의 온도와 속도를 알 수 있다는 것과 같다. 공기 흐름을 좌우하는 온도의 변화는 새로운 공기 흐름을 만들어내는 태양광을 흡수하는 일에 따라 달라진다. 그런데 이런 것들은 선형함수Linear function[*][*]로 나타내지 못한다. 그러므로 아주 적은 불확실성일지라도 그것이 결과에 어떠한 영향을 미칠지는 아무도 예측하지 못한다.

선형계linear system에서는 투입에서 작은 변화가 이루어지면 결과에서도 작은 변화가 이루어진다. 하지만 날씨와 같은 비선형계nonlinear system에서는 초기 값의 작은 오차도 결과에 커다란 차이를 일으킨다. 대표적인 예가 나비효과butterfly effect[*][*][*]인데, 클리블랜드에서 나비가 날갯짓 한 번하면 몇 주 후에 칠레에서 폭풍이 몰아칠 수 있다는 것이다. 기상예보관들은 가까운 기간 안에 날씨가 어떨지 예측할 수 있다. 하지만 그 이상이 되면 아무리 뛰어난 관측 장비를 갖춘다 할지라도 본질적으로 예측이 불가능하다.

스톰은 자신의 의지로 대기 온도를 조종할 수 있는데 이것은 그녀가 공간과 시간적으로 대기 온도 변화에 영향을 미칠 수 있기 때문이다. 다음의 그림(그림 21)에서 스톰 아래에 있는 공기 온도차는 스톰을 날아갈 수 있게 바람을 일으킨다. 스톰은 초능력을 발휘해 공기 아랫부분은 뜨겁게, 윗부분은 차갑게 만들 수 있다. 공기의 온도는 공기의 평균 운동에너지를 측정하는 지표다. 그래서 온도가 매우 낮은 공기는 잘 움직이지 않는다. 이

● 두 지점 사이의 온도 차이를 두 지점 간의 거리로 나눈 값. 1cm 떨어진 지점 간의 온도 차이가 $5°c$라면 온도 구배는 $5°c/cm$가 된다. 온도 구배가 클수록 열이 많이 흐른다.

●● $y=ax+b$(a, b는 상수)와 같이 x의 함수 y가 x의 일차식으로 표시되는 함수.

●●● 혼돈계에서는 나비의 날갯짓과 같은 작은 변화가 시간이 흐를수록 증폭이 되어 나중에 폭풍우와 같은 엄청난 결과를 가져온다는 카오스 이론.

러한 공기의 에너지는 거의 위치에너지와 같다.

차가운 공기가 아래로 떨어지면 뜨거운 공기 분자는 빈 공간을 채우고자 빠르게 상승한다. 이 공기 분자들이 빠른 속도로 휙휙 지나다니며 다른 입자들과 충돌하는데, 이렇게 공기 분자들이 빈 공간으로 확산되어가는 방법은 매우 다양하다. 뜨거운 공기 분자의 평균 운동에너지는 매우 크다. 그래서 중력 위치에너지는 전체 에너지에 비하면 일부분에 불과하다.

뜨거운 공기가 찬 공간에 가까이 있고, 차가운 공기가 그 아래쪽에 있게 되면 보다 낮은 곳에 있는 차가운 공기 분자들은 뜨거운 지면과 부딪쳐 에너지를 얻는다. 그리고 뜨거운 공기는 찬 공간과 부딪치면서 에너지를 잃게 된다. 그럼 뜨거운 공기가 지면 가까이 있게 되고 차가운 공기가 그 위에 있게 되는 상황이 반복된다.

다시 한 번, 스톰은 날씨를 조종해 그녀 주위에 어마어마한 바람을 일으킨다.

그림 21_ 《엑스맨》 제145호의 한 장면. 스톰은 상승 온난 기류를 타고 공중으로 날아오른다.

이 과정을 대류對流라고 한다. 그리고 이런 열적 대류 순환은 방 안의 공기가 뜨거운 곳에서 차가운 곳으로 갈 수 있는 효율적인 방법이다. 사실 이런 점 때문에 이중창이 단열재로 많이 쓰이는데 방 안 유리창과 바깥 유리창이 따로 분리되어 있기 때문이다. 바깥 유리창은 방 안과의 대류가 일어나는 것을 막아주는 역할을 한다. 물론 방 안 유리와 충돌해 에너지가 전달될 수 있고 이것은 차가운 바깥 유리창에 저장된다. 하지만 여기서 전도傳導는 대류보다 훨씬 느리게 일어난다.

공기가 수증기를 포함하는 양은 평균 운동에너지(주변 온도)와 공기 분자의 압력에 따라 다를 수 있다. 찬 공기는 밀도가 높아서 물 분자가 차지할 수 있는 공간이 작다. 만약 스톰이 주위 온도를 조종할 수 있다면, 그녀는 자유자재로 기압계의 기압과 습도를 변화시킬 것이다. 그렇다면 스톰이 조절할 수 없는, 예를 들어 지면에 있는 전하 같은 예상치 못한 변수가 생기더라도 비나 눈보라, 번개 등을 만들 수 있다.

사람들은 스탠이 자기의 체온을 0도 밑으로 떨어뜨릴 수 있을 뿐만 아니라 주변 온도도 낮출 수 아이스맨에 대해 불만을 갖지 않았다면, 자기의 체온이 아닌 주변의 온도만 변경시킬 수 있는 스톰은 탄생되지 않았을 것이라고 말한다.

자, 그럼 지금부터는 유전적 돌연변이와 열역학 사이의 관계를 살펴보도록 하자. 스탠은 초능력을 지닌 돌연변이들을, 완전히 새로운 종으로 이름하여 호모 슈페리어Homo Superior라고 불렀다. 호모 사피엔스Homo Sapiens인 우리와는 전혀 다른 종인 것이다. 새로운 종이 형성되는 종 분화의 과정은 찰스 다윈Charles Darwin, 1809~1882[*]이 처음으로 밝혔고, 1850년대 알프레드 월리스Alfred Wallace, 1823~1913[**]가 그 뒤를 이었다.

다윈은 진화의 한 과정인 종 분화가 매우 느리게 진행된다는 입장을 고수했다. 그것은 아주 점진적인 과정으로, 지금과 같은 종의 다양성은 적어도 수억만 년이 지나야 이루어진다고 생각했다. 문제는 물리학의 도움으로 지구의 나이를 예측할 수 있는데, 지구의 나이가 2천만 년에 불과하다는 것이었다.

19세기 초 과학자들 중 한 명인 윌리엄 톰슨William Thomson, 1824~1907 은 열전도율 계산으로 다윈의 가설에 대항했다. 열전도율은 모든 물질의 기본적인 특징이며, 주어진 온도 차이에 따라서 열을 전달하는 속도를 반영한다. 금속은 매우 높은 열전도율을 보이는 물체다. 우리는 두 물체의 온도 차이를 이용해 아주 효율적으로 열을 보낼 수 있다.

톰슨은 아주 오래전 지구가 형성되고 있을 당시의 온도가 섭씨 4,000도에 가까웠고 아직 덜 고체화된 물렁물렁한 바윗덩어리였다고 가정했다. 그리고 지구의 열전도율을 대입해 지구가 현재 온도로 낮아지기까지 얼마나 시간이 걸렸는지 계산해냈다. 그 결과 지구의 나이는 다윈의 주장에서 가장 치명적인 부분으로 여겨졌던 진화하는 데 걸리는 필요 시간보다 최소 열 배는 적은 것으로 나왔다. 윌리엄 톰슨의 열역학 주장은 절대 온도를 켈빈(윌리엄 톰슨의 별칭) 온도로 부른다는 점에서 인정받은 학설이다. 그의

- 영국의 생물학자. 생물의 진화를 주장하고, 자연선택에 의해 새로운 종이 기원한다는 자연선택설을 발표했다.
- ●● 영국의 박물학자. 다윈과는 독립적으로 자연선택을 통한 종(種)의 기원론을 발전시킨 것으로 유명하며 '적자생존'이라는 용어를 만들었다.
- ●●● 현대 물리학의 기반을 다진 영국의 물리학자이다. 열역학 제2법칙과 절대온도 눈금, 열의 운동학 이론 등을 발전시켰고 전기와 자기현상을 수학적으로 분석했다. 물리학 업적을 인정받아 1866년 기사 작위를 받고 1892년 귀족의 반열에 올랐다.

계산법에는 전혀 하자가 없었다.

다윈은 톰슨의 증명에 아무런 반박도 못했지만 여전히 진화론의 타당성을 계속 주장했다. 톰슨의 반론에도 불구하고 진화론은 정말 많은 생물학적 현상을 설명할 수 있었기 때문이다. 1882년 다윈이 죽고 몇 년이 지나 방사능이 발견되었다. 그리고 지구 내부에 또 다른 열 방출원이 있다는 사실을 밝혀냈다. 이것으로 톰슨이 지구의 나이를 계산할 때 고려하지 않은 요소가 있었다는 것을 알았다.

톰슨은 열원의 존재를 모르고 있었다. 하지만 결과적으로 지구 내부의 열 탓에 지구가 현재 온도까지 낮추는 데 걸리는 시간은 늘어나게 되었다. 1905년 톰슨은 다시 계산을 했는데 지구의 나이가 최소 수억 년은 되리라는 결과를 얻었다. 지금은 방사능 붕괴에 의한 에너지까지도 다 고려해 계산하는데, 현재 알려진 지구의 나이는 45억 년이다. 진화가 일어나기에 충분한 시간이다. 안타깝게도 다윈은 톰슨의 이런 실수를 모른 채 생을 마감했지만 그의 진화론에 대한 믿음은 지켜질 수 있었다.

오늘날에도 진화론으로 정확히 설명되지 않는 몇몇 특수한 생물학적 현상을 빌미로 진화론을 공격하는 사람들이 있다. 그렇다고 해서 이 이론을 무효화할 순 없다. 중력으로 상호 작용하는 물체가 세 개 있다고 하자. 이 물체들의 운동을 기술하는 것은 해석학적인 계산을 쓰지 않는 이상 너무도 복잡하다. 그러나 그렇다고 해서 뉴턴의 중력 법칙이 틀렸다고 말할 수는 없다. 현재 우리가 아는 사실과 아직 우리가 밝혀내지 못한 수수께끼 사이에는 항상 그만큼의 간격이 존재하기 때문이다. 물론 얼마든지 그 간격을 좁힐 수 있다. 그러기 위해서는 모르는 것을, 혹은 지금 아는 것이라도 늘 비판적으로 보는 시각과 과학적인 증거를 찾아내려는 탐구 정신이 필요하

다. 과학적 방법이라면서 과학적인 면이 결핍된 것이라면 사용하지 않는
것이 정직한 자세이다.

상전이 Phase Transitions

14

▶▶▶ 뭐든지 녹일 수 있는 총을 가진 악당

슈퍼영웅이 모두 다 초능력을 가진 것은 아니다. 배트맨이나 와일드캣 같은 슈퍼영웅은 그저 힘 좋은 주먹질과 명석한 두뇌, 끊임없는 용기만으로 악당과 싸워나간다. 물론 배트맨은 좀 남다르다. 그는 고도로 단련된 육체뿐만 아니라 자신의 재력으로 극악한 범죄자들에 대항할 특수 무기를 만들어낸다. 이 무기들은 주로 배트맨의 기능성 벨트에 장착된다.

아이언맨은 《긴장되는 이야기Tales of Suspense》 제39호에 처음 등장했다. 천재 전기공학자이자 무기 제조업자였던 토니 스타크는 빨간색과 금색이 어우러진 갑옷을 입고 초인적인 힘을 발휘한다. 그에게는 부츠에 달린 제트엔진으로 하늘을 날아다니는 등의 능력이 있다.

나는 여기서 아이언맨을 궁지로 몰아넣는 슈퍼 악당들 중 한 명을 다루고자 한다. 유산탄°에 맞아 심장에 상처를 입은 아이언맨을 처음으로 공포

———• 많은 수의 작은 탄알을 큰 탄알 속에 넣어 만든 포탄.

에 떨게 한 악당 말이다. 만약 우리가 슈퍼 파워를 내는 철제 갑옷을 입고 있는데 누군가 갑옷을 프라이팬에 올려놓은 버터처럼 순식간에 녹여버릴 광선총을 쏜다면 정말 끔찍한 악몽이 아닐 수 없다. 불행하게도 브루노 호간, 일명 '멜터Melter'라 불리는 이 악당은 무엇이든 녹일 수 있는 용융 총 melting gun을 갖고 있었다. 1963년 용융 총을 가진 멜터가 처음 등장했을 때 이 총은 말 그대로 만화책에서나 볼 수 있는 무기였다. 하지만 지금은 상황이 다르다. 현재의 과학 기술로도 충분히 이런 무기를 만들 수 있다. 좋은 예가 바로 전자레인지다.

그럼 '고체는 왜 아주 뜨거울 때만 녹는가?'라는 질문에 답하기에 앞서 '왜 원자가 결합해 고체를 만드는가?'라는 질문에 답을 해보자. 이 질문에 대한 답은 결국 에너지와 엔트로피에서 찾을 수 있다. 어떠한 특정 조건하에서 두 원자가 아주 가까워지면 전자 궤도가 겹치면서 전체 에너지도 낮아진다. 그리고 두 원자 사이에 화학 결합이 일어난다. 이렇게 낮은 에너지는 주목할 만한 것이 못 된다. 두 원자가 아주 빠른 속도로 가까워지면 원자들 각자의 운동에너지는 화학 결합으로 낮아지는 전체 에너지보다 훨씬 커진다. 그러면 그들은 어떠한 화학 결합도 하지 못하고 그저 서로를 튕겨내게 된다.

견인차의 견인대에 차를 고정할 때 차를 시속 100km로 이동시켜 고정하는 것보다 느리게 움직여 고정하는 것이 쉬운 이치와 같다. 본래 느리게 움직이는 원자끼리 겹쳐질 때는 에너지가 낮아질 기회가 더 많아지므로 서로 연결된 상태로 있게 되는 것이다.

두 원자 사이에 적용되는 사실은 예를 들어서 200개 혹은 2조 개 이상의 원자들에게도 그대로 적용된다. 기체의 온도가 낮아지면 각 원자들의 평균 운동에너지는 감소한다. 그리고 원자끼리 합쳐져 새로운 상相의 물질, 즉 액체를 만들 수 있는 기회도 늘어난다. 이때 열에너지를 가하면 다시 반대의 과정이 일어나 액체는 끓어오르고 기체로 되돌아간다.

액체의 온도를 더 낮추면 원자들은 서로 미끄러질 수 없는 점에 도달한다. 그래서 그들은 딱딱하게 굳어진 고체 격자에 갇힌다. 만약 원자들의 집단을 누르면 그것들은 서로 더 가까워지고 상전이phase transition•가 일어나는 온도는 바뀌게 된다.

상전이가 일어나는 정확한 온도와 압력을 결정하는 것은 원자가 전자구름을 겹치면서 어떻게 연결되는지에 따라 달라진다. 녹거나 끓는 것과 같은 상전이가 일어나는 온도를 결정하려면 우리는 단순히 고체나 액체를 유지하는 화학 결합을 끊는 데 필요한 에너지를 계산하는 것 이상의 작업을 해야 한다. 뿐만 아니라 원자의 임의성에서 기인하는 큰 변화도 고려해야 하는데, 이것이 바로 엔트로피다. 모든 것들이 균일한 조건에서는 산뜻하게 정렬되기보다는 헝클어지려는 성향이 있기 때문이다. 모든 액체 내 원자는 에너지 감소와 엔트로피 증가 탓에 같은 온도에서 녹는 재미있는 집단 현상을 일으킨다. 그런데 냄비에다 물을 끓여보면 기체 방울은 약간의 열 불균형이 일어나는 냄비 바닥에서부터 올라온다. 이러한 현상이 일어나는 냄비 바닥 지점은 인접한 다른 부분보다 더 뜨겁다. 그러므로 이곳에서 액체와 기체의 상전이가 가장 먼저 일어난다. 냄비 바닥에 있는 증기는 부력이 있는 방울을 만들어 이것을 표면으로 떠오르게 한다. 만약 극단적으로 균일하고 깨끗한 그릇을 고르게 열을 가할 수 있는 열원 위에 놓고 가열

───── • 온도가 낮아지면 수증기가 물로, 물이 얼음으로 변화하는 것처럼 물질의 상태가 변하는 현상.

한다면, 그릇 바닥의 모든 점에서 동시에 상전이가 일어나기 때문에 그릇 안의 물은 거품을 내지 않고 일정하게 온도가 높아진다.

어떤 고체를 녹이려면 에너지가 필요하다. 만약 천천히 녹이고 싶다면 오븐에 고체를 넣으면 되고, 빠르게 녹이고 싶다면 용융 총을 사용하면 된다. 일반 오븐의 가스 불꽃 분출이나 전자식 코일은 오븐 내의 평균 온도를 올려준다.

오븐에 쇠고기를 넣고 작동시키면 공기 분자들이 오븐의 벽과 충돌하면서 운동에너지를 얻는다. 그리고 오븐에 들어 있는 쇠고기에도 같은 방식으로 작용한다. 공기 분자들은 빠르게 움직이면서 쇠고기의 표면을 강타해 에너지를 쇠고기에 전달한다.

전도 오븐conduction oven은 뜨거운 공기 분자를 오븐 벽에서 무작위로 차가운 쇠고기로 이동시키지만, 대류 오븐convection oven은 팬이 강제로 고온에서 저온으로 그리고 다시 반대로 공기를 순환시킨다(두 종류의 오븐 모두 쇠고기의 표면을 먼저 데우기 때문에 간혹 쇠고기의 중앙 부분이 익으려면 몇 시간 동안 기다려야 할 때도 있다).

쇠고기의 내부 온도가 올라감에 따라 원자들은 그들의 평형 위치equilibrium position에서부터 점점 더 격렬히 반응한다. 이런 고온은 쇠고기의 섬유조직에 진동을 일으키고, 지방 성분의 침전물에서 상전이 현상이 발생해 결국 쇠고기를 부드럽게 만든다. 이것은 쇠고기의 근육세포에 실과 같은 섬유조직이 있어 그것을 녹여주면 훨씬 연하고 먹기에도 편하기 때문이다. 캡틴 콜드 Captain Cold가 플래시를 얼음 속에 가둘 때, 플래시가 이 원리를 사용하여 얼음속에서 탈출하기도 한다. 레몬주스나 식초에 절인 마리네이드를 이용하여 고기의 섬유 조직을 부분적으로 용해시킬 수는 있지만 고깃 덩어리의 한

복판까지 서서히 녹게 하기 위해선 결국 그 화학 작용을 이용하는 것이다.

만약 뜻하지 않게 손님들이 들이닥쳐 음식을 장만해야 할 때 초고속으로 요리하는 방법이 있다. 그것은 바로 고기 내의 모든 원자를 동시에 마구 진동시키는 것이다. 그러면 내부 마찰 때문에 고기의 모든 부분이 동시에 익는다. 이것이 전자레인지와 멜터의 용융 총을 만드는 기본 원리다.

고체 내의 모든 원자는 전기적으로 중성이다. 원자핵 속에 있는 양성자와 정확히 같은 숫자만큼의 전자가 원자핵 주위를 돌아다닌다. 하지만 전자들은 항상 핵 주위에 정확한 대칭을 이루면서 분포해 있는 것이 아니다. 예측불허로 일어나는 전자 확률 구름 변화와 원자들을 붙잡는 화학 결합 때문에 종종 한쪽의 원자는 다른 원자들보다 더 많은 전자들을 가질 수도 있다. 이 경우 막대자석의 한쪽 끝은 북극이고 다른 쪽 끝은 남극인 것처럼, 한 원자는 다른 원자들보다 음성이 되고 또 다른 원자는 양성이 된다. 이런 전하의 불균등은 전기장*을 만들어낸다. 심지어 아주 완벽히 대칭적으로 전하가 분포된 분자라도 외부 전기장에 의해서 분극**될 수 있다.

나침반의 바늘이 회전해 외부 자기장의 방향을 가리키는 것처럼 충분히 큰 전기장이 고체를 통과한다면, 불균형적인 원자들은 전기장을 따라서 정렬한다. 그리고 갑자기 전기장의 방향을 반대로 돌려놓으면 모든 원자는 반대로 뒤집혀버린다. 그런데 다시 전기장을 원래 방향으로 돌려놓으면 원자들은 다시 회전한다. 이런 식으로 전기장의 방향을 매초 수십 억 번씩 바

● 전기장은 정전하의 주위에, 자기장은 자석의 자극이나 전류 도선의 주위에 생긴다. 전기장이나 자기장이 시간에 따라 변화하면 자기장 또는 전기장이 유도되어 이 둘을 완전히 분리하기 어렵기에 보통 전자기장이라고 부른다.

●● 유전체를 전기장 속에 놓을 때, 그 물체 양 끝에 양전하와 음전하가 나타나는 현상.

꾸면 원자들은 아주 격렬하게 회전한다.

이 진동 에너지는 물질 내 각 원자들의 평균 내부 에너지를 급격히 상승시킬 것이고, 그렇게 되면 온도도 높아진다. 외부 전기장이 물질 내로 더 깊이 스며듦에 따라(물론 예외도 있다) 표면에서뿐만 아니라, 물질 내부에 있는 더 많은 원자가 동시에 전기장에 의해 격렬히 진동한다. 이런 과정은 뜨거운 공기 분자들이 충돌하면서 운동에너지를 전달해주기를 기다리는 것보다 훨씬 더 효율적이다. 변화하는 전기장의 진동수는 전자기파 스펙트럼에서의 초고주파(마이크로파) 영역에 속한다. 이러한 원리를 그대로 적용해 만든 조리 기구가 바로 전자레인지다.

이러한 마이크로파 발생 장치인 마그네트론Magnetron은 제2차 세계대전 당시 레이더를 만드는 데 응용되었다. 1945년 공학자였던 퍼시 스펜서Percy Spencer, 1894~1970는 마그네트론에서 방출되는 초고주파에너지를 연구하다가 자신의 바지주머니에 있던 사탕이 녹은 것을 발견했다. 그러고는 다시 한 번 옥수수를 가지고 한 실험에서 마그네트론의 유용성을 재확인했다.

원자들이 전기장의 진동을 따라서 더 쉽게 앞뒤로 움직이고 회전하면 그만큼 물체의 온도도 빨리 올라간다. 이것이 초고주파에서 액체가 고체보다 빨리 데워지는 이유다. 커다란 얼음덩어리에 깊숙한 구멍을 뚫어 물을 채워 넣는다고 생각해보자. 그리고 이 얼음 컵을 전자레인지에 넣으면 겉의 얼음은 차갑고 단단하게 남아 있는 상태로 물을 끓일 수 있다. 하지만 얼음 컵을 너무 오래 넣어두면 안 된다. 왜냐하면 일정 시간이 지나면서 전기장이 얼음 컵을 녹일 것이기 때문이다.

그럼 과연 멜터의 무기가 전자레인지와 같은 원리로 만들어졌다는 추측이 가능할까? 이 질문에는 대답이 두 개다. 하나는 '예'고 다른 하나는 '아니오'다. 멜터는 토니의 경쟁 상대로, 《긴장되는 이야기》 제47호에 처음 등장한다. 그는 미국 군대에 탱크를 납품하는 계약을 놓친 것에 크게 분개한다. 왜냐하면 군 납품 담당자는 멜터가 불량 부품을 쓴다는 정보를 입수했는데, 그게 다름 아닌 토니가 쓴 보고서 때문에 밝혀진 정보였다. 결국 토니의 회사가 탱크 납품 계약을 따내게 된다.

그 후 멜터의 실험실에서 불량 부품으로 만들어진 장비 하나가 모든 금속을 녹여버리는 에너지 광선을 방출하다가 사고를 일으킨다. 그런데 멜터는 그가 만든 정밀 검사 광선이 사실은 용융 광선이라는 사실을 깨닫고는 그 장비를 휴대용으로 개조한다. 그러고는 자신은 끔찍하게도 파란색과 회색으로 조합된(절망스럽게도 공학자들의 패션 감각은 거의 제로에 가깝다) 유니폼을 입는다.

멜터는 최고가 되고자 모든 경쟁자를 죽이기로 결심한다. 그런데 우습게도 멜터는 자신이 마구잡이로 쏘아대는 용융 총이 나중에는 전혀 위력을 발휘하지 못한다는 사실을 알고는 그만 말문이 막힌다. 그는 자신의 최대 적수인 아이언맨이 용융 총의 약점을 알고 있으리라고는 짐작조차 하지 못했다. 자신의 무기가 오직 철에만 효과가 있다는 사실을 간과했던 것이다. 토니는 평소 자신이 입고 다니던 철제 갑옷과 구별이 잘 되지 않는, 광택이 나는 알루미늄 갑옷 덕분에 멜터를 물리칠 수 있었다.

우리는 멜터의 용융 광선총이 휴대용 초고주파 장치가 아니라는 것을 알 수 있다. 그의 무기는 마이크로파 장치와 달리 전자가 13개인 알루미늄에는 전혀 힘을 쓰지 못했다. 하지만 멜터의 용융 광선총은 그 후 개조를 거듭해 돌이나 금속, 나무, 사람의 피부 같은 물질에도 효력을 나타냈다. 용융 총에 장착된 다이얼만 돌리면 되는 것이었다.

하지만 오히려 이런 특수성이 토니의 목숨을 구한다. 그가 보통 사람처럼 옷을 입었을 때, 멜터는 용융 총으로 토니를 공격한다. 그런데 멜터는 토니가 아이언맨이라는 것도, 그가 항상 셔츠 밑에 철제 갑옷을 입고 다닌다는 사실도 눈치 채지 못했다. 그래서 본래는 금속이어야 할 다이얼 설정이 사람의 피부로 잘못 맞춰진 것이다.

두 원자가 화학 결합을 할 때 결합하는 원자의 종류에 따라서 낮아지는 에너지 값이 독특하다는 것은 사실이다. 그러므로 모든 화학 결합은 자신만의 에너지 특징이 있으며, 이것을 원리적으로 이용해 마이크로파 형태의 무기를 만들어낸다.

최근에는 사람에게 쏘면 2도 화상에 가까운 고통을 일으키는, 열 광선에 기본을 둔 마이크로파가 개발되었다. 이 무기는 군중을 통제할 때 사용하게 된다. 만약 열 광선을 사람들에게 쏘아대면 타는 듯한 고통 때문에 뿔뿔이 흩어질 것이다.

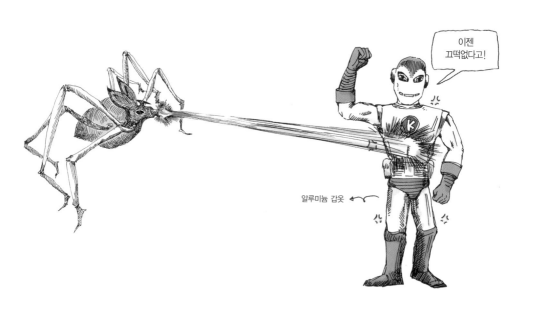

그러나 떨림 전류파가 어떻게 맞춰졌든 간에 상관없이, 철 원자 사이의 결합, 그리고 알루미늄 원자 사이의 결합은 알루미늄이 아닌 철을 녹이는 무기와 상당히 유사하다. 물론 멜터와 아이언맨의 금속 갑옷에 대한 논의는 지금 우리를 괴롭히는 질문이 되었다. 우리는 달에도 갈 수 있는데 왜 마이크로파에 금속을 넣을 수 없는 걸까?

사실 초고주파에 금속을 넣을 수 있다. 하지만 금속 내의 자유 전자들이 심각한 문제를 일으킬 수 있다. 금속은 열전도성이 높다. 그래서 만약 전자레인지에 금속과 종이를 넣고 접촉시키면 불이 날 수도 있다. 금속 전체에 퍼져서 돌아다니는 전자에 외부 전기장을 걸어주면 고정된 원자들의 진동보다 더 커다란 효과가 나타난다.

초고주파 내에 어떤 금속을 놓는다고 해도 그것은 절연되어 있고, 따라서 진동하는 자유 전자는 금속 표면을 만나면 더 이상 갈 곳이 없다. 그러므로 전자는 금속의 한쪽 끝에 쌓이게 된다. 만약 금속에 뾰족한 점이나 모서리가 있다면 전자가 산더미같이 쌓여 새롭게 강력한 전기장을 만든다.

그런데 이 전기장 값이 1cm당 12,000V를 넘으면, 공기 방전이 일어나서 전기 불꽃을 일으킨다. 공기가 전자레인지의 내부 벽으로부터 고전압 금속을 절연시키지 못하고 빛을 발산하는 경로를 만들기 때문이다. 일반적으로 유도된 전기장 값은 금속의 곡률curvature에 따라 다를 수 있지만 공기 방전을 일으키는 전기장의 임계점 이하다. 그러므로 전자레인지에 음식을 싼 알루미늄 호일을 넣고 작동시키면 전기 불꽃이 튈 수도 있다.

그러므로 이 책을 읽는 독자 여러분은 부디 알루미늄 호일을 전자레인지에 넣는 우를 범하지 말기를!

미국 만화계의 미다스-스탠 리

미국 만화가 중에서
누가 제일 유명한가요?

한국에 허영만이라는
스토리를 중시하는 탁월한
만화가가 있다면 미국 만화계
에는 스탠 리라는 스토리 작가가 있다. DC 코
믹스와 양대 산맥을 이루는 마블 코믹스의 핵심
인물이 바로 스탠 리다. 마블 코믹스에서 나온
슈퍼영웅 캐릭터의 대부분이 그의 손을 거쳤
다고 해도 과언이 아니다.

본명이 스탠리 리버Stanley Liebe인 스탠 리는
마블 코믹스의 소유주인 마틴 굿맨의 사촌으로
마블 코믹스의 전신인 타임리 코믹스Timely
Comics에서 '캡틴 아메리카' 시리즈 스토리 작가로 업계에 뛰어들었다. 당시 그의
나이 고작 열여섯 살이었다.

세상에 이름을 날릴 소설가가 꿈이었던 스탠 리는 한낱(?) 만화책에 자신의 실명
을 실을 수 없다며, '스탠 리Stan Lee'라는 필명을 사용했고, 이 이름은 향후 만화계
의 살아 있는 전설이 되었다.

《엑스맨》를 비롯해 《아이언맨》, 《판타스틱 4》, 《스파이더맨》, 《헐크》 등 1960~70년대 대표적인 슈퍼영웅 만화의 뼈대를 만들었다. 스탠 리의 슈퍼영웅 캐릭터 역시 DC 코믹스의 슈퍼맨처럼 기본적으로 세상의 위기를 구하는 영웅의 모습이었지만 슈퍼맨 같은 전형적인 영웅들과는 달랐다. 평범한 사람이 우연히 초능력을 얻고, 자신의 능력을 끊임없이 회의하고 정신적 혼란과 갈등을 겪는 모습이 당시 미국 시대상과 맞물리면서 새로운 영웅으로 떠올랐고 미국 만화계에 한 획을 긋게 된다.

그후 마블 코믹스의 발행인이 된 스탠 리는 텔레비전 만화와 영화 등 관련 사업에 치중하면서 창작을 하는 일이 점점 줄어들고 1998년에 마블 코믹스에서 독립해 '스탠 리 미디어'라는 인터넷 회사를 설립했다. 그리고 마블 코믹스의 캐릭터를 대거 영화화하는 요즘에는 자신이 만든 캐릭터에 저작료를 지불할 것을 요구하고 있다.

정전기 Electrostatics

▶ ▶ ▶ 일렉트로가 들러붙는 방법

15

지금까지 우리는 힘이 어떻게 물체의 운동에 영향을 주는지를 살펴보았는데 그것은 거의 대부분 중력과 관계된 힘이었다. 도약하는 슈퍼맨을 아래로 끌어당긴다든지 떨어지는 그웬 스테이시를 가속시켜 그녀의 생명을 위협한다든지 하는 등의 여러 상황에서 뉴턴의 운동 제2법칙 F=ma의 힘 F는 언제나 중력이었다. 그러나 현실 세계에는(그리고 만화책 속에는) 중력이 아닌 다른 종류의 힘들도 존재한다.

물리학자들은 자연에 관한 네 가지 법칙만으로도 우리 눈앞에 펼쳐지는 복잡 미묘한 물리적 현상들을 충분히 설명할 수 있다는 사실을 알아냈다.

❶ **중력**重力, Gravity

❷ **전자기학**電磁氣學, Electromagnetism

❸ **강력** 强力, Strong force

❹ **약력** 弱力, Weak force

이 중에서 강력과 약력은 원자핵 내에서만 작용한다. 강력은 원자핵 내부에서 양성자와 중성자를 결합한다. 강력이 없다면 전하된 양성자들이 서로를 밀쳐낼 것이고, 수소 외의 다른 안정 요소들은 존재하지 않을 것이다. 약력은 방사능 형태(물리학자들로 하여금 중성미자微子의 존재를 알게해준 핵분열처럼)와 밀접한 관계가 있다. 약력이 없다면 슈퍼영웅이나 슈퍼악당은 존재할 수 없다. 중력 외에 우리가 살아가면서 가장 많이 접하는 힘은 자연적인 정전기electrostatic다. 인간의 근육에서 발생하는 힘, 의자에서 바닥으로 떨어지지 않게 하는 힘, 자동차를 움직이는 엔진 실린더 속의 뜨거운 가스의 힘 등은 결국 전기적인 것이다. 따라서 우리는 이제 쌍둥이 사이라 할 수 있는 전기력과 자기력을 생각해봐야 하는데, 물리학자들은 이 두 힘들을 하나로 묶어서 전자기력Electromagnetism이라 칭한다.

많은 슈퍼영웅 중에 힘의 원천이 전자기력인 영웅은 매우 드물다. 은시대 초기의 두 영웅인 라이팅 래드와 코스믹 보이가 전기력과 자기력을 사용한다. 미래에서 온 이들은, 《어드벤처 코믹스Adventure Comics》 제247호에 처음 등장한다. 두 사람은 새턴 걸과 함께 과거로 거슬러올라가 슈퍼보이를 자기들 팀의 일원으로 만든다. 라이팅 래드는 양손에서 전기 섬광을 만들어 방출할 수 있고, 코스믹 보이는 자기를 띤 물체를 조종한다. 그리고 새턴 걸은 강력한 텔레파시를 이용하는데, 이 부분은 나중에 더 자세히 알아보겠지만 근본적으로는 전자기파 전달과 관계가 매우 깊다. 결과적으로 초기의 이 세 영웅들은 전기와 자기 이론을 행동에 적용한 대표적인 존재들이다.

이 슈퍼영웅 팀은 서기 2958년에 활동을 시작하는 것으로 설정되어 있고 (그 뒤의 이야기는 3005년으로 시간을 옮겨 일어난다) 서로 다른 행성 출신으로 각자 다른 초능력을 지닌 십대들로 구성되어 있다. 이 미래 세계의 십대 슈퍼영웅 이야기는 만화 독자들 사이에서 꽤 인기가 있었고, 그 후 이 세 영웅들은 《어드벤처 코믹스》에 고정으로 등장하는 인물로서 슈퍼보이를 능가하는 인기를 모았다. 이 팀의 인원은 시간이 갈수록 증가해, 나중에는 30명을 넘게 되었다. 작가들은 자연계에 존재하는 힘에다 적절한 물리 법칙을 적용해 각 영웅들의 능력을 부여했다. 라이트 래스가 물체를 가볍게 변화시킬 수 있다면 스타 보이는 무겁게 만들 수 있고, 엘리먼트 래드는 어떤 원소를 다른 원소로 변화시킬 수 있다(핵력을 조절할 수 있었음을 암시). 또한 쉬링킹 바이올렛은 자신의 몸을 축소시킬 수 있고 코로설 보이는 초거인으로 키울 수 있다. 패로 래드는 자신의 몸을 유기철분organic iron으로 변화시킬 수 있었는데, 나는 어렸을 적에 《어드벤처 코믹스》 제353호에서 그가 선이터Sun-Eater를 파괴하기 위해 자신의 몸을 숭고하게 희생하는 것을 보고 적잖이 슬퍼했다.

일부 영웅들이 슈퍼 파워의 근원으로 전기력과 자기력에 의존한 반면, 악당들은 돈을 갈취하거나 세계 정복을 위해 자연계의 기본 힘들을 이용했다. 우리는 다음 장들에서 일렉트로와 매그니토라는 두 악당들에게 초점을 맞출 것이다. 이들처럼 전기력과 자기력을 초능력의 도구로 사용한 사례는 이후에도 찾아볼 수 없다.

정전기—자연에 존재하는 가장 강력한 힘

맥스 딜런은 뛰어난 능력을 가졌지만 자기중심적인 전기 기술자였다. 그는 동료가 고압선에 매달렸을 때도 그의 상사가 동료를 구출하는 데 100달러(1963년 상황이니까 2005년 돈 가치로 따지면 600여 달러)를 내놓기 전까진 무관심했다. 케이블에 의식 없는 그 동료를 묶어 땅에 내려놓는 과정에서 딜런은 고압선에 손을 대는 바람에 감전됨으로써 예상치 못했던 보너스를 받게 된다. 플래시처럼 그는 죽지도 않고 신경계에 손상을 입지도 않았으며, 대신 전기를 몸에 모았다가 필요할 때 번개처럼 방전할 수 있는 능력을 얻게 되었다. 이 사고로 딜런의 몸에 변화가 일어나 초자연적인 힘을 얻었지만 그의 반사회적인 성향은 그대로 남아 있었다. 자신에게 생긴 힘의 강력함을 깨달은 그는, 녹색과 노란색으로 번쩍번쩍 빛나는 유니폼에 번개가 치는 그림이 그려진 마스크를 착용하고 다니며 '일렉트로'라는 악당이 된

그림 22_ 《스파이더맨》 제9호의 한 장면. 여기서 악당 일렉트로는 전자기력을 사용하는 능력과 비루한 패션 감각을 동시에 보여준다.

다. 나에게 그처럼 막강한 능력이 주어진다면 나는 구태여 그런 의상을 입고 사람들 앞에 나서지 않으리라. 딜런이 야비한 인간이 아니었다면 친구들이 의상에 대해 적절한 조언을 해주었을 것이다.

딜런은 몸에 전기를 저장했다가 번개처럼 전기를 방출하여 상대방을 죽이게도 할 수 있다는 사실을 알게 된다. 일렉트로가 등장하는 이야기를 보면, 그는 버려진 발전소를 찾아가 두 개의 송신탑 가운데 서서 자신의 몸에 전류가 흐르게 한다 (뉴욕 시에는 사용하지 않지만 완전 가동할 수 있는 발전소들이 널려 있기 때문에 슈퍼 악당들이 얼마든지 이용할 수 있다. 전기회사에서는 발전소 폐쇄에 대해선 일언반구도 없이 악당들이 쓴 전기 요금까지 선량한 시민들에게 부과한다). 충전이 끝나면, 일렉트로는 손에서 번개를 발사할 수 있는데, 때로는 다른 부위를 통해 전기를 방전시키기도 한다. 충전한 전기가 고갈되면, 다시 충전할 때까지는 사실상 전혀 힘을 쓰지 못한다. 예상치 못한 고압선 감전 사고가 맥스 딜런을 걸어다니는 충전용 전자총으로 만들어놓았다.

경찰이나 특색 있는 차림의 슈퍼영웅들이 번개를 날릴 수 있는 '전기력'을 가지고 있다는 것은 무슨 의미일까?

건조한 겨울에 보풀이 이는 카펫 위를 발을 질질 끌며 걷다가 문고리를 잡으면 물체라는 것이 전기적으로 대전된 분자들로 구성되었다는 사실을 실감하게 된다. 항상 양(+)인 물체의 질량과는 달리, 전하electric charge는 '양'과 '음'으로 구분되어진다. '상반됨에 끌린다'는 표현이 사랑하는데 있어서 적절한지에 대해선 논란이 있지만, 양으로 전하된 물체와 음으로 전하된 물체 사이의 힘의 성격을 정확하게 요약한 말이다. 하나는 양, 또 하나는 음으로 대전된 두 물체는 인력引力에 의해 상대방을 끌어당긴다. 이와는 반대로, 양이 되었든 음이 되었든 하나의 극성polarity으로 충전된 물체들은 서로를 밀어낸다. 땅콩 상자가 바닥과 마찰하여 과도하게 전하되면, 그 전기는 완충 포장된 땅콩에까지 스며들 수 있다. 완충 물질이 한 가지 전성을 띠게 되면, 상자를 열었을 때 그 안의 가벼운 땅콩들이 서로를 밀어내어 하늘로 날아오르는 현상이 벌어질 수도 있다. 인력을 띤 정전기에 의해, 원자 속의 음전하를 띤 전자들은 원자핵에 있는 양전하를 띤 양성자에 끌린다. 원자핵 안의 양성자가 많을수록 양전하가 강해져 더 센 힘으로 전자를 핵으로 끌어당긴다. 하지만 원자 속에 전자가 많으면 많을수록, 상대를 밀어내는 힘도 강해진다. 이 두 힘(핵에 의한 인력과 전자들에 의한 반발력)은 대충 상쇄되는 경향이 있는데, 이러한 이유로 인해 핵 속에 전자와 양성자를 92개씩 가진 우라늄과 전자와 양성자를 6개씩 가진 탄소 원자의 크기가 비슷한 것이다.

상반되게 대전된 두 물체 사이의 인력, 혹은 동일하게 대전된 두 물체 사이의 반발력은 놀랍게도 제2장에 나왔던 뉴턴의 중력의 법칙과 거의 동일한 수학 공식으로 표현할 수 있다.

Q_1 만큼의 전하량과 Q_2 만큼의 전하량을 지닌 두 물체 사이에 작용하는 전기력을 구하는 식은 다음과 같다.

$$F = \frac{k(Q_1 \times Q_2)}{d^2}$$

힘=쿨롱 상수(전하×전하)/거리²

17세기 프랑스의 과학자 샤를 쿨롱Charls Coulomb, 1736~1806이 발견한 이 식은 질량 대신 전하량을, 중력 상수 G대신 쿨롱 상수 k라는 것만 빼면 뉴턴의 중력 법칙과 같다. 전하량은 질량과는 무관한 새로운 양이기에 k는 G와는 숫자도 단위도 완전히 다르지만, 결국 두 힘이 작용하는 방법은 거의 똑같다고 할 수 있다.

k와 G를 비교하면서, 우리는 두 상수의 단위가 다르다는 것보다는 크기에서 엄청난 차이를 보이는 것에 유의할 필요가 있다. k값은 G값보다 엄청나게 크다. 수소 원자핵 속에 하나의 양성자가 존재하고, 그 주변을 한 개의 전자가 거리를 두고 선회한다고 생각해보자. 중력에 의한 인력은 전자를 양성자 쪽으로 끌어당기고, 그로 인해 양전하를 띤 양성자가 음전하를 띤 전자 쪽으로 끌리기 때문에 추가 인력이 생성된다. 양성자의 전하량은 전자의 것과 동일한 크기를 지니는데, 양성자의 전하를 양전하라 부르고 전자의 전하는 음전하라 칭한다. 이 둘은 전하량이 같으면서도 양과 음이라는 반대의 성질을 갖고 있지만, 질량은 양성자가 전자보다 2,000배 정도 더 크다. 그렇다면 혹자는 질량으로 결정되는 중력이 정전기력보다 훨씬 강하지 않을까 하는 의문을 품을지도 모른다. 하지만, 쿨롱 상수 k가 중력 상수 G보다 엄청나게 크고, 또한 각자의 전하량보다 질량이 상당히 작기 때문에 결국 정전기력은 중력보다 10^{40}배나 크다. 따라서 원자 크기를 논할 때, 중력은 사실상 무시해도 별 차이가 없고, 물질을 유지하는 힘은 정전기이다. 정전기에 의한 달라붙는 힘이 없다면, 분자부터 시작해서 어떠한 화학 물질이나 생명체도 존재할 수 없다.

그런데 중력이 전기력보다 약한 힘인데도, 왜 지구와 우리 사이에서는 큰 역할을 하는 것일까? 그 이유는 중력이 당기는 힘만 있기 때문이다. 두 물체는 질량이 크든지 작든지 상관없이, 서로를 중력으로 끌어당긴다. 만약 반물질antimatter이 있더라도 이것의 질량만으로는 음(-)이 될 수 없기 때문에 양(+)인 중력에 거의 영향을 주지 않고 다른 물질을 끌어당긴다. 따라서 실험 범위 내에서(그러니까 결국, 우리가 알 수 있는 한도 내에서) 한 가지 종류의 질량만이 존재하고 이것들은 서로 끌어당기는 중력을 발생시킨다. 하지만 이러한 설명에는 논쟁의 소지가 내포되어 있다. 이 책을 쓰고 있는 현재로선 암흑 에너지dark energy에 대해서 전혀 알려진 바 없다 (1950~1960년대의 공상 과학 소설과 만화에서는 2000년이 되면 하늘을 나는 자동차가 개발될 것이라 했지만 아직도 못하고 있는 것도 바로 이러한 이유 때문이다).

하지만 전기는 다르다. 전하의 종류가 (+)와 (-)로 나뉜다는 것은 결국 이 두 가지 전하가 서로 상쇄될 수 있음을 뜻한다. 양성자 주위에 하나의 전자가 있는 상황에서는 서로 끌어당기는 힘을 받는다. 이때 전자를 하나 더 두면 두 번째 전자 역시 양성자가 끌어당기지만 두 번째 전자는 첫 번째 전자로부터 밖으로 밀려나는 힘을 받는다. 결국 양성자와 첫 번째 전자 사이의 거리가 어느 정도 가까워지지 않는다면, 밀고 당기는 힘은 서로 상쇄되어 두 번째 전자는 아무 힘도 받지 않는 것처럼 된다. 만약 중력도 이렇게 상쇄될 수 있다면, 악당 위저드의 반중력 디스크처럼 하늘을 나는 도구들이 흔해빠질 것이다. 하지만 물질의 전하가 (+)든 (-)든, 혹은 중성이든 모든 물질은 (+)질량을 지니고 있고, 따라서 다른 질량을 지닌 물체와 서로 끌어당기는 중력을 받는다. 따라서 결국에는 중력이 승리를 거두기 마련이라서 물체들로 하여금 서로 끌어당기게 하는데, 심지어는 전하와는 전혀 상관없는 물질들 사이에서도 그러하다.

하지만 분명하게 말해서 정전기는 그보다 더 강한 힘이다. 위에서 설명한 쿨롱의 법칙을 생각해보라. 만약 우리 몸의 양전하 비율이 변해 음전하가 10퍼센트 정도 많아지면, 사무실이나 빌딩이 비슷한 조성(음전하가 10퍼센트 많은)일 때 정전기력의 반발력만으로 빌딩을 공중에 띄울 수 있다. 하지만 빌딩의 질량이 우리 몸보다 훨씬 크다고 해서 중력을 이용하여 우리를 그 빌딩이 잡아당길 수 있는 것은 아니다.

플래시는 달리면서 발과 지면 사이의 마찰 덕분에 엄청난 양의 정전기를 얻는다. 이것은 마치 건조한 겨울철에 스웨터를 벗거나 카펫에서 슬리퍼를 끌 때와 비슷하다. 이러한 가벼운 마찰도 원자 수준에서 보면 매우 격렬한 과정으로서 전자를 한쪽에서 다른 쪽으로 옮기게, 즉 우리 몸 전체로 퍼뜨리게 한다. 과도한 전하들은 서로를 밀쳐내고 우리 몸을 떠나려고 한다. 우리가 금속제 문손잡이를 잡는 순간, 전하가 지구로 돌아갈 길이 열리게 되는 셈인데, 지구는 고통없이 두 서너 개 정도의 전자를 흡수할 수 있게 되는 것이다. 전하의 크기가 엄청날 경우엔 번개가 구름 속에 저장된 과도한 전하를 땅으로 방출하는 것처럼 전자들이 공중으로 점프한다. 비슷한 예로, 자동차가 움직이면 타이어와 지면 사이의 마찰로 전하가 쌓이고, 당신이 목적지에 도착해 내리려고 문손잡이를 잡으면, 전하가 균형 잡혀 있는 당신 몸속으로 이동을 시도한다. 이 과정에서 손가락 끝이 닿는 면적은 매우 작고(단위 면적당 흐르게 될 전류량은 많아지고), 신경이 많이 분포된 예민한 부위이기 때문에 통증을 느낀다(따라서 팔꿈치를 문고리에 대거나 온몸을 금속 물체에 기대는 것이 현명하다. 몸을 금속 물체에 기댐으로써 옷에 생기는 반달 모양의 흔적은 그렇게 하지 않을 때 받을 고통에 비하면 아무것도 아니다).

이런 정전기 현상을 《플래시》 제208호에서 짤막하게 다룬 바 있다. 플래시가 언제나처럼 악당들로부터 도시를 지켜내고, 시민들은 그에게 감사하며 몇몇 사람이 사인을 받던 중, 한 사람이 그의 어깨를 가볍게 두드리려다 강한 전기 충격을 받는다. 이때, 플래시는 "조심하세요, 제 옷에는 항상 많은 정전기가 있거든요"라고 말한다. 플래시는 달리기를 멈추자마자 땅과 연결된 금속 물체에 몸을 대어 그동안 축적된 정전기를 모두 방출했어야 했던 것이다.

2004년 이후에서야(플래시 만화가 등장한 지 50년이 되었지만 그전에는 단 한 번도 이에 대해 언급하지 않았다) 이러한 접점 대전contact electrification에 대해 설명했다는 것은 플래시에게 공기 저항 능력 및 가속 극복 능력뿐만 아니라 정전기 축적에 대한 면역 시스템을 갖고 있음을 암시하는 것이다.

일렉트로의 사례로 돌아와서, 그의 전기 능력은 양이든 음이든 가리지 않고 엄청난 전하를 몸에 축적할 수 있다는 것에서 비롯된다. 그는 그 축적된 전기를 손가락을 놋쇠로 만든 문고리에 대는 순간 스파크가 일어나는 것처럼 마음대로 방출할 수 있다. 일렉트로는 힘을 쓰기 전에 충전해야 하는데, 지나치게 번개를 많이 발사하여 전기가 고갈된 경우에는 단 한 방의 주먹에 쓰러지는 나약한 신세로 전락하고 만다.

60여 년 전에 스위스의 한 기술자가 소풍을 갔다가 당황스런 일을 경험한 것이 계기가 되어 기술적 혁신을 이루게 된다. 조르주 드 메스트랄George de Mestral, 1907~1990은 소풍 장소에서 까칠까칠한 식물의 씨앗이 자신의 바지에 잔뜩 붙어 있는 것을 보고 그것을 연구했는데, 결국 미세한 나일론 고리와 실을 이용해 물건(주로 천 제품)을 붙였다 뗐다 할 수 있는 일명 '찍찍이'를 만들어냈다. 좀 더 최근에 과학자들은 도마뱀이 벽과 천장에 붙어 움직이는 능력을 연구했는데 그들은 이 능력이 도마뱀의 발바닥에 나 있는 무수한 털때문이라는 사실을 발견했다. 벽이나 천장에 갈고리 같은 것이 돋

아나있는 것도 아닌데 무엇이 도마뱀의 섬유질에 힘을 제공한 것일까? 해답은 정전기이다.

도마뱀 다리의 섬유질은 전기적으로 중성이다. 그렇다고 해서 벽에 달라붙기 위해 보풀이 있는 카펫 위를 발을 질질 끄며 돌아다닐 필요는 없다. 자체적으로 발바닥의 털들에 요동을 주어 항상 일정한 양의 전하를 만들기 때문이다. 도마뱀 발가락 섬유질에서의 전자들은 쉬지 않고 활발하게 움직인다. 털 하나를 놓고 보면, 털의 바깥쪽 끝으로 전자가 약간만 쏠리게 되면 그 끝은 약한 음(-)이 되고, 전자가 모자란 반대쪽(발바닥 피부 쪽) 끝은 약한 양(+)을 띠게 된다. 그 상태로 벽에다 갖다 되면 벽을 구성하는 원자들의 전자만 털끝의 전자에 반발해 멀어지게 된다. 결국 벽은 양(+)의 상태가 되고 발바닥과 서로 끌어당기게 되는 것이다. 하지만 이 힘은 매우 약하다. 결국 한 대전체가 다른 중성의 물체를 미약하게 강제적으로 대전시키기 때문이다. 하지만 발바닥의 털 개수가 수백만 개를 헤아리기 때문에 작은 파충류 한 마리를 지탱해낼 수준은 된다.

같은 원리로 스파이더맨이 벽을 기어다니는 것을 설명할 수 있다. 마블 코믹스의 작가들은 스파이더맨이 벽을 기어다니는 능력이 결국 정전기의 인력이라고 말한 적이 있고, 실제로 영화 〈스파이더맨〉에서도 피터 파커가 거미의 능력을 얻게 되자 손에서 미세하고 날카로운 털들이 무수히 솟아나는 장면이 있었다. 그렇다고 해서 만화가 새로운 과학적 통찰력을 제시했다고는 생각하지 않는다. 가벼운 파충류라면 모르겠지만 무거운 성인 남자를 고작 손바닥과 발바닥에 솟아난 털만으로 지탱하는 것은 불가능하기 때문이다. 이와 관련된 최근의 자료가 있다. 얼마 전, 영국 맨체스터 대학에서 '게코 테이프gecko tape(gecko는 도마뱀 종류를 의미한다)'를 발명했다. 일반 찍찍이와 비슷하게 생겼으나 섬유가 훨씬 더 미세한 데다가(섬유 하나의 길이가 머리카락 폭의 1/50 정도다) 더 중요한 것은 찍찍이에서 보았던 거친 면과 짝을 이루는 부드러운 면이 없다. 이것 하나만으로 어디든 부착이 가능하다는 뜻이다. 그리고 간단한(사실 매우 미흡한) 실험 결과 인형을 손바닥 하나만으로 천장에 붙이는 정도까지는 성공했다. 요동에 의한 전하 대전으로 생긴 힘을 사용하는 테이프는 일회용 반창고와 달리 순간적으로 사용할 수 있고, 또 재생이 가능하다. 이 테이프의 접착력은 표면적을 늘릴수록 세지기 때문에 접착력을 늘리기 위해선 섬유를 훨씬 조밀하게 배열해 표면적·부피 비율을 극대화해야 한다. 그러나 실제로 한 사람의 몸무게를 손바닥 하나 정도의 면적으로 지탱하려면 상상하기도 힘들 정도로 극미세 섬유의 밀도가 높아야 한다. 아직은 실험 단계에 있지만 만약 게코 테이프가 실용화된다면 우리는 엘리베이터를 타려고 기다리지 않아도 될 것이다.

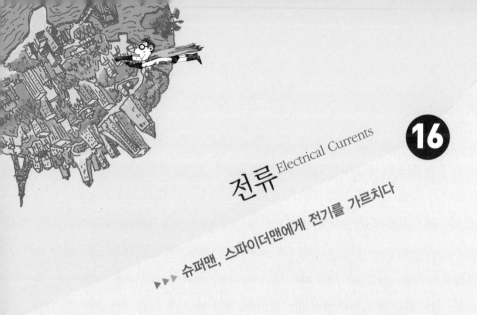

16

전류 *Electrical Currents*

▶▶▶ 슈퍼맨, 스파이더맨에게 전기를 가르치다

앞 장에서 일렉트로가 손에서 뿜어냈던 전기를 좀 더 자세히 살펴보자. 강한 양전하는 엄청나게 먼 거리에서도, 심지어 구리선을 타고 몇km 밖에서도 전자를 끌어당긴다. 이렇게 전자들이 전선을 타고 움직이게 하는 원동력을 '전압'이라고 한다. 전자는 음(-)극성을 띠고 있기 때문에 양(+)전압은 이들을 끌어당기고, 음 전압은 이들을 밀어낸다. 그리고 '전류'는 '전선의 어느 한 부분을 1초 동안 지나는 전자의 수'를 줄여서 말하는 용어이다.

수도꼭지에 연결된 고무 호스를 생각해보자. 물을 호스 밖으로 밀어내는 수압이 전압에 해당된다. 일정 시간 동안 뿜어져 나오는 물의 양이 전류라 생각하면 된다. 호스 내부에 튀어나온 부분이 있거나 물이 샐 정도의 구멍이 있다면 호스의 저항력이 발생한다. 호스에 그러한 홈이 많으면 많을수록, 물을 끝 부분까지 일정하게 흐르게 하기 위해선 더 많은 수압(전압)을 필요로 한다. 하지만 호스에 연결하지 않고 바로 물이 개수대로 떨어지는 부엌 싱크대의 수도꼭지처럼, 전류 역시 전선에 연결되지 않고서도 충분한 전압에 의해 방출되어질 수 있다. 손가락을 문고리에 대었을 때 스파이크가 일어나거나 번개 칠 때 구름 속의 전류가 땅으로 흘러 들어가는 것과 같은 이치이다. 전류가 통과하는 거리가 길면 길수록 더 큰 전압이 필요하다. 이것은 전하 사이의 거리의 제곱에 따라 쿨롱 정전기력이 작아지기 때문이다. 돌출 부분과 구멍이 많이 나 있는 정원용 긴 호스는 당연히 짧은 호스보다 훨씬 높은 물 저항력을 갖는다. 우리가 손가락을 문고리에 아주 가깝게 접근시켜야만 정전기 쇼크를 받는 이치와 마찬가지이다. 공기는 전기 절연체로서 공간이나 장애를 뛰어넘을 만한 전하량을 축적하기 전에 1cm당 12,000볼트 이상의 전기장을 취한다. 그래서 공기로 전기가 통하는 경우 인간에게 쏘는 듯한 고통을 안겨주는 것이고, 아무도 일렉트로의 전기 방출 공격의 피해자가 되려 하지 않는 것이다.

싱크대에서 수도꼭지를 틀면 물은 당연히 아래로 내려와 수챗구멍으로 빠져나간다. 왜 물은 수도꼭지에서 나와서 위로 올라가지 않을까? 그 이유는 명백하다. 물을 밑으로 잡아당기는, 즉 물의 방향을 주도하는 중력 때문이다. 전기의 경우엔, 전류가 흐르는 방향은 물이 흘러 들어가는 '수챗구멍'에 해당되는 위치에 의해 결정되어진다. 전기는 목적지가 없으면 흐르지 않는다. 물도 마찬가지이다. 물이 가득 차 있는 컵을 한 방울도 흘리지 않고 뒤집는 방법을 알고 싶지 않은가? 수영장 물속에서 하면 된다! 컵속에 든 물이 가야할 목적지가 없다면 컵 속의 물은 그 안에 있기 마련이다(과학 지식이 있는 독자라면 컵의 물과 수영장 물 분자의 무질서한 확산 때문에 섞인다고 주장할지도 모르겠다).

전기의 경우에도 마찬가지다. 어떤 물체가 가진 순전하net electrical charge의 양과는 상관없이, 다른 물체들도 같은 전하를 갖고 있다면 전기는 결코 방출되지 않는다. 전기를 다시 보면, 전자 하나가 옆에 있는 전자에게서 도망치려고 하는데(같은 전하끼리는 밀어내므로) 사방에 똑같은 전자가 있어 어쩔 수 없이 그 자리에 있는 꼴이다. 주변의 전하를 끌어당기거나 밀어내는 전압을 전위 차eletric potential difference 측정으로 나타낼 수 있는데, 전위 차는 '두 점 간의 전위 차이'로 정의된다. 도발적 의상을 입고 다니는 일렉트로가 그래서 더욱 위험한 것이다. 그는 주변과의 전위 차를 마음대로 조절하여, 자신의 몸에 과도하게 축적한 전기를 때와 장소를 가리지 않고 방출할 수 있는 것이다.

전도체에 전압을 가하면 전도체 안에 존재하는 전자의 잠재에너지를 높이게 된다. 벽돌을 머리 위로 치켜올리면 잠재에너지를 발생시키는 이치와 마찬가지인데, 벽돌은 내가 그것을 놓기 전까지 추가 잠재에너지를 보유하고 있다가 놓는 순간 잠재 에너지를 운동에너지로 바꾸어 떨어지면서 가속을 받게 된다. 이 전환 현상은 내가 벽돌을 놓기 전까지는 일어나지 않는다. 이와 마찬가지로, 전선 속의 전자들은 전선에 전압이 가해지면 속력을 내고 전류 형태의 운동에너지를 늘려나가는데, 단 전자가 도착할 목적지가 정해진 경우만이다. 머리 위로 들려진 벽돌이 손에서 놓이게 될 때까지 잠재 에너지를 무한정 보유하는 것처럼, 전자 역시 전선이 무언가에 연결되지 않는다면 전압이 가해져도 속도를 낼 수 없다. 수도꼭지에 연결된 호스를 연상해보라. 물이 새지 않는 호스를 연결시키지 않는다면 아무리 수도꼭지를 활짝 연다 해도 물은 절대로 목적지로 흐르지 않는다. 수도꼭지에서 수압(전압)이 가해지기 전에 호스(전류)의 끝 부분을 열어놓아야 물이 흐르게 되는 것이다. 이를 기술적으로 표현한다면 전선으로 전류를 통하게 하기 위해선 전선을 땅에 접지시켜야 한다고 말할 수 있다.*

지구, 즉 '땅'은 분명히 엄청나게 큰 물체로서 가공할 전하량을 지니고 있다. 넘쳐나는 전자들을 전선에 흘려보내도 전혀 부담을 받지 않는다. 전류가 흐르기 위해선 그 최종 목적지가 있어야 한다는 생각은 당연히 합리적이지만 모든 슈퍼영웅들이 이 원리를 이해한 것은 아니다.

제1장에서 우리는 세상에 널리 알려지기 전에 슈퍼맨이 이룬 공적들에 대해 언급한 바 있다. 만화 속에서 슈퍼맨은 유럽의 전쟁에 미국을 개입시킬 목적으로 상원의원에 뇌물을 주는 워싱턴 로비스트에게 자금을 제공하는 사람의 정체를 밝히려 한다. 그는 '워싱턴에서 가장 매끄러운 로비스트'로 통하는 알렉스 그리어의 고용주 에밀 노빌로 밝혀지는데, 그는 전쟁이 발생하면 즐거운 무기 거상巨商이었다. 그리어는 처음에는 무슨 이유인지 빨간 망토에 울긋불긋한 속옷 같은 옷을 입은 이상한 사람에게 자신의 고용주의 이름을 밝히길 거부한다. 제1장에서 설명한 바 있지만, 슈퍼맨은 그를 껴안고 정말로 죽을 것처럼 빌딩 꼭대기에서 밑으로 추락한다. 이 일이 벌어지기 전, 슈퍼맨은 그의 자백을 듣기 위해 그를 감자 자루처럼 들어서 고압선에 올려놓는다. 그리어는 자신뿐만 아니라 슈퍼맨도 감전되어 죽는다고 비명을 지르지만, 슈퍼맨은 그에게 물리학 강의를 해준다. 이 강의가 로비스트를 심리적으로 고문하여 정보를 얻어내려는 일환이었는지에 대한 판단은 독자 여러분에게 맡기고자 한다.

● 엄밀히 말하자면, 전선은 반드시 땅에 연결할 필요는 없다. 전류가 시작되는 위치보다 낮은 지점이라면 족하다. 하지만 전류의 최종 목적지는 반드시 땅이어야 한다. 수도에 비유한다면, 호스를 타고 흐르는 물은 한 수도꼭지에서 반드시 다른 수도꼭지로 연결되어 있어야 하는 것이다. 두 수도꼭지 사이에 수압의 차이가 존재하는 한 물은 흐르기 마련이지만, 즉 수압이 상대적으로 낮은 수도꼭지는 결과적으로 넘쳐나는 물을 하수로 흘려보낼 수 있어야 한다는 점에서 전류를 최종적으로 땅으로 흘려보내는 이치와 같다.

만화 속에서 슈퍼맨의 설명은 정확한 것이었다. 우리가 한 손으로 고압선을 잡고 있더라도, 고압선과 전신주(혹은 다른 전압이 흐르는 다른 전선)를 동시에 잡아서, 전선의 전류가 낮은 전압으로 흘러가는 길이 마련되지 않는 한 감전사할 염려가 없는 것이다. 이 불행한 상황에서 전자(전류)의 흐름은 두 위치를 연결하는 전도체(우리의 육체)를 통한다.

반면, 아쉽게도 《놀라운 스파이더맨》 제9호에서는 스파이더맨의 전기 회로에 대한 빈약한 기본 지식이 노출된다. 스파이더맨이 처음으로 일렉트로와 격투를 벌여 절정에 다다랐을 때, 그는 일렉트로 머리 위로 철제 의자를

그림 23_《슈퍼맨》제1호의 한 장면. 슈퍼맨이 워싱턴의 한 로비스트를 한 손에 든 채 그에게 '접지'에 대해 설명해주고 있다.

던져 그가 발사한 번개가 비켜나가게 하고선 이렇게 설명한다. "과학에 대해 조금이라도 아는 사람이라면 금속 물질이 피뢰침 역할을 한다는 것쯤은 다 이해하고 있지. 저 철제 의자처럼 말이야!" 피뢰침의 작동원리에 대한 이해 부족을 노출한 이 발언은 스파이더맨이 우리가 생각했던 것처럼 그리 과학에 정통하지 않았다는 것을 암시한다. 번개는 스파이더맨을 반달 모양으로 비켜나가 날아오는 의자를 따라간다. 그 의자에 그 무엇도 연결되지 않았는데 말이다! 의자에 도달하면 더 이상 전류가 흐를 곳이 없는데, 일렉트로가 발사한 번개는 무엇 때문에 철제든 아니든 스파이더맨이 던진 의자를 따라가야 한단 말인가?

《스파이더맨 애뉴얼》 제1호에서는 더욱 실망스런 장면이 연출된다. 스파이더맨은 일렉트로와 다시 대면하기 전에 신중을 기한다고 전선을 복사뼈에 묶어 땅으로 연결해놓기까지 한다. 전기 덩어리를 마음대로 쏘는 악당과 싸울 때 기꺼이 피뢰침이 되어 모든 전기를 받아주고자 하는 넓은 마음씨의 소유자가 대체 어디 있을까?

사실 피뢰침은 그것이 금속으로 만들어졌느냐가 문제가 아니다. 번개가 빌딩의 가장 높은 곳(피뢰침)을 치면, 그 피뢰침을 따라 전류가 땅으로 흘러들어가면서 빌딩 지붕이 불이 나지 않도록 막아주는 것이다. 손가락 끝과 철제 문고리 사이의 정전기 쇼크는 손가락이 문고리에 접근했을 때에만 발생하는데, 이는 거리가 짧으면 짧을수록 전호電弧가 극복해야 할 저항이 그만큼 적기 때문이다. 이와 유사하게, 번개는 거리를 최소화하여, 땅으로 향하는 과정에서의 저항을 줄이려 한다. 그래서 번개가 칠 때 나무 밑에 서 있어선 안 되는 것이다. 나무에 떨어진 번개가 사람의 몸으로 우회할 가능성이 높기 때문이다. 빌딩에 설치한 피뢰침을 땅과 연결하지 않는다면, 피뢰침으로 들어온 전류는 할 수 없이 저항이 높은 지붕을 통로로 이용할 수밖에 없다. 그리고 구조물은 파괴된다.

일렉트로가 발사한 번개가 낮은 위치로 향하는 길을 찾아 그의 몸을 통과하게 되었다는 것은 그가 건물 지붕이 불에 타는 것과 같은 피해를 당한다는 것을 의미한다. 스파이더맨의 거미줄로 전기 충격을 어느 정도 막을 수는 있겠지만 자신의 몸을 땅에 연결한다는 것은 자신의 상황을 필요 이상 악화시키는 것이었다.

스파이더맨을 창조한 두 명의 작가 스탠 리와 스티브 딧코 중 그 누가 이 실수에 대해 비난을 받아야 하는지 분명하지 않다. 그 모호함은 1960년대 만화를 생산하던 '마블만의 방식'에서 기인한다. 악마처럼 경쟁하던 시절(스탠이 농담으로 DC코믹스를 언급하여 던진 말)에 만화 작가는 그림 밑의 설명뿐만 아니라 대사 및 생각까지 세밀하게 원고로 작성해야 했고, 그림은 어떠해야 하는지를 결정해야 했다. 편집자가 원고 검토를 통해 수정을 하고 나서 아티스트에게 넘기면, 아티스트는 대본에 적혀 있는대로 그렸다. 그런 다음 그림에 잉크로 덧칠을 하고, 대사를 넣고, 색깔을 입혔다. 만화 작가는 만화책이 가판대에 걸리고 나서야 비로소 자신의 작품을 감상할 수 있었다. 일 년에 엄청난 양의 만화가 쏟아져나오는 상황에서 이런 시스템이 제대로 돌아가려면 그 일을 감당할 만큼 작가도 편집자도 많아야 했다. 하지만 1960년대 초 마블에는 작가와 편집자의 수가 얼마 되지 않았다. 아니 스탠 리 한 사람이라 해도 과언이 아니었다. 그는 작가 겸 편집자로 《판타스틱 4》, 《스파이더맨》, 《엑스맨》, 《어벤저스》, 《놀라운 이야기》에 등장하는 캡틴 아메리카와 아이언맨 이야기, 닥터 스트레인저, 휴먼 토치 이야기, 《이상한 이야기》에 등장하는 SHIELD의 첩보원 닉 퓨리, 자이언트맨, 서브-

마리너, 《놀라운 이야기》에 등장하는 인크레더블 헐크, 데어데블, 2차대전 만화에 등장하는 서전 퓨리와 그의 용맹스런 전사들의 이야기에 개입했다. 마블 유니버스의 이야기들이 일관된 구조와 느낌을 풍긴다면, 그것은 의심할 여지없이 한 사람의 창의적인 목소리가 그렇게 다양한 만화들을 생산하는 데 영향을 미쳤기 때문이다.

매달 그렇게 많은 만화들이 만들어지는 상황에서, 스탠은 그 모든 만화의 대본을 창작한 시간이 없었다. 마블에서 일했던 대부분의 프리랜서 아티스트들은 매호 그림을 그려주고 돈을 받았고, 다음 호를 들어가기 전에는 반드시 지시 사항을 들어야 했다. 일하지 않으면 돈을 받지 못했다. 하지만 내가 알기로는 당시 마블에서 일했던 작가들은 가장 뛰어난 그림쟁이들로서 잭 커비, 스티브 딧코, 진 콜란 같은 거물들이 참여했다. 1954년 심리학자 프레드릭 웨덤Fredric Wertham,1895~1981 박사가 《순수의 유혹Seduction of the Innocent》이라는 저서를 통해 만화는 바람직하지 못한 대중문화의 형태로서 아이들의 탈선을 부추긴다고 주장하면서 만화계가 고사 직전에 처해 있었지만 이들은 만화를 그려 그 암흑기에도 충분히 먹고살 만한 재능을 갖고 있었다. 결과적으로 그들은 만화로 이야기를 전달하는 방법에 대해선 전문가들이었다. 작가가 그들에게 일일이 그림 하나하나를 어떻게 그려야 하는지 일러줄 필요가 없었다.

스탠 리는 시간이 없고 재능 있는 아티스트들은 많은 상황에서 가장 적절하게 문제를 해결하는 방법을 알고 있었다. 그것은 아티스트들로 하여금 먼저 이야기를 말하게 하는 것이었다. 그런 다음 스탠이 다음 만화 잡지에 들어갈 내용을 서너 페이지에서 단 몇 문단에 이르기까지 짤막하게 시놉시스를 작성했다. 이야기의 핵심, 악당의 정체, 악당의 능력과 그것을 어떻게 얻게 되었는지, 영웅이 악당과 싸움을 벌여 어떻게 해서 패배했고 끝에 가서는 어떤 전략으로 이기게 되는지에 대해선 스탠이 말해주었다. 그럼 아티스트들은 자신의 스튜디오로 돌아가 스탠의 시놉시스에 따라 그래픽 스토리를 구성했다. 그 그림이 완성되어 스탠의 책상이 놓이게 되면, 스탠은 각 그림에 캡션과 대화를 넣었고, 그 다음에는 인쇄 파트로 원고를 보냈다. 결과적으로 스탠 리와 아티스트들은 마블 스타일의 만화를 구성하는 데 있어서 공동 작가로서 플롯을 합심하여 짠 셈이었다. 따라서 스파이더맨이 기본적인 전류 상식조차 없다는 것에 대한 비난은 스탠과 딧토에게 공동으로 돌아가야 하는 것이다.

스탠과 딧토는 접지electrical grounding에 대해 잘 몰랐던 것으로 보인다. 하지만 그들은 적어도 전기와 물이 만나면 간단한 회로가 생긴다는 정도의 과학 상식은 가지고 있음을 다른 작품에서 보여준다. 그 대목은 스파이더맨과 일렉트로의 마지막 대결에 나온다. 천장에 스프링클러가 설치되기 전이라서 대부분의 빌딩에는 소방용 호스가 비치되어 있었는데, 스파이더맨은 가까운 곳에 있는 호스에서 물을 발사하여 일렉트로의 번개 발사 능력을 무력화시킨다. 스파이더맨은 호스의 밸브를 열면서 이렇게 생각한다.

'젠장! 나는 그동안 어떤 과학을 공부한 거야? 이 생각을 왜 진작에 못했던 거지?' 그는 일렉트로가 마음대로 번개를 쏘도록 만들면서 이렇게 주절거린다. '물과 전기는 섞이지 않는단 말씀이야!'

앞에서도 설명한 바 있지만 우리는 스파이더맨이 과연 과학을 제대로 공부했는지에 대해 의문을 품는다. 하지만 물과 전기는 섞이지 않는다는 그의 말은 맞다. 수돗물은 전기적으로 중성인 반면 소독에 사용된 염소 등 많은 이온들을 함유한 상태이다. 따라서 수돗물은 전류가 아주 잘 흐르는 전도체이다. 일렉트로는 높은 전위 차를 점하고 있기 때문에 슈퍼영웅들에게 치명적인 번개를 발사할 수 있는 것이다. 스파이더맨은 물로 일렉트로를 흠뻑 적신 다음 전선으로 일렉트로와 지면을 연결하여 그의 몸안에 축적된 엄청난 전기가 빠져 나가게 한다. 우리는 마블의 만화를 통해 이 정도의 물리학을 배울 수 있다. 《데어데블》에서는 경찰이 일렉트로를 물에 흠뻑 젖게 해서 호송차에 태워 안전하게 경찰서로 연행하는 장면이 나온다.

암페어의 법칙 Ampere's Law

17

▶▶▶ 일렉트로가 달릴 때 고압 발전기처럼 되는 이유

나는 앞장에서 금속 물질을 땅에 연결하지 않아도 전류가 통하리라 생각한 스탠 리와 딧토의 실수를 너그럽게 받아들였으면 한다. 당시 마블과 DC 편집진은 재미있는 스토리를 빨리 내고 싶은 충동에 그처럼 과학적 실수를 저질렀던 것이다. 앞에서도 말한 바 있지만 만화는 결코 물리학 교과서가 될 수 없다. 《스파이더맨》에 일렉트로가 등장할 때마다 전기에 대한 신비롭고도 기본적인 성질을 완벽하게 표현했다는 것이 큰 인상에 남는다. 한 번은 일렉트로가 대담하게 대낮에 은행을 털고는 경찰을 피해 스파이더맨처럼 고층 건물을 쉽게 기어올라가는 모습이 나온다. 앞으로 돌아가 15장에 있는 그림 22를 다시 살펴보자. 한 목격자가 "저것 봐! 이상한 옷을 입은 사람이 빌딩 벽을 올라가고 있어!"라고 외친다. 그러자 그 옆에 서 있는 다른 목격자가 이렇게 말한다. "전기를 이용해 빌딩 철근에 붙어서 올라가는 거야! 마치 자석처럼! 대단한걸!"

이 장면에서 나는 두 가지를 느꼈다. 첫째는 지나간 세월에 대한 향수이다. 보행자가 자신 앞에서 벌어지는 일에 대해 아무렇지도 않게 다른 사람에게 설명하던 시절을 생각해보라. 둘째는 일렉트로가 빌딩을 오르는 행위가 물리학적으로 가능한 능력이라는 점을 이해했었다는 것이 기쁘기만 하다. 전기 사나이 맥스 딜런(일렉트로)은 만화 속 두 번째 행인처럼 전류가 자기장을 만들어낸다는 사실을 이해했다. 암페어 현상Ampere effect은 한스 크리스티안 외르스테드Hans Christian Øersted, 1777~1851가 최초로 증명했고(자계강도의 단위에 그의 이름을 붙인다), 앙드레 마리 암페어André-Marie Ampère, 1775~1836가 완벽히 설명했다(전류의 단위를 그의 이름을 따라 암페어라 부른다). 어떻게 일렉트로의 전기를 조종하는 능력이 그에게 자기장을 만드는 능력까지 선사했을까? 그래서 공정하게 자기장의 변종 마스터인 매그니토에게 마음대로 전류를 조절할 수 있는 능력이 주어진 것은 아니었을까? 이 질문에 대한 해답을 연구하다 보면 만화에서든 현실에서든 전기와 자기장 사이엔 상당한 유사점이 있다는 것을 알게 된다.

멈춰 있는 하나의 전하는 다른 전하에 힘을 가한다. 그 힘은 두 번째 전하의 거리가 멀수록 약해지고, 전하의 극성에 따라 첫 번째 전하에 대해 인력이 될 수도, 반발력(혹은 척력)이 될 수도 있다. 따라서 우리는 첫 번째 전하 주위에 '힘의 지역zone of force'이 존재한다고 말할 수 있다. '힘의 지역'은 다른 말로 표현한다면 첫 번째 전하 주변에 '전기장'이 있다고 할 수 있다. 첫 번째 전하 부근에 놓여진 두 번째 전하는 첫 번째 전하에 의해 끌리든가 아니면 밀리는 힘을 경험한다. 전기장의 강도는 전하의 크기에 비례하고 첫 번째 전하와의 거리에 따라 달라지는데, 쿨롱 법칙(거리의 역제곱)에 따라, 거리가 매우 가까우면 두 번째 전하에 미치는 힘이 커지는 반면 멀어지면 약해진다. 두 전하 사이의 거리가 두 배로 멀어지면 두 전하 사이에 미치는 힘은 네 배 줄어들고, 세 배로 멀어지면 힘은 여섯 배 줄어드는데, 이를 '정전기력'이라고 한다.

전하에 의해 만들어지는 또 다른 '장(힘이 미치는 공간)'이 있는데, 이 장은 전하가 움직일 때만 만들어지며 '자기장magnetic field'이라고 한다. 전선을 따라 흐르는 전류가 나침반 바늘과 인접해 있다면 바늘은 자석이 나침반 바로 옆에 있는 것처럼 반대 방향으로 돌아갈 것이다(외르스테드 법칙). 전류가 흐르는 두 전선이 평행선을 유지하고 있는 경우, 전류가 흐르는 방향에 따라 두 전선은 서로 잡아당기거나 밀쳐내는데, 이는 두 개의 자석이 각각 남과 북을 향할 때는 서로 잡아당기지만(인력), 공히 북을 가리키거나 남을 가리킬 때로 서로 밀어내는(반발력) 현상과 같은 것이다. 일렉트로의 '전기 광선'에 의해 생성되는 자기장이 빌딩 철제빔의 자기장에 인력으로 작용하기 때문에 일렉트로는 빌딩이나 달리는 자동차에 달라붙을 수 있는 것이다.

전류가 흐르는 도선 사이에서 발생하는 힘은 엄밀히 말해서 정전기는 아니다. 전류가 흐르기 전의 전선은, 원자 속 전자들이 같은 수의 양전하 원자핵에 의해 균형이 잡힌, 전기적으로 중성인 상태이다. 전류가 전선을 흐르는 동안, 같은 수의 전자가 한쪽으로 들어와 반대쪽으로 빠져나간다. 전류가 흐를 때 전선들 사이에 여분의 힘이 존재하는 것은 전류가 만들어낸 자기장 때문이다.

왜 이러한 현상이 일어나는 것인가? 왜 전류는 모든 면에서 일반 자석과 다름없이 자기장을 만들어내는 것인가? 자력 현상의 이면을 알 수 있는 중

● 정전기력은 정지한 전하 사이에 작용하는 전기력을 강조하기 위한 용어이다.

요한 단서는 상대운동relative motion에 전하가 관련되어 있다는 점이다.

두 개의 전하가 같은 방향에 같은 속도로 움직이는 경우, 한쪽 전하의 입장에서 다른 전하는 정지해 있는 것처럼 보인다. 이러한 경우, 각 전하의 입장에서 두 전하 사이에는 정전기만이 존재하는 것처럼 여겨진다. 실험실에서 움직이지 않는 실험자에게 운동과 관련된 힘, 즉 자기장이 느껴지기 마련이다. 자력이 전하들의 상대적 운동과 관련이 있다는 것은 자기 현상을 단 한 단어로 설명할 수 있음을 암시한다. 특수 상대성 이론이 바로 그것이다. 아인슈타인이 1905년에 발표한 상대성 이론으로 자기장을 증명했다는 것을 설명하려면 몇 단어로는 부족하다. 하지만 우리는 수학을 사용하지 않고 설명하고자 한다.

나는 밀턴 로스먼Milton Rothman, 1919~2001이 전하들의 상대적 운동이 전하들이 움직이지 않아 힘이 존재하지 않는 상황에서 어떻게 힘을 생성할 수 있는지를 설명하기 위해 자신의 저서 《자연법칙의 발견Discovering the Natural Laws》에서 소개한 뛰어난 주장을 인용하고자 한다. 차량을 길게 단 기차 두 대가 나란히 놓여 있는 모습을 상상해보자. 한 기차에는 음전하들이 각각 1인치 간격을 두고 엄청나게 실려 있고, 나머지 기차에는 각각 1인치 간격을 두고 똑같은 수의 양전하들이 실려 있다. 우리는 기차를 따라 걸으면서 양전하와 음전하를 쌓은 차량이 수 킬로미터 이어져 있기 때문에 기차가 철로를 달리더라도 전하가 방출될 염려는 없다고 생각할 것이다. 그리고 우리가 하나의 작은 양전하(시험 전하)를 무척 먼 곳에서 들고 있다면, 그 전하는 양전하를 실은 기차와 음전하를 실은 기차 모두에게 똑같은 힘으로 끌려 결국 아무런 힘도 받지 못한다. 이제, 두 기차는 동일한 속도로 각각 반대 방향 즉, 음전하는 왼쪽, 양전하는 오른쪽으로 움직인다. 시험 전하가 고정된다면, 같은 수의 음전하와 양전하가 움직일 것이고, 그러면 알짜 힘은 발생하지 않는 것이다. 그러나 선로 위의 시험 전하가 양전하를 실은 기차와 마찬가지로 오른쪽 방향으로 똑같은 속력을 내어 움직인다면, 여분의 힘이 발생하여 오른쪽으로 움직인다.

제6장에서 우리는 플래시의 가공할 속도의 효과를 논하면서 정적인 입장에서 관찰했을 때 움직이는 물체의 거리를 단축시킬 수 있다는 특수 상대성 이론의 특성에 대해서도 언급했다. 양전하의 속도와 방향으로 움직이는 양(+)의 시험 전하의 입장에서 보면 플래시의 움직임은 양전하의 연결에 비해 정적이다. 따라서 시험 전하는 철로 위의 양전하들을 여전히 2cm씩 간격을 두고 있는 것으로 간주한다. 이와는 반대로 반대 방향으로 움직이는 음전하 연결은 거리가 줄어들어서 움직이는 시험 전하에 2cm보다 더 가깝게 접근한다. 그러면 시험 전하에 대한 정전기의 밀고 당기는 힘에 불균형이 발생할 것이고, 알짜 힘이 느껴질 것이다. 우리는 전하들이 상대적으로 움직일 때만 발생하는 이 추가적인 힘extra force에 자력磁力, magnetism이란 특별한 이름을 붙인다. 이 입장에서 보면 알짜 힘이 없이 움직이는 물체(전기적으로 중성)는 어떤 추가적인 힘을 발생하지 못하는데, 이는 양전류와 음전류에 의해서만 자기장이 생긴다는 실험 결과와 일치하는 것이다.

앞에서 우리는 플래시의 부츠와 땅과의 마찰로 인해 정전기가 플래시의 몸으로 전이된다는 점을 언급한 바 있다. 움직이는 전하들이 자기장을 창출한다는 점에서, 플래시가 최고의 속도로 달릴 때마다 자기장이 발생하여 그가 지나가는 길에 놓여 있는 모든 철제 물건(땅에 나사로 박지 않는 한)들을 끌어들이지 않는다는 것에 어리둥절할 뿐이다. 우리는 이 정전기, 공기 저항을 피하게 하는 '아우라aura', 즉 첨단 방전에 의해 발생하는 기류에 해당되는 자기장을 언급하지 않을 수 없다.

탐구 대상인 물체가 빛보다 훨씬 느리게 움직일 때는 상대성 이론을 간과하기 쉽다는 점에서, 움직이는 전하를 설명하기 위한 특수 상대성 이론을 사용해서 자력을 설명한다는 것은 자연스럽지 못하다. 물체가 빛의 10분의 1의 속도로 움직일 때조차 상대성을 무시하는 경우엔 미세한 오차가 발생한다. 그럼에도 불구하고 빛보다는 훨씬 느리게 움직이는 전하들에게는 자기장 창출을 통한 상대론적 효과relativistic effect가 여전히 존재한다. 분명히 말하지만 그 효과는 아주 작다. 어느 정도로 작다고 생각하는가? 수학적으로 계산하면 움직이는 전하에 의해 창출되는 자기장의 크기는 전기장을 빛의 속도로 나눈 값이다. 빛의 속도가 엄청나다는 점에서 움직이는 전하에 영향을 미치는 자기장은 전기장에 비해 아주 약하다. 그렇지만 보다 많은 전하를 움직이게 하거나 보다 빨리 움직이게 해서 전류의 크기를 높이면 자기장 역시 증가할 것이다.

전류와 자기장을 연결하는 암페어 법칙에 의해 '전자석(전기자석)' 같은 문명의 이기들이 만들어졌다. 전자석은 철심iron magnet core에 전선 코일을 감은 것이다. 코일에 흐르는 전류는 자기장을 만들고, 가운데 철심은 그 자기장을 강화시킨다. 《슈퍼보이Superboy》 제1호에서는 슈퍼보이가 엉성한 경비원들이 지키고 있는 군부대 무기고에서 탈취한 탱크들을 몰고 도시를 질주하는 갱단을 저지하는 장면이 나온다. 갱단은 1949년식 허머Hummers를 몰고 코츠빌을 쑥대밭으로 만들어 시민들을 공포에 떨게 한다. 이들 갱단은 탱크를 몰고 은행에 쳐들어가 폭행을 자행한다. 슈퍼보이는 도시를 날아다

그림 24 _ 슈퍼보이(《슈퍼보이》 제1호의 한 장면)가 전자기학 지식을 행동으로 펼쳐 보이고 있다. 그는 움직이는 거대한 전자석을 만들었다.

니며 손쉽게 탱크들을 회수할 수도 있었지만 그림 24에서처럼 보다 기술적인 방법을 사용한다. 슈퍼보이는 갱들에 피해를 입은 사람에게 기관차, 발전소 발전기, 그리고 3~4킬로미터의 전선만 있으면 된다고 말한다. 슈퍼보이는 날아서 거대한 발전기를 기관차 엔진 뒤의 비어 있는 석탄차로 옮긴 후 "연결만 하면 필요한 전기가 생성될 겁니다. 자, 전선을 감읍시다."라고 말한다. 그림 25에서는 전선을 감은 기관차가 선로를 달리는데 옆을 지나가던 갱단이 탈취한 탱크가 기관차에 끌려든다. 그러자 한 악당이 이렇게 외친다. "무슨 일이지? 탱크가 공중에 떠 있어!" 이에 조금 더 유식한 패거리가 말을 받는다. "기관차 때문이야. 자석이라서 우리 탱크를 끌어당기는 거라고!"

물리학적으로 아주 훌륭한 작전이었다. 발전기는 엔진 주변의 몇 킬로미터의 전선을 통과하는 전류를 생성했다. 전선 속의 전류는 전선 뭉치의 중

그림 25_ 그림 24에 이어지는 장면. 슈퍼보이가 자신의 지식과 힘을 사용해서 탱크를 몰고다니는 위험한 갱단을 붙잡는다.

심에서 발산되는 자기장을 생성한다. 기관차 엔진 같은 자성 물질을 전선 뭉치 한가운데 둔다면 강력한 자기장이 형성된다. 하지만 슈퍼보이의 홈메이드 전자석에 의해 발생하는 강력한 자기장이 왜 기관차 바퀴에 영향을 미쳐 구르지 못하게 하지 않았는지는 미스터리가 아닐 수 없다.

자기와 패러데이의 법칙 Magnetism and Faraday's Law **18**

▶▶▶ 매그니토가 달릴 때 일렉트로처럼 변하는 이유

　엑스맨이 처음으로 상대한 악당은 자력磁力의 변종 마스터로서 자기장을 생성하고 제어할 수 있는 초능력을 갖춘 매그니토였다. 그는 우리의 영웅들에게 미사일을 날리고 자기성 물질을 굴절시킬 수 있었지만 나무 야구방망이 앞에서는 전혀 힘을 쓰지 못했다. 사실 금속 물질 중에서도 매그니토의 힘을 무력화시키는 것들이 있었다. 즉 자동차는 쉽게 들어올릴 수 있으면서도 은수저나 금팔찌 같은 것엔 영향을 주지 못한다. 전기가 흐르지 않을 때 어떤 물질이 자성을 띠고 있는지 여부를 가늠하는 것은 무엇일까? 자력의 근원은 무엇인가?

　특수 상대성 이론은 전하의 운동을 수반하는 전류에 의해 생성되는 전자기장에 가장 필요한 이론이다. 하지만 철로 이루어진 자석에도 이 이론이 적용된다. 우리가 스티커를 냉장고에 붙일 때 쓰는 자석은 겉보기에 어떠한 전류도 흐르지 않는 것처럼 보이지만 사실은 자기장을 만든다. 상대성 이론으로 움직이지 않는 철 덩어리 자석이 가능한 것이다.

우주에 존재하는 모든 양성자, 전자, 중성자는 모두 자기장을 가진다. 이러한 자기장의 세기는 지구의 자기장, 혹은 전류에 의한 자기장과 비교하면 거의 느껴지지 않는 수준이다. 원자핵 주위를 회전하는 전자는 자기장을 만들어내는 조그만 전류 고리current loop로 간주된다. 그러나 이러한 회전 효과를 제외해도, 원자에는 여전히 자기장이 존재한다. 아원자 입자sub-atomic particles(원자보다 작은 입자)의 내적 자기장은 어디서 오는 것일까? 답은 양자 역학에 숨어 있다. 이에 대해선 다음 장에서 설명할 것이다. 특수 상대성 이론에서 시간과 공간은 별개의 존재가 아니라 하나로 연결된 시공간이다. 양자물리학의 기본 법칙에 따라 상대적 적응이 이루어지면 상대성 이론에 따라 전자, 양성자, 중성자는 극히 미세한 내부 자기장을 내포할 수밖에 없는데, 그 크기는 측정치와 정확히 맞아떨어진다. 이 기초적인 입자(소립자)들의 내부 자기장은 상대론적 양자 역학에서만 수학적으로 해석이 가능하다. 움직이지 않는 물질이라 하더라도 상대성 이론은 그것의 자기장을 이해하는 데 매우 중요하다. 따라서 아인슈타인이 없다면, 상대성 이론도 없고, 자기장도 없다는 말이 성립되는 것이다. 자기장이 없다면 자석도 없고, 가장 중요하게는 냉장고에 붙이는 자석의 존재도 없는 셈이다! 즉, 상대성 이론이 성립되지 않는다면 쇼핑 목록이 냉장고 문짝에 붙어 있지 않고 마룻바닥으로 떨어져 있어도 쳐다보지 못하는 사태가 벌어지게 되는 것이다. 이론 물리학 분야에서의 아인슈타인의 기념비적 업적이 없었다면 느리면서도 끈질긴 기아로 인한 죽음이 서서히 우리에게 다가오고 있을 것이다.

두 개의 자석을 마주보도록 놓으면 각기 다른 극 쪽으로 방향을 트는 것처럼 일반적으로 전자와 원자의 작은 자기장은 쌍을 이루길 좋아한다. 원

그림 26 _ 《엑스맨》 제1호와 제6호의 한 장면. 여기서 매그니토는 엑스맨을 위협하거나(제1호), 혹은 엔젤(제6호)에게 쫓기기도 한다. 제1호에서 매그니토는 자신의 능력을 사용해, 반反자기물질(이를테면 돌 같은 것)을 공중에 날려 엔젤을 공격한다.

자 내의 자기장이 쌍을 이루는 경우, 일반적인 원자가 알짜 전기장을 갖지 못하는 것처럼, 원자와 관련해서 어떠한 알짜 자기장도 느끼지 못한다. 이 것은 원자핵 속의 양성자가 같은 수의 전자와 상쇄되기 때문이다. 종이나 플라스틱 같은 물질 대부분이 자성을 띠지 않는다. 그리고 은이나 금 같은 금속들은 자신들의 모든 자기 모멘트Magnetic Moment* 들이 쌍을 이루게 한다. ** 만약 물질의 대부분이 쌍을 이뤄 알짜 자기장이 없다면, 그림 26에서처 럼 매그니토는 어떻게 자신과 다른 사람들을 공중 부양시킬 수 있을까? 기 본적인 물리 지식이 여기에 숨어 있다. 매그니토는 내부 자기장에 극성을 부여할 수 있을 정도의, 인간이나 물질을 자석 쪽으로 돌려세울 수 있을 정 도로 강력한 자기장을 생성할 수 있었다.

우리는 자성에 의한 공중 부양에 대해 논하기 전에 매그니토가 사람들을 공중에 띄울 수 있었던 것은 혈액 속의 철분 때문이 아니었다는 점을 강조 하고자 한다. 정맥이나 동맥에서의 일정치 않은 압력의 효과에 대해선 논 외로 하고 오직 혈액의 자성에만 초점을 맞추어보자.

● N극과 S극의 두 자기극이 일정한 거리로 떨어진 상태에서 나타나는 자성의 양
●● 《애텀》 제3호에서 타이니 타이탄(애텀)은 물리학 교수 아르페우스 V. 하얏트 박사가 발견한 타임풀 Time Pool을 이용하여 과거를 여행한다. 하얏트 박사는 우주의 작은 지점에 모든 색의 미세한 변화 로 환상적으로 아름다운 빛을 비춤으로서 다른 시간대로 갈 수 있는 작은 문을 만들어낸다. 이 타임 풀의 입구 지름은 겨우 15cm에 불과하다. 박사는 낚싯줄에 자석을 매달아 과거에서 자성을 띤 물질 을 끄집어내려 한다-박사는 역사 속의 아주 작은 변화로 인해 현재가 있다는 '나비 효과'에 대해선 전혀 모르는가 보다. 그 문으로 통과할 수 있을만치 자신의 몸을 축소시킬 수 있는 애텀은 그 자석 을 따라 움직이다가, 율리우스 달력을 현재 통용되는 그레고리안 달력으로 바꾸는 서문에서의 이야 기에서처럼, 과거로의 탐험에 뛰어든다. 결과적으로 애텀은 기원전 500년 당시에 아라비아에서 통 용되던 로마숫자와 아랍숫자가 새겨진 금화 한 잎을 들고 돌아온다. 애텀은 자석이 그 동전을 끌어 당기는 바람에 현재로 돌아와서는 이렇게 말한다. "자석이 금화를 끌어당겼다는 점에서 박사는 앞으 로 신비한 인물로 부각될 것이다." 사실 하얏트 박사를 신비스런 인물이라 불러야 마땅하다.
●●● 영화 〈엑스맨 2〉를 보면 매그니토는 자신의 동료 미스티크가 소량의 자성 금속물질을 경비원의 핏 줄에 주사 놓은 후에서야 그 경비원을 제압하고 간신히 플라스틱 세포에서 빠져나올 수 있었다.

철이나 코발트 같은 소수의 금속 물질들은 원자가 제로(0)가 아닌 알짜 자기장을 가질 수 있을 정도로 쌍이 아닌nonpaired 구조를 이룬다. 하지만 피속의 철은 우리가 숨쉴 때 산소를 인체로 끌어들이면서 이산화탄소는 내보내는 단백질의 일종인 헤모글로빈으로 형성된다. 헤모글로빈은 모양새가 몸을 움추린 벌레같이 생긴 글로빈이라는 네 개의 커다란 단백질로 이루어진 매우 큰 분자다. 각 단백질은 탄소, 질소, 산소, 수소, 철로 이루어져 있는 거대한 분자 '헴Heme'을 포함한다. 각 헴 분자의 중심에 있는 철 원자는 화학적으로 이웃한 원자들과 결합한 상태다. 여기에 철 원자가 화학적으로 산소와 결합하는 것을 학문적인 용어로 러스트Rust라고 한다. 폐철을 취급하는 사람들을 알겠지만 러스트의 자기성은 약하다. 러스트의 가장 보편적인 행태는 3개의 산소 원자와 2개의 철 원자(적철석赤鐵石, hematite)가 결합된 것으로 비자기성을 띤다. 이와는 상반되게 4개의 산소 원자와 3개의 철 원자(자철석磁鐵石, magnetite)가 결합된 형식은 자성을 가진다. 자철석에 포함된 철은 산소 원자와 결합하는 순간 자기장을 상실한다. 전자를 공유하는 철과 산소가 철에 포함된, 아직 남아 있는 전자 자석들이 쌍으로 짝짓기하기 때문이다. 헤모글로빈을 세포에 전달시키기 위해 여분의 산소 분자를 포획하느냐, 호흡을 통해 빠져나갈 이산화탄소 분자를 운반하느냐에 따라 철이 자기장을 가지느냐 여부가 결정되어진다. 하지만 어느 경우에도 혈액의 성분이 외부 자기장에 의해 영향을 받는 경우는 극히 드물다.***

철이 화학적으로 산소 원자와 결합되어 있지 않더라도, 개별 원자들이 적절히 배열되지 않는다면 자기성을 띠지는 않는다. 일반적으로 철이나 코발트 내부에 들어 있는 원자들은 '자기 구역domain'이라 부르는 작은 지역을 형성하며 정렬하는데, 자기 구역에선 모든 철 원자들의 자기장이 한쪽으로

만 방향을 튼다.

그러나 엔트로피를 고려해서 계산하면, 자기 구역마다 스핀spin[*]의 방향은 서로 다르게 되어 결국 그들이 생성한 자기장은 상쇄된다. 철 막대기를 가열하여 그 원자들이 엄청난 열에너지를 머금게 하고 마음대로 회전할 수 있도록 한 다음, 그것을 강력한 외부 자기장 속에 내려놓으라. 외부 자기장은 대부분의 자기 지역들을 한쪽 방향으로 정렬시킬 것이고, 철은 정상 기온으로 떨어지면 거대한 알짜 자기장을 내포하게 될 것이다.

자성을 띤 철 조각을 망치로 내려치거나 오븐에 달구면 자기 구역들은 제멋대로 방향을 설정하게 될 것이고, 그로 인해 자성을 상실하게 된다. 잘 구부러지는 신용카드 크기의 냉장고용 자석들은 두 줄기 스트립(자기 선)에 자기장을 포함한다. 모든 자기 지역들을 한쪽으로 향하도록 정렬하기보다는 한 스트립에는 냉장고 방향을 가리키는 북극을 내포하고, 그 옆에 그어진 다른 스트립은 냉장고와 다른 방향을 가리키는 나름대로의 북극을 가진다.[**] 이렇게 같은 방향을 가리키는 주위 원자들의 자기장과 동화되어 자기 지역을 형성하는 물질을 강자성체强磁性體, ferromagnetic라 부른다.

산소 분자, 가스 모양의 나이트릭 옥사이드, 알루미늄을 '상자성체 Paramagnetic Material'라고 한다. 이들 고체에 있는 많은 원자들은 주위 원자들

● 작은 원자는 지구처럼 자전운동을 한다. 이런 자전운동을 스핀이라 부른다. 스핀의 방향은 지구 회전축 방향이다.

●● 신용카드 크기의 자석 2개를 긴 쪽이 같은 방향을 향하게, 즉 자기장이 서로 마주보도록 놓아라. 그런 다음 두 자석을 하나는 왼쪽으로 다른 하나를 오른쪽으로 살며시 밀어라. 그리고 나서 자석 하나를 뒤집어서 두 자석을 다시 스쳐나가게 하면 스틱-슬립stick-slip(두 개의 물체를 비켜 지나가게 할 때 자발적으로 발생하는 불규칙한 경련 현상)을 목격하게 된다. 한쪽 카드의 자기장이 다른 쪽 카드의 자기 영역 스트립들 사이의 벽들과 충돌하는 것을 느낄 수 있다.

과 대단히 약한 자기적 상호 작용을 한다. 그래서 강한 외부 자기장에 놓이게 되면, 원자는 이웃한 원자와 함께 스스로 외부 자기장 방향으로 정렬하지만 자기장이 사라지면 곧 다시 스핀 방향이 무질서해진다.

그리고 스핀이 외부 자기장과 반대 방향인 물질을 '반자성체反磁性體, Diamagnetic Material'라고 부른다. 이 안에선 주위 원자들 사이에서의 상호 작용 원칙과 원자들의 화학적 순위에 의해 원자 자기(원자 내부의 전자궤도에 의해 생성되는)들이 외부 자기장들과는 반대로 정렬된다. 외부 자기장의 북극이 위를 가리키면, 원자 자기의 북극은 회전하여 밑을 가리킨다. 반자성체는 어떤 외부 자기장이라도 상쇄하고자 하는 성질을 가진다. 물 분자가 바로 반자성체다. 물이 대부분을 차지하는 인간의 몸 역시 그러하다.

이러한 반자성 성질로 인해 매그니토는 그림 26에서처럼 자신뿐만 아니라 다른 사람들도 공중 부양시킬 수 있다. 중간 세기의 자기장은 우리 몸에 있는 원자들이 극성極性을 띠도록 하기에는 다소 약하다. 반자성의 상호 작용은 상대적으로 약하다. 따라서 상온에서는 원자의 진동 때문에 원자들이 자기적으로 정렬할 수 없다. 매우 강한 자기장에서는, 지구 자기장의 20만 배 이상 되어야(냉장고 자석 자기장의 최소 100배 이상 되어야) 인간의 몸 안의 비자성체 원자들이 같은 방향을 가리킬 수 있다. 두 개의 자석이 북극을 마주보도록 붙여놓으면 서로 밀어내듯이, 이제 극성화된 우리도 매그니토가 생성하는 외부 자기장에 의해 튕겨나갈 것이다. 매그니토가 강력한 자기장을 생성하게 됨으로써, 자기적 반발력은 중력의 법칙을 무효화시킬 수 있다(즉, 자기 반발력의 양력위로 끌어당기는 힘이 인간이 밑으로 끌어당기는 힘과 같아지거나 커지고, 그로 인한 알짜 양력에 의해 인간을 지상에서 뜰 수 있다는 것이다). 이러한 일이 현실화되려면 엄청난 자기장이 형성될 수 있어야 하고 실제로 가능하다. 네덜란드의 네이메헌대학 자기장 연구소(High Field Magnetic Laboratory)는 웹사이트에 개구리, 메뚜기, 토마토, 딸기 등이 공중 부양하는 이미지와 동영상을 올려놓고 반자성 공중 부양의 가능성을 엿보게 한다.

전류가 자기장을 형성한다면, 움직이는 물체는 가까운 전선에 전류를 유도할 수 있는가? 엑스맨을 본 사람이라면 알겠지만 가능한 일이다. 매그니토는 엑스맨, 때로는 간혹 보잘것없는 인간들과 싸우면서 변화 능력을 사용하여 금속 물질을 공격용 무기나 방패로 전환시키기도 한다. 매그니토의 힘은 이미 자성을 띤 금속에 가장 큰 효력을 발휘한다. 오직 세 가지 금속(철·코발트·니켈)만이 실온에서 자기성을 띤다. 매그니토는 강철보steel girder를 철로 마음대로 전환시킬 수 있다. 하지만 그의 능력은 반자성 물체를 극성화시키기 위해 엄청난 노력을 기울이지 않는 한 금팔찌에는 맥을 쓰지 못한다. 매그니토의 진짜 능력은 자성 물질을 다룬다는 것보다는 전류를 조종할 수 있다는 데에 있다. 예를 들어서, 자성의 변종 도사인 매그니토는 엑스맨이 자신의 세계 정복 계획을 방해하지 못하도록 하기 위해 전류가 약한 지역을 자동적으로 변화시키는 컴퓨터 패널을 만들었다. 혹시라도 엑스맨이 그 장비를 무력화시킬까 싶어 프로그램용 버튼과 다이얼을 없앴다. 매그니토는 회로를 따라 흐르는 전류를 변경하여 그로 인해 생성되는 자기장을 통해 영향을 미치는 방식으로 패널을 조종했다. 뿐만 아니라 컨트롤 패널에 대한 자기장에 변화를 줌으로써 그에 걸맞은 전류가 흐르도록 했다.

변화되는 자기장이 어떻게 해서 전류를 생성할 수 있는 것인가? 이에 대한 대답을 찾기 위해선 앞에서 설명한 전류와 자기장에 대한 상대 운동

relative motion을 상기할 필요가 있다.

자석에 다른 자석을 가까이 접근시키면 가만히 있던 자석이 밀리거나 끌려드는 것처럼, 외부 자기장은 전류에 힘을 가할 수 있다. 앞 장에서 설명한 바 있지만, 움직이는 전하는 다른 자기장들(또 다른 전류에 의한 것이든 혹은 냉장고 자석에 의한 것이든)과 상호 작용하는 자기장을 생성할 수 있다. 전하가 움직이지 않지만 외부 자기장 범위 안의 전선에 남아 있다면, 그 어떤 힘도 그 전하들에 영향을 미치지 못한다.˙ 전하들이 전선에 남아 있는 동안 외부 막대자석을 움직인다면 어떻게 될까? 자석이 전선을 향해 움직인다고 가정했을 때, 자석의 입장에서는 움직이는 것은 자신이 아니라 전선인 것이다.

자기장은 근원을 따지고 보면 모두 상대 운동에 관한 것이다. 두 눈을 가리고 일정한 속도로 직선으로 달리는 자동차를 탔다면, 목적지에 도착해서 실제로 움직인 것이 경치가 아닌 자동차라는 것을 어떻게 증명할 것인가? 속도나 방향을 바꾼다면 가속과 연관된 힘을 느낄 것이고, 그래서 실제로 움직인 것이 바로 나라는 것을 알게 된다. 하지만 운동이 일정하게 이루어지는 경우엔, 내가 움직이는 것인지 아니면 다른 것들이 움직이는 것인지 증명할 수 없다. 그저 주변에 따라 상대적으로 움직이고 있다고 말할 수 있을 뿐이다.

마찬가지로, 자석이 전선에 접근할 때, 자석의 입장에서는 자신은 멈춰 있지만, 고정된 이온이나 전하가 자신에게 온 것이 된다. 하지만 움직이는

● 이 책을 진지하게 읽은 독자라면 전선이 정적이지만 전자들이 제멋대로 이리저리 움직이는 등 쉬지 않고 운동한다는 것을 알고 있을 것이다. 그 이유는 전자들의 온도로 정해지는 운동에너지 때문이다.

전하는 자석의 자기장과 상호 교류하는 자기장을 형성한다. 따라서 자석을 전선에 접근시키면, 그 자석은 양이온과 음전하 전자로부터 두 종류의 전류를 보게 된다. 힘이 전선에 있는 전하에 가해지며, 전자는 이 힘이 반응하여 자유롭게 움직인다. 비록 그가 얼마나 섬세하게 자기장들을 조종할 수 있느냐에 따라 그 정밀성이 결정되는 것이지만, 이러한 방식으로 그는 어떤 장비라도 그 전류의 방향을 마음대로 조종한다.

자기장이 전하에 영향을 미치는지 여부를 고려할 때 상대적인 운동이 유일한 변수라면, 자석은 가만히 있고 전선이 자석을 통과하는 상황은 어떻겠는가? 전하에 힘이 발생하겠는가?

정답은 '그렇다'이다. 만약 전선을 당겨서 자석에 가져다 놓는다면, 전선을 가만히 두고 전압을 전선에 흘렸을 때와 같이, 전선에 있는 전하가 움직일 것이다. 어떤 경우라도 전자들은 일정한 속도로 고정된 지점을 통과한다. 자석 부근에 흐르는 전류가 존재한다면 우리는 전류와 자석이 어떻게 상호 작용하는지 알게 된다. 이 상황에서 움직이는 힘이 전선들에 가해져서 전류가 흐르도록 유도된다. 우리는 전선을 외부 자기장에 통과시키는 방식으로 움직이는 전선에 관련된 물리적 에너지를 전류로 표현되는 전기 에너지로 전환시킨다. 전선의 입장에서는 자석이 전선 루프를 통과하거나, 그 루프가 자석을 통과하는 것은 전혀 문제가 되지 않는다. 전선의 전하들과 루프를 꿰는 자기장의 크기 사이에 상대 운동이 존재하는 한, 외부 전압이 없더라도 전류는 유입된다. 억지스러운 감이 없지 않지만 사실 전기는 이런 식으로 우리 집에 들어오고 있는 것이다.

일렉트로가 하룻밤의 범죄 행각을 위해 충전하는 것처럼, 발전소는 전선 코일을 통과할 때 전류가 전선으로 유도된다는 원칙에 따라 가동한다. 이 현상을 마이클 패러데이_{Michael Faraday, 1791~1867}의 이름을 따서 패러데이의 법칙_{Faraday 's Law}이라고 한다. 전선으로 유도된 전류는 변하는 외부 자기장과는 반대의 방향으로 자기장을 생성한다. 잠시 후 설명하겠지만 이는 에너지 보존의 결과이다. 상황에 따라 '맴돌이 전류_{Eddy Current}'라고 불리는 이 전류는 코일을 통과하면서 강해지거나 약해진다.

거대한 자석을 고리 일부분이 떨어져나간 반지처럼 구부리고 나서, 남극과 북극에 해당되는 지점에 코일을 걸어 떨어져나간 부분을 다리처럼 연결한다고 가정해보자. 처음에는 자석의 두 극과 코일이 직각으로 있어 자기장이 고리를 통과한다. 하지만 코일을 90도 돌리면 코일은 양극과는 멀어지게 되고, 그로 인해 아주 약한 양의 자기장만이 코일을 통과한다. 코일이 오른쪽으로 더 돌아가, 두 극이 다시 수직이 되면 코일을 통과하는 자기장의 양은 다시 세진다. 다시 1/4 바퀴를 돌고 나면 면을 통과하는 자기장의 양은 다시 약해진다. 코일을 통과하는 자기장에 변화가 생길 때마다 전류는 많이 흐르거나 적게 흐르게 된다. 코일이 회전할 때마다 전선으로 유도되는 전류는 앞뒤로 요동을 친다. 교류(AC)를 직류(DC)로 바꾸는 트릭이 있다. 하지만 교류를 사용하고 있는 수많은 현실적 이유들로 인해 현재로서는 그렇게 하고 있지 않다. 코일은 1초에 60번 회전을 한다. 그래서 미국에서는 교류가 60Hz의 주파수를 갖는다. 유럽에서는 직류를 쓰고 50Hz의 주파수를 갖는다.

회전하는 코일을 통과하는 자기장이 변할 때 전류가 흐른다. 자기장이 회전하는 코일을 통과하면 전류가 흐른다. 에너지 보존의 입장에서, 전에는 존재하지 않았던 전류를 생성하기 위한 목적으로 코일을 회전하기 위해서는 에너지가 필요하다. 《배트맨의 재공격_{The Dark Knight Strikes Again}》 제1호에서 프랭크 밀러●Frank Miller, 1957~는 직류 전기를 사용하는 암울한 미래상을 그린다. 슈퍼영웅들은 렉스 루서가 통치하는 나라의 노예로 전락하는데, 플래시는 거대한 도시에 필요한 전기의 3분의 1을 조달하기 위해 쉬지 않고 러닝머신을 달려야 한다. 제11장에서 플래시가 '속도와 힘'을 조절하는 능력을 통해 에너지 보존 법칙의 허점을 찾았다는 점을 상기하자. 루서는 이 물리 법칙의 맹점을 통해 경제적 이득을 볼 수 있으리라 생각했다. 하지만 우리가 사는 현실 세계에서는 에너지 보존의 원칙에 단 하나의 예외도 존재하지 않는다. 터빈을 돌려 전기를 생성하는 에너지는 우리가 차를 끓이기 위해 사용하는 것과 똑같은 과정에서 비롯되는 것이다.

모든 상업용 발전소는 물을 끓여 전기를 생산한다. 물이 끓어 발생한 증기는 팔랑개비처럼 생긴 터빈을 돌려 강력한 자석 속에 들어 있는 전선 코일들이 연결되도록 한다. 터빈이 회전하면, 코일도 회전하고, 그래서 전류가 만들어진다. 물을 끓이려면, 석탄, 기름, 천연가스, 혹은 쓰레기(듣기 좋은 말로 '바이오매스bio-mass') 같은 것을 태워야 한다. 그 대안책으로, 핵반응에 의한 초과열excess heat로 물을 끓여 터빈을 돌릴 수 있다. 그러나 초과열은 자석의 남극과 북극 사이의 코일에 붙어 있는 팔랑개비를 돌리기 위해 그저 스팀을 만들어낼 뿐이다. 석탄, 기름 혹은 쓰레기에 축적되어 있는 화학에너지는 우리가 먹는 식품에 들어 있는 화학에너지와 근본적으로 다를 바 없다. 햇빛은 태양핵太陽核, solar core 내부에서 가동되는 핵융합 반응의 부산물이다. 따라서 모든 전력 발전소는 각자의 정치적 입장에 따라 핵발전소 혹은 태양열 발전소라 불러도 무방하다.

───────● 영화 〈씬시티sin city〉 등의 원작자

풍차가 도는 것은 대기의 온도 차이 때문이다. 온도 차이는 대기에 흡수되어 구름에 의해 반사되는 햇빛의 공간적 변화로 인해 발생한다. 분명히 말하지만, 태양 전지를 가동하려면 햇빛이 있어야 한다. 댐이나 폭포에 내재되어 있는 물의 위치에너지를 운동에너지로 바꾸어 터빈을 돌리는 수력발전, 물을 끓이기 위해 지구 내부의 열을 이용하는 지열발전은 논외로 하고, 그밖의 모든 발전發電 메커니즘은 햇빛에서 다른 형식으로 전환하는 과정을 거친다. 당연한 소리지만, 햇빛이 없다면 우리도 있을 수 없다.《슈퍼맨》에서 크립턴 행성의 과잉 중력에서 비롯된 칼엘(슈퍼맨)의 힘의 근원이 햇빛으로 바뀐다는 점에서 아마도 작가들은 여기에서 논한 기본 지식을 알고 있지 않았나 싶다.

전자기와 빛

　　1800년대 중반, 미국 서부 개척시대에는 화려한 복장의 슈퍼영웅들은 없었지만, 정의와 진실을 위해 싸우는 의로운 총잡이들은 많았다. 다행스럽게도 1950년대 이들을 주인공으로 한 서부만화의 폭발적인 인기가, 프레드릭 워담Fredric Wertham, 1895~1981 박사의 저서《순수의 유혹Seduction of the Innocent》으로 시작된 슈퍼영웅 만화에 대한 비판으로 곤경에 처한 만화잡지 발행인들의 숨통을 터주었다.

　　그린 랜턴과 슈퍼영웅들의 그룹 '미국의 정의 사회를 위한 협회Justice Society of America'가 등장하던 《올아메리칸 코믹스All-American Comics》는 서부만화 인기에 편승하여 그 제호를 《올아메리칸 웨스턴All-American Western》으로 바꾸었고, 쟈니 선더(낮에는 선생님, 밤에는 총잡이) 같은 보통 사람과 다를 바 없는 영웅들을 대거 등장시켰다. 《올스타 코믹스All-Star Comics》도 《올스타 웨스턴All-Star Western》으로 제호를 바꾼 후 트리거 트윈스Trigger Twins라는 쌍둥이 총잡이를 등장시킨다. DC 코믹스에서는 상처 받은(육체적, 심리적으로) 고

독한 반항아 조나 헥스jonah hex가 홀로 서부를 여행하면서 악을 응징하고, 과부들을 구한다. 배트 래시Bat Lash와 비저런트Vigilante는 법을 무시하면서까지 악을 응징하는 정의의 무법자들이다. 한편, 마블의 서부만화는 철저히 어린이를 겨냥한 것들이었다. 투건 키드Two-Gun Kid, 키드 콜트Kid Colt, 링고 키드Ringo Kid, 로하이드 키드Rawhide Kid는 기본적으로 같은 일을 하는데, 잡지가 매호 발간될 때마다 새로운 마을을 찾아다니면서 소도둑과 열차 강도들을 제압한다. 19세기 중반은 카우보이 보안관들이 현실에서나 만화에서 무법의 서부 지역 치안을 담당한 시기였을 뿐만 아니라 과학들이 전기와 자성의 특성을 규명하기 위해 노력한 시기였다.

미국의 남북전쟁이 한창이던 1862년 전기와 자기장을 연결하는 기념비적인 학문적 도약을 이루어 새로운 과학 시대를 열게 한 사람은 스코틀랜드의 물리학자 제임스 맥스웰이었다. 그는 쿨롱, 가우스, 암페어, 패러데이 등이 발견한 여러 방정식들을 연합하여 오늘날 우리가 일반적으로 부르는 '맥스웰 방정식Maxwell's equations'으로 전자기 복사電磁氣輻射, electromagnetic radiation에 대한 기본적인 이론적 토대를 제시했다. 이 과학자들이 우리가 보는 만화에 등장하는 경우는 없지만 이들이 없었다면 우리는 여전히 촛불을 켜고 책을 읽고 있을지도 모른다.

토스터나 백열전구가 어떻게 작동하는지 알기 위해선, 앞에서 전류를 설명할 때 들었던 물에 대한 비유를 생각해봐야 한다. 수도꼭지의 수압은 전압에 비유할 수 있고, 물은 시간당 호스를 흐르는 전류라고 보면 된다. 호스가 완벽하지 않기 때문에 물이 일정하게 호스를 흐르도록 하기 위해선 일정한 압력이 가해져야 한다는 주장은 호스 내부에 부분적으로 막힌 부분이 있고, 물이 새어 수압을 낮추게 하는 구멍도 뚫려 있다는 암시이다. 수압이 크면 클수록 그만큼 수류水流, water current도 세진다. 달리 설명해서, 수압이 고정되는 경우, 저항이 크면 클수록 수류는 그만큼 약해진다는 말이다. 이러한 상식적인 원칙들을 간단한 방정식으로 나타낼 수 있다.

$$V = I \times R$$
전압=전류×저항

이것이 바로 '옴의 법칙Ohm's Law'이다. 초기에 전자기력(혹은 전자기)Electromagnetism 분야의 선구자였던 조지 옴George Ohm, 1789~1854의 이름을 따서 '옴(Ω)'을 저항의 기본 단위로 부르게 된 것이다. 호스가 길고 가늘면서 막힌 부분이 많고 구멍도 많이 나 있다면 물 흐름에 대한 저항이 그만큼 커진다. 길고 가는 호스의 한쪽 끝의 수압이 높다 하더라도 수도꼭지에서 몇 킬로 떨어진 반대쪽 끝에서는 간신히 물이 졸졸 흘러나올 뿐이다. 충전용 케이블이 상대적으로 짧고 굵은 것도 같은 이유 때문이다. 그래야만 한쪽 배터리에서 다른 쪽 배터리로 전류가 흐를때 손실이 적다.

호스의 작은 구멍들은 에너지 손실을 의미하면서 일정한 수압이 유지되어야만 지속적인 수류가 가능하다는 점을 설명해주는 것일 뿐 뉴턴의 제2법칙에서 말하는 흐름의 가속을 의미하는 것은 아니다. 구리 전선에는 전자들이 새어나갈 구멍이 없지만 그렇다고 저항마저 없는 것은 아니다. 전선 한쪽 끝에서 전자들은 가속전압에 의한 엄청난 힘을 느낀다. 따라서 엄청난 위치에너지가 발생하지 않을 리 없다. 전자들이 전선을 타고 흐르는 동안 그것들의 위치에너지는 운동에너지로 변한다. 전자들의 운동에너지가 크면 클수록, 전자들은 그만큼 빨리 전선을 타고 흐르고, 전류도 그만큼 많아진다. 전선의 하자나 불순물은 과속방지턱 역할로 작용하기 때문에 빠르게 움직이는 전자들은 이러한 걸림돌들과 충돌하게 되고, 그 과정에서 일부 에너지가 그러한 불순물로 옮겨져서 전자들로 하여금 진동이 일어나게 한다. 전선이 뜨거워지는 것이 이 현상 때문이다. 일정한 전압에서, 최종 전류는 적용된 전압에서 파생된 전자에 의한 운동에너지와 걸림돌로 옮겨지는 에너지와의 균형에 의해 정해진다.

걸림돌은 불순물 혹은 일반적인 결정* 배열에서 벗어난 원자들이다. 전선의 다른 원자들이 그런 것처럼, 걸림돌은 자신들을 둘러싼 전자 무리를 거느리고 있다. 불순물들이 전류와 충돌한 후 앞뒤로 흔들릴 때, 그것들의 전하들 역시 흔들리게 된다. 제9장에서 설명한, 흔들리는 진자(추)의 변이變異에 대해 다시 생각해보자. 가는 줄에 매달린 진자는 움직일 때마다 전하를 운송한다. 전하된 질량이 앞뒤로 움직이는 것이 바로 전류지만, 전하된 운동의 속도는 지속적으로 변한다. 이러한 식으로 자기장이 생성되는데, 그 크기 역시 변한다. 이 자기장은 전기장을 유도한다. 따라서 진동하는 전하는 변하는 자기장과 보조를 맞추어 전기장을 지속적으로 생성한다. 전하된 물질들이 빨리 흔들리면 흔들릴수록, 전기장 및 자기장 진동 주파수가 크게 생성된다. 전기 및 자기파가 에너지를 지니고 있기 때문에 공기 저항이 없다 하더라도 흔들리는 진자는 점차 속도를 늦추게 된다. 전하된 진자의 조화 운동에 의해 생성되는, 흔들리는 전기장 및 자기장에 붙는 이름이 있다. 바로 '빛'이란 이름이다.

──── ● 원자의 규칙적인 배열을 결정 구조라 한다.

엑스레이 안경이 만화책에서 속임수로 나오는 이유

전류를 운반하는 전선 속의 하자가 있는 원자들은 교류alternating 전기장 및 자기장을 방출한다. 전선 속의 불순물들과 연결된 전자들의 진동이 빠르면 빠를수록, 전자기파electromagnetic wave의 주파수가 그만큼 높게 생성된다. 실온에 있을 때, 전선 내의 모든 원자(그리고 모든 전자)들은 초당 1조 사이클로 진동한다. 따라서 어떤 물체라도 실온에서는 1초에 1조 사이클의 주파수를 가진 전자기파를 발산한다. 이러한 진동 주파수를 가진 전자기파를 '적외선 복사Infrared radiation'라 한다. 온도가 높으면 높을수록, 물체 속의 원자들은 그만큼 빨리 흔들리고, 적외선의 주파수 역시 그만큼 높아진다.

원자 속의 전하들이 얼마나 빨리 진동하느냐에 따라, 즉 1초에 몇 번 앞뒤로 흔들리느냐에 따라 그 파동은 1m에서부터 원자핵의 지름에 이르기까지의 파장(한 파동의 가장 높은 지점에서 그 다음 파동의 가장 높은 지점까지의 거리)을 가질 수 있다. 우리는 장파장long wavelength 전자기파를 '라디오파 Radio wave(1초에 100만 사이클 주파수)'라 부르고, 초단파ultrashort wave는 '감마 선Gamma rays(1초에 100만 조 사이클 주파수)'이라 부른다. 감마선은 더 많은 에너지를 갖고 있고, 라디오파보다 인간에게 더 치명적인 해를 끼친다. 사실 FM 송신 안테나에 근접한다고 해서 초능력을 가지게 된 사람은 아무도 없지 않은가. 하지만 두 가지 현상은 본질적으로 같다고 볼 수 있다. 전선 속의 원자들이 전구 속의 필라멘트처럼 인간의 눈으로 감지할 수 있는 전자기파를 방출하려면 1초에 1,000조 번 진동해야 한다.

우리는 태양이 왜 빛나는지 알고 있다. 제2장에서 설명한 바 있지만, 태양 중심부의 중력에 대한 엄청난 압력은 개별적인 양성자(수소 핵)들과 중성자들을 하나로 뭉쳐 헬륨핵을 형성하게 한다. 헬륨핵의 질량은 2개의 양성자와 2개의 중성자의 질량에는 각각 미치지 못한다. 이러한 질량 부족으로 아인슈타인의 공식에 따라 가공할 에너지 방출이 발생하게 된다. 방출되는 에너지가 내부로 향하는 중력과 균형을 이루기 때문에, 태양은 자신의 연료를 태우면서(1초당 수소 핵 6억 톤을 태운다) 비교적 안정을 이룬다. 이러한 핵융합 반응에 의해 만들어진 에너지의 일부가 운동에너지인데, 빠르게 움직이는 전하된 헬륨핵은 속도가 빨라지면서 전자기 복사를 방출한다. 가속도는 속력의 변화율이다. 헬륨핵이 속도를 올리거나 내릴 때마다, 고밀도 핵심부의 또 다른 핵과 충돌하면서 방향을 바꿀 때마다 빛이 방출된다. 우리의 시야에 들어오는 햇빛은 태양의 중심부에서 겉으로 올라오는데, 이는 오랜 시간이 걸린 아주 예전의 것이다. 안개 낀 밤에 시야가 어두운 것은 물기를 잔뜩 머금은 대기가 빛을 사방으로 흩어놓기 때문이다. 태양 내부의 밀도는 말할 필요 없이 매우 조밀하다. 핵융합 반응에 의해 빛이 생성되어 태양의 중심부에서 표면까지 나오는 데 무려 4만 년이나 걸린다.

우리가 가시광可視光을 볼 수 있는 것은 태양을 떠나 대기권을 통과하는 빛의 대부분이 전자기파 스펙트럼electromagnetic spectrum에 포함되기 때문이다. 지구상에서 눈이 없는 생물이 진화하여 눈을 갖게 되면서, 그 눈은 빛의 대부분을 차지하는 전자기파 형식의 빛에 가장 예민하게 반응하게 되었다. 태양이 방출하는 엑스선은 전자기파 스펙트럼에 포함된 가시광선에 비교할 수 없을 정도로 미미하다. 우리의 눈이 엑스선에 맞춰져 있다면 우리는 암흑 세계에서 살 수밖에 없을 것이다. 햇빛이 들어가지 않을 정도로 깊은 바닷물 속에 사는 해양생물들은 암흑 세계에 살고 있기 때문에 유전자

원遺傳資源을 불필요한 눈이나 피부색보다는 수영 잘하는 능력을 갖기 위해 사용한다.

은시대에는 외설적 재미를 쫓는 독자들을 겨냥하여 일부 비양심적인 판매원들이 사람의 나체를 볼 수 있다는 엑스레이 안경을 팔았다. 그 안경은 적외선을 가시광으로 변환시키는 야간 투시경의 기술과 비슷한 기술을 사용한 것이었지만, 치과 진료실이 아닌 한 충분한 엑스선이 있을 리 없기 때문에 그야말로 쓸모없는 물건이었다. 이런 안경을 구입한 사람들은 돈을 돌려받아야 했을 것이다.

야행성 동물들은 얼마 안 되는 전자기파를 감지하기 위해 색 분별 능력은 포기하더라도 고감각 시신경을 갖게 되었다. 하지만 엑스선 눈으로 진화한 동물이나 사람은 여기저기 부딪치면서 시간의 대부분을 보내야 할 것이며 이것은 명백한 진화상의 불이익이 된다. 원자가 가진 전자가 많을수록 엑스선을 그만큼 더 잘 분산시킨다. 이것이 엑스선이 부드러운 조직(물이 대표적)은 통과하고 뼈는 통과하지 못하는 이유다. 슈퍼맨은 눈에서 엑스선을 방출했는데, 그의 눈은 물질을 흡수하는 낮은 엑스선을 통과하여 앞을 꿰뚫어 볼 수 있었다. 크립턴 행성 출신이 아닌 우리들은 물체로부터의 외부 광원이 우리 눈에 반사될 때만 볼 수 있다. 낮은 파장의 빛에 민감한 신경세포를 만들기 위해선 인체 에너지와 원료를 필요로 한다. 따라서 엑스선을 감지할 능력을 가질 이유가 없다.

알루미늄 호일을 입힌 헬멧이 쓰고 싶어

엑스맨이라 불리는 슈퍼영웅팀의 지도자는 휠체어에 앉아 텔레파시를 사용하는 교수 X라 알려진 찰스 하비어이다. 그는 척추가 철저히 부서져 걷지는 못하지만 사람의 마음을 읽고 자신의 생각을 다른 사람들의 생각에 집어넣을 수 있다는 점에서 엄청난 위력을 지닌 대장이었다. 교수 X의 텔레파시를 뒷받침하는 물리적 근거와 진 그레이와 슈퍼영웅 팀의 새턴 걸을 부하로 삼을 수 있었던 것은 시변時變 전류가 초능력자가 감지해낼 수 있는 전자기파를 생성해낼 수 있다는 점 때문이었다.

우리 몸에 있는 모든 세포는 각자 할 일이 있다. 근육세포는 이두박근을 구부리게 하거나 심장을 뛰게 하는 등 힘을 생성하기 위해 존재한다. 간세포는 피의 불순물을 걸러내는 반면 위와 장의 세포들은 불순물을 우선적으로 간으로 보낸다. 신경세포와 신경계의 역할은 정보를 처리하는 것이다. 이를 수행하는 방법 중의 하나는 전류를 변환하고 교류하는 것이다. 신경에서 신경으로 움직이는 전하된 물체는 전자가 아니다. 전자 중에서 하나 혹은 그 이상이 빠졌거나 잉여 전자들을 얻은(이런 식으로 전하된 원자를 '이온ion'이라 부른다) 칼슘, 나트륨, 칼륨 원자들이다. 뇌 속 한 지점에 이온이 축적되면 전기장이 생성되어 다른 신경들에 존재하는 이온들을 강제로 옮겨가게 한다. 이동하는 이온은 자기장을 생성하는 전류를 만든다. 두뇌에 민감한 전극Electrode을 넣는 신경과학자들의 실험으로 시간에 따라 제멋대로 변하는 성질을 가진 이온들의 운동에 의해 생성되는 전기장을 탐지할 수 있다. 전극이 뇌 속 어디에 있고, 뇌가 어떤 일을 하는가에 따라 기록된 전기장은 느닷없이 제멋대로 움직이는 습성으로 돌아오기까지 몇 번의 정기적 사이클을 따라 진동한다. 신경학자들은 행동 과제에 따른 전압의 변화와 그 중요성을 파악하기 위한 어려운 실험에 돌입한 상태이다. 인간의 정신은 그렇게 간단한 구성들이 결집하여 엄청나게 복잡미묘한 상태로 구축된 것이다.

과학자들이 두뇌에서의 이온화된 전류가 어떻게 의식으로 이어지는지 여부를 탐구하는 길고도 긴 탐구 여행을 하고 있는 동안 우리가 믿어도 좋을만한 신경 전류neuronal current의 특징이 있다. 그것은 움직이는 전하가 자기장을 생성한다는 것이다. 뇌에서의 이온 전류가 지속적으로 그 방향과 크기를 변경하는 것이 의해 그에 상응하는 자기장 역시 시간에 따라 변하면서 전기장을 생성한다. 그 알짜 효과는 전기가 발생할 때마다 매우 낮은 주파수의 전자기파가 뇌에서 발산된다는 것이다. 이 전자기파의 파장, 세기, 위상(단계)은 이것의 발생 시간에 의존하는 이온 전류에 의해 결정된다. 이 파의 세기는 아주 약한데 항시도 우리 곁을 떠나지 않고 맴도는 라디오파보다 10억 배 정도 약하다. 일반적으로 라디오파를 맞추기 전까지 라디오파는 일상에서 거의 무시된다는 점을 생각하라. 그 강도가 너무 약해 센서를 뇌에 직접 연결하지 않으면 의식하지 못할지라도, 뇌전류에 의해 생성된 전자기장은 분명 존재한다. 교수 X나 새턴 걸처럼 막강한 능력의 변종들이 기적과도 같은 능력을 발휘하기 위해선 다른 사람들의 생각에 의해 생성된 전자기파를 탐지할 정도로 섬세한 두뇌를 필요로 한다. 물론 금속 헬멧을 쓰고 있다면(하비어의 악한 이복동생 저거너트, 매그니토 등의 악당들이 걱정하는), 두뇌에서 나온 전자기파가 땅속으로 스며들기 때문에 머리를 보호받을 수 있다.

웅덩이에 돌을 던지면 물결이 일어나는데, 그 돌이 떨어진 지점에서 멀어질수록 물결은 약해진다. 물 분자는 떨어진 돌에서 엄청난 운동에너지를 나눠가진다. 그러나 물결이 커지면 커질수록, 물 분자의 운동에너지는 점차 커지는 물결을 따라 퍼져나간다. 물결 가장자리의 물 분자 운동에너지는 파동이 바깥쪽으로 번져나갈수록 희석되어지는데, 태평양 한복판에 돌을 떨어뜨리면 캘리포니아 해변에선 감지할 수 없는 것과 같다. 이와 마찬가지로 전자기파 역시 중심에서 멀어질수록 그 강도는 약해진다. 중심에서 멀어질수록 전자기파의 강도가 떨어진다는 사실로 교수 X가 멀리 있는 변종, 즉 자기 부하를 찾아내야 할 경우 자신의 정신력을 전자적으로 증폭시켜주는 장치인 세레보를 사용한 이유를 짐작할 수 있다. 《엑스맨》 제7호에 변종들의 두뇌파 자동 탐지기로 처음 등장한 세레보는 호를 거듭하면서 교수 X의 텔레파시 능력을 키우는 데 사용되도록 개조된다. 멀리 떨어진 전자기파 신호를 탐지하기 위해 외부증폭기가 필요하다는 사실은 교수 X의 변종 능력을 뒷받침하는 물리적 메커니즘과 그 궤를 같이 한다. 이것은 라디오와 텔레비전 중계소가 왜 신호를 보내기 위해 100만 와트 출력을 사용하는지에 대한 이유도 된다. 와트w는 1초당 에너지(1초 동안 행해진 일의 양 혹은 전력의 크기)로 정의되는 힘의 단위이다. 방송 전파가 강하면 강할수록, 멀리 떨어진 특정 안테나에 도달하는 전자기파의 강도는 강해지고, 라디오가 수신하는 신호(시그널) 역시 강해진다. 라디오 전파 발신소에서는 커다란 안테나의 대전 양을 변화시켜서 신호를 생성한다. 텔레비전이나 라디오는 신호의 증폭을 위해 세레보가 아닌 트랜지스터를 사용한다.

누군가의 생각으로 만들어진 전자기파를 탐지하는 것도 한 가지 일이지만, 인간이 생각을 생성하는 신경 전류를 파악할 수 있느냐, 즉 다른 사람의 생각을 읽고 해석할 수 있느냐도 큰 숙제가 아닐 수 없다. 사실 교수 X와 새턴 걸은 역텔레비전Reverse-television 기능을 쓴 것으로 보인다. 이제 이것이 어떻게 작용하는지 알아보자.

텔레비전 전파는 강력한 송신기에서 나오는 전자기파로 이루어져 있는데, 전자기파는 지붕 안테나에 닿자마자 그 순간에 보내지는 신호의 주파수와 진폭 특성amplitude characteristics으로 전하들을 진동시킨다. 그런 다음 전자기파에 암호로 저장된 정보가 텔레비전으로 보내지는 것이다. 텔레비전의 핵심은 커다란 유리 표면으로 만들어진 진공관이다. 진공관 표면에는 인광 물질이 뿌려져 있어, 활동적인 전자에 부딪힐 때마다 짧게 빛을 비춘다. 이 유리 화면은 불규칙하게 생긴 유리 상자의 한쪽을 차지한다. 그 반대쪽의 좁은 부분에는 외부 전압으로 가열되어 전자가 튀어나갈 수 있는 전선이 위치한다. 이제 자유를 얻은 전자들은 적절한 전압에 금속판의 조종을 받아서 유리관의 다른 쪽, 즉 인광 물질이 묻어 있는 부분을 향해서 직진한다. 조절 금속판의 전압을 적절히 조절하면 전자들은 직접적으로 특정의 스크린 지역을 건드리게 된다. 텔레비전 진공관 내부는 공기 분자와 전자가 부딪혀 불필요한 산란을 일으키는 것을 막기 위해 진공 상태로 남겨둔다. 전자빔이 스크린을 때리면 전자의 운동에너지가 인광 물질로 전달되어 빛이 발산되게 한다. 조종판에 적용되는 전압을 조절하면, 전자빔은 스크린의 다른 부분으로 전달되어, 또 다른 인광 부분이나 전자빔이 오지 않아 어둡게 남겨진 부분을 때린다. 이러한 현상은 전자빔이 모든 스크린을 비춰 밝아질 때까지 계속된다. 빛과 어둠의 주어진 배열이 교차하면서 텔레비전 화면에 영상이 비추게 되는 것이다.

스크린에 비치는 이미지를 조금씩 변화시키면서 운동 착시 현상이 발생한다. 영상 신호와 동시에 전송된 라디오 전파는 소리를 전달한다. 만약 세 개의 전자빔이 도달하는 부분에 세 개의 다른 인광체, 혹은 빨간색, 녹색, 파란색의 컬러 필터가 사용된다면, 약간의 전자빔의 조정으로 각 필터에서 나오는 색의 양을 다르게 할 수 있다. 텔레비전의 물리적 기본 원리는 전자기파에 암호로 저장된 정보가 조종판에 적용되는 전압의 크기와 타이밍에 대한 명령을 포함시키도록 하는 것이다.

진공관에서 다양하게 변하는 전자빔은 텔레비전 이미지와 관련이 있는 전자기파를 발산한다. 민감한 안테나를 텔레비전 근처에 놓으면 전자기파를 감지할 수 있으며, 적당한 소프트웨어만 있으면, 전자전류가 의도했던 이미지를 재생할 수 있다. 이와 같은 '역텔레비전'은 두 세트로 같은 이미지를 보여준다는 점에서 매우 비효율적인 방식이지만, 컴퓨터를 해킹하지 않고도 컴퓨터 모니터에 나타나는 정보를 읽거나 한 두뇌에서 다른 두뇌로 정보를 보내는 방법의 하나다.

그렇다면 교수 X가 다른 사람의 행동을 제어하기 위해 변종 정신력을 사용한 것은 실제로 가능한 일일까? 최근에 실시한 실험에 따르면 이런 상황을 억지스럽다고만 할 수 없다. 인간이 두뇌의 이온 전류에 의해 생성되는 미약한 자기장을 감지할 수 있을 뿐만 아니라 그 반대 과정도 가능하다는 것이 증명되었다. 신경과학자들이 경두개자기자극술(TMS : transcranial magnetic stimulation)이란 조사 도구를 개발해낸 것이다! 무작위로 변하는 자기장을 피실험자의 머리에 적용하여 대뇌피질의 특정 영역에 전기 자극을 보내면, 피실험자가 자의적으로 손 운동을 시작하는 반응 시간과 능력이 외부 자기장의 적용으로 지장을 받는다.

PART 3

현대 물리학
★★
Modern Physics

20

원자 물리학 Atomic Physics

▶▶▶ 마이크로버스*로의 여행

만화 독자들은 이야기의 끝에 가서는 결국 슈퍼영웅이 승리한다는 사실을 잘 알고 있다. 따라서 매달 발간되는 만화가 결론에 도달하는 과정에서 영웅들이 어떻게 난관을 극복하는가에 재미가 쏠려 있다. 악당이 강할수록, 더 재미있다. 이것이 1960년대 초반에《판타스틱 4》가 대중적인 인기를 누린 이유일 것이다. 스탠 리의 대담한 4인조에 대한 구성과 묘사와 함께 확실히 잭 커비가 그린 삽화가 주요 원인이라 할 수 있다. 하지만 만일 슈퍼영웅이 그들의 강적과 같은 능력을 가졌다면 판타스틱 4는 닥터 둠의 포로가 되는《판타스틱 4》제5호에서 위대한 업적을 이뤘을 것이다.

닥터 본 둠은 판타스틱 4의 리더인 리드 리처즈에 버금가는 천재다. 리처즈와 같은 대학을 다녔고, 둘 다 '과학 장학생'이었다(운동선수 유치에 혈안이 된 실제 대학의 현실과는 달리 만화 속 대학에서는 우수한 과학자 초빙에 목숨을 건다). 하지만 본 둠은 자신의 실험실을 몽땅 날려버리고 얼굴에 상처까지 입힌 '금지된' 과학실험의 실패로 대학에서 쫓겨났다. 그는 자신의 상처를 철가면 뒤에 감추고 아이언맨에 버금가는 최첨단 갑옷을 만들어 닥터 둠으로 변신해 세계 정복 작전을 시작했다. 물론 학위를 끝내지 못했기 때문에, 본 둠은 실제로 박사가 아니다. 그것은 자신의 더러운 야심을 폭로한 리드 리처즈에게 창피함을 주고 싶은 욕망과 더불어 ABD[**]에 대한 아쉬움을 불러일으켰다. 이야기가 결말에 이르면 체포되어 경찰에 인계되는 것이 보통인 1960년대 DC 코믹스의 악당들과는 다르게 《판타스틱 4》에서는 결코 닥터 둠과 비기는 것 이상으로 싸울 수 없을 것 같았다. 물론 닥터 둠은 유럽의 작은 나라 라트비아의 독재자였기 때문에 누가 그 자리를 이어받을 것인지 항상 막연했다.

또한 둠은 자존심이 너무 강해서 붙잡혀 있기보다는 확실한 죽음을 선호했다. 결국 닥터 둠과의 대결은 둠이 우주에서 패배해 다른 차원에 고립되거나, 혹은 시간에 붙잡히는 것으로 결말이 나게 되는데, 이러한 결말은 그가 판타스틱 4 영웅들에게 일어나기를 고대하던 것들이다. 《판타스틱 4》 제10호에서 적절히 이름 붙인 〈닥터 둠의 귀환〉 편에서 둠은 판타스틱 4에게 쏘려 했던 축소광선에 오히려 자신이 맞고 만다. 이야기는 둠이 무한대로 작아지는 것으로 끝이 나지만 이것으로 우리가 더 이상 둠을 보지 못하는 것은 아니다. 《판타스틱 4》 제16호에서 판타스틱 4는 닥터 둠의 미시微示 세계를 여행했다가, 그곳에서 둠이 수축의 고난에서 살아남았다는 것을 알

• 마이크로버스Microverse는 정상적인 한계를 초월할 정도로 몸이나 물체를 축소하여 접근하는 차원의 하나. 이 영역은 초기의 생각과는 달리 아원자sub-atomic적인 것은 아니지만 수축 과정에서 방출되는 에너지를 통해 접근하게 된다. 하지만 이 영역을 들락거리는 과정에서 크기의 불일치가 발생할 여지가 있다.

•• All but Dissertation의 약자로 박사학위를 위한 모든 수업을 이수하고 각종 시험을 합격했지만 아직 논문을 제출하지 못한 상태.

게 된다. 수축의 어느 지점에서 둠은 핀의 머리 크기만 한 세계에 들어갔다. 그 후 《판타스틱 4》 제76호에서 판타스틱 4는 위험을 무릅쓰고 과감히 마이크로버스로 들어갔는데, 그곳은 미시 세계의 우주(혹은 은하계)였다. 마이크로버스는 실험실에 있는 현미경 슬라이드의 얼룩에 존재하는 것으로 표현된다. 적어도 이것은 《판타스틱 4》 제16호에서 그들이 수축을 시작한 바로 그때, 닥터 둠과 판타스틱 4가 정확히 같은 미시 행성에 있었다는 엄청난 우연은 설명할 필요성을 없애주었다.

둠이 결국 정복해버린 미시 세계가 진짜로 핀의 머리 크기만 하다면, 지름은 고작 1mm밖에 되지 않는다. 지구 지름 13,000km와 비교해보면, 미시 세계는 지구보다 130억 배가 작다. 제7장에서 물체 크기를 줄일 때 발생하는 어려움을 논한 바 있다. 미시 세계가 백색 왜성의 물질로 이루어져 있지 않으면, 지구보다 밀도가 60억 배 이상 높을 수가 없다. 닥터 둠, 판타스틱 4, 미시 세계에 사는 거주자들이 평범하게 걸어다닐 수 있다는 것은 있을 수 없는 일이다. 닥터 둠과 리드 리처즈는 그들이 보통 사람일 때만큼 미시 세계에서도 똑똑한 것처럼 보인다. 그리고 싱Thing(판타스틱 4의 한 명)은 여전히 단단하다. 따라서 수축 후에도 그들에게서 원자가 뽑힌 것처럼은 보이지 않는다. 그래서 우리는 유감스럽게도 닥터 둠의 미시 세계가 그의 다른 거창한 계획들과 크게 다르지 않다고 결론을 내리지 않을 수 없다.

만일 핀의 머리 크기만 한 세상을 구현하기 어렵다면 우리는 무엇으로 《애텀》 제5호에서 〈둠의 죽음의 다이아몬드〉 같은 애텀의 모험을 만들까? 이 이야기에서 애저 섬의 피코 산에서 발견된 다이아몬드 공예품을 레이 파머(애텀의 분신)의 고고학자 친구가 아이비 타운으로 가져온다. 그런데 여기서 이상한 광선이 뿜어져 나와 마을 사람들과 집고양이들을 다이아몬드

상으로 만들어버린다. 파머 교수는 자신의 크기와 체중을 제어하는 문제를 연구하면서 이렇게 생각한다. '비록 이것들이 고체처럼 보이지만, 다이아 몬드를 구성하는 원자들 사이의 빈 공간은 방대할 거야!'

레이의 생각은 사실이다. 한 원자의 대부분은 양으로 대전된 원자핵과 음으로 대전된 전자 사이에 존재하는 텅 빈 공간이다. 애텀이 원자 크기 이하로 작아짐에 따라 그는 원자 내부에 있는 또 다른 행성을 발견한다. 나는 이 행성이 무엇으로 이루어져 있는지 설명하기가 난처하다. 하지만 다이아 몬드 공예품에 들어 있는 전자들보다 더 작다는 점에서 원자들로 형성된 것이 아님은 확실하다. 평범한 물질의 원자 내에 존재하는 또 다른 문명의 발견은 파머에게 노벨상은 물론이고 세계적인 명성과 재산을 선사하기에 충분한 것이었다. 그가 참다운 영웅이라는 것은 《애텀》 제4호와 제19호, 《저스티스 리그》 제18호, 《용감하고 굳센Brave and the Bold》 제53호에 등장하 는 과학적 발견이나 미시 세계에 대해 일절 알리지 않았다는 점에 있다.

원자 속에 미시 세계가 존재한다는 만화계의 주장은 순수한 판타지이지 만, 원자 내부에 대한 양자 역학계의 설명은 낯설지 않다. 원자 내의 빈 공 간에는 전자 운동과 관련된 '물질파Matter-wave'가 들어 있다. 이 물질파가 원 자 물리를 이해하는 핵심이다.

우리가 아는 모든 것이 사실과 다르다면 어떻게 할 것인가?

자, 이제부터 원자의 세계로 들어가보자. 서너 쪽에 걸쳐 일반 물리학에 대해 얘기하겠는데, 잘 참아주기를 바란다. 곧 만화로 돌아가겠지만, 일부 물리학자들이 평행 우주론Parallel Universe •과 지구와 같은 별들이 무수하게 존재한다는 설을 왜 진지하게 고려하는지를 이해하려면 얼마간의 배경 지식이 필요하다.

19세기 말, 앞 장에서 설명했던 물리학 원리들이 원자와 빛의 행동을 설명할 수 없다는 여러 실험 증거가 발견되었다. 예를 들어, 물리학자들은 뜨거운 물체가 왜 빛을 발하는가를 설명하려다 난처한 상황에 빠졌다. 쇠로 만든 포크를 활활 타오르는 불 속에 집어넣으면, 그것은 달구어져서 처음에는 붉은빛을 내다가 나중에 하얀빛을 발산한다. 맥스웰의 전자기학 이론 덕분에 물리학자들은 포크가 점점 뜨거워지면서 각 원자 속의 전하들이 앞뒤로 진동하면서 빛을 발하고, 원자들이 앞뒤로 흔들리는 속도가 빨라지면 빨라질수록 전자기 복사 주파수가 높아진다는 것을 이해하게 되었다. 1800년대 과학자들은 인간의 눈이 볼 수 있는 빛의 좁은 부분을 괄호로 묶는 방식으로, 가시영역인 전자기파 스펙트럼의 윗부분과 아랫부분인 적외선과 자외선을 측정하는 기술을 고안해냈다. 결국 그들은 물체의 온도가 올라감에 따라서 특정의 파장에서 얼마나 빛이 발산되는지를 정확히 측정할 수 있었다. 그 결과 놀라운 사실을 두 가지 발견했다. 첫 번째는 특정한 파장에서 방출되는 빛의 양은 다른 어느 것도 아닌 물체의 온도에만 의존한다는 것이다. 물체의 물질 구성, 모양이나 크기가 아닌 오직 온도만이 방출되는 빛의 스펙트럼을 결정한다. 두 번째로, 방출되는 빛의 총량은 무한하지 않고 이 역시 온도에만 의존한다는 것이다. 두 번째는 첫 번째 사실에서 연쇄적으로 이끌려나오는 것인데, 이러한 사실들은 양자 역학의 발전을 이끌

• 인간이 속한 우주는 전체 우주의 일부분으로서, 실제로는 수많은 우주들이 존재한다는 이론.

어냈다.

　뜨거운 물체에서 나오는 빛이 오직 온도에만 의존한다는 사실은 에너지 보존 법칙에서 얻어진 결과이다. 만일 다른 물질로 만들어진 두 물체가 같은 온도에서 다른 복사 스펙트럼을 방출한다면 그들 사이에서는 알짜 에너지 교환 방법이 생기는 것이고, 그렇다면 열 흐름이 없어도 유용한 일 useful work이 발생하게 된다. 이것은 열역학 제2법칙에 반하는 것이다. '방출된 빛의 스펙트럼이 온도에만 의존한다'는 사실이 주는 실질적 혜택은 일반용 온도계로는 측정할 수 없는 물체의 온도를 방출된 빛의 파장을 이용하여 측정할 수 있다는 데 있다. 이것이 태양의 표면(6,000°C)과 빅뱅 잔해의 마이크로파 배경복사(절대온도-이론적으로 가장 낮은 섭씨 -273.51도를 의미하며 자연적 혹은 인위적으로 결코 도달할 수 없는 온도보다 3도 높은)의 온도를 그들이 만들어내는 빛의 스펙트럼을 관측함으로써 측정하는 원리이다.

　발광하는 물체에서 나오는 에너지가 무한하지 않다는 두 번째 발견은 물리학자들에겐 그다지 새롭지 않다. 그들은 맥스웰의 전자기학 이론으로 방출되는 빛 에너지의 양이 한계 없이 증가한다는 것을 예측했다는 것에 대해 혼란스러워했다. 맥스웰의 이론을 이용한 계산은 낮은 주파수에서 얼마만큼의 빛이 방출되는가를 예측하는데, 이는 관측값과 정확히 일치하는 것이었다. 뜨거운 물체에서 방출되는 빛의 주파수가 자외선 영역으로 넘어갈 정도로 증가하면, 측정된 빛의 세기는 정점에 도달하고, 거기서 주파수가 더 높아지면, 오히려 다시 낮은 값으로 내려오는데, 이는 에너지 보존 법칙으로나 일반 상식으로 예측할 수 있는 결과다. 하지만 계산된 곡선은 주파수가 높아지면서 강도도 무한대로 높아진다는 것을 말해준다. 이를 '자외선 파국Ultraviolet Catastrophe'이라고 하는데, 이를 정말로 파국으로 받아들인 것은 계산을 수행한 이론가들이었다. 많은 과학자는 계산을 검산하고 또 검산했지만, 무엇이 잘못되었는지를 찾지 못했다.

그렇지만 뭔가 치명적인 결함이 있다고 의심되는 맥스웰 방정식은 좋은 결과들을 이루어냈다(1895년에는 라디오의 발명을 이끌었고, 무선통신과 텔레비전의 개발에도 이바지했다). 방향을 바꾸어 과학자들은 발광하는 물체 내의 진동하는 원자에 맥스웰 이론을 적용시키는 것에 문제가 있다고 결론 내렸다. 다시, 많은 과학자들은 발광하는 물체에서 발산되는 빛의 가시적 스펙트럼을 설명하기 위해 대안적 접근 방법 혹은 이론들을 찾으려 노력했다. 여기서, 스펙트럼이 오직 물체의 온도에만 의존한다는 사실이 중요해진다. 전자기 이론으로 물질 외부 조각들의 행동을 설명할 수 없다면 곤란하겠지만 그렇다고 지구가 흔들릴 정도는 아니다. 하지만 모든 물질이 공유하는 성질을 설명하지 못하는 것은 매우 당혹스러운 것으로서 뭔가 조치가 필요했다.

1900년, 절망적인 시대에는 궁여지책이 필요하다는 것을 깨달은 이론물리학자 막스 플랑크가 발광체에서 뿜어져 나오는 빛의 스펙트럼을 설명하기 위해 취한 조치는 단 하나였다. 속이는 것이었다. 그는 먼저 실험적으로 얻어진 발광 곡선과 일치하는 수학 표현을 밝혀냈다. 그는 필요한 공식이 무엇인지 알게 되자 곧바로 이것에 대한 물리적 증명을 찾아내기 위한 연구에 착수했다. 수많은 시도 끝에, 그가 얻어낸 유일한 해결책은 발광체를 구성하는 원자들의 에너지에 제약을 가하면 발광 곡선을 얻을 수 있다는 것이었다. 플랑크는 어느 원자라도 그 속에 있는 전자들은 고유한 에너지를 가지고 있다고 생각했다. 라틴어의 '얼마나 많이'에서 유래한 이 이론을

'양자물리학'이라고 한다. 차이가 크지 않는 에너지 레벨energy level $^\bullet$ 사이의 간격은 실제로는 매우 작다. 다시 말하건대 매우 작다. 만일 잘 때린 테니스공의 에너지가 50J이라고 한다면 원자 속의 인접한 에너지 레벨들의 차이는 100만조 분의 1J에도 못 미친다. 이를 통해 앞으로 자동차나 세제에 대한 신기술이 양자 도약을 나타난 것이라는 광고를 접하게 되면 새롭게 생각되는 바가 있을 것이다.

플랑크는 자신의 계산에서 새로운 상수가 필요했고, 이 상수를 'h'라고 불렀다. 그는 원자에너지의 어떠한 변화도 오직 E=hf, E=2hf, E=3hf 등의 값으로 표현되기 때문에 그 사이에는 값을 가질 수 없다고 주장했다. 이것은 비유를 하자면 진자 주기를 1초, 혹은 10초로만 맞출 수 있고, 주기를 5초로 맞추는 것은 불가능하다는 말이다. 플랑크는 이것이 이상한 현상이긴 하지만 자신의 계산을 정당화하려면 어쩔 수 없이 받아들여야 한다고 생각했다. 그는 발광체의 스펙트럼에 관한 올바른 표현이 얻어졌을 때, h=0이 되기를 바랐다. 실망스럽게도, 그는 일부러 그 값을 0으로 하면 그의 수학 표현은 고전 전자기학에서 비롯된 무한 에너지로 되돌아간다는 것을 알아냈다. 이런 말도 안 되는 무한 결과를 피하는 유일한 방법은 원자들은 자신들이 원하는 에너지값을 취할 수 없고, 항상 E=hf만큼의 크기로 불연속적으로만 변할 수 있다고 말하는 수밖에 없다. h는 매우 작기 때문에 (h=6.626×10⁻³⁴J·s) 이러한 '사소한' 에너지는 우리가 야구공이나 움직이는 자동차 같은 커다란 물체를 다룰 때는 결코 알 수 없다. 반면 원자 내 전자

$\bullet$ 양자 역학계(원자, 분자, 원자핵 등)의 정상 상태가 취할 수 있는 에너지값, 또는 그러한 에너지를 지닌 상태 그 자체.

의 에너지 수준에서 보면 이것은 꽤 크고, 절대로 무시할 수 없는 값이다.

원자 내 전자의 에너지가 불연속적인 값을 갖는다는 사실은 참으로 불가사의하다. 플랑크 상수 h가 훨씬 커질 때 고속도로를 시속 80km로 질주하는 자동차의 에너지 불연속성을 상상해보자. 양자 역학은 자동차는 낮은 속도라면 60km, 높은 속도라면 시속 100km로 갈 수 있으며, 그 사이의 속도로는 달릴 수 없다고 말한다. 비록 우리가 시속 85km로 달리는 자동차를 생각할 수 있고, 그 속력에서 갖는 운동에너지를 계산할 수 있다고 할지라도, 양자물리학에서는 자동차가 그 속력으로 달리는 것은 물리적으로 불가능하다. 만일 자동차가 조금의 에너지를 더 흡수한다면(거센 바람으로부터 얻었다고 하자) 속도를 시속 100km로 올릴 수 있지만, 그것은 오직 바람의 에너지가 운동에너지의 차이를 정확히 메워줄 때의 이야기다. 그 바람의 에너지가 조금이라도 못 미치는 경우, 자동차는 바람이 미는 것을 무시한 채 원래의 속도를 유지하면서 나아갈 것이다. 오직 바람의 에너지가 정확히 시속 80km에서 시속 100km, 혹은 시속 80km에서 시속 110km 사이의 운동에너지 크기와 일치했을 때만, 자동차는 밀어주는 것을 '인정'해 더 빠른 속도로 달린다는 것이다. 더 높은 속도로의 전이는 거의 순식간에 일어나고, 이 전이 과정에서의 가속은 운전자에게 악영향을 미칠 것이다. 이 예는 고속도로를 운전할 때라면 터무니없이 우스꽝스러운 이야기이지만, 실제로 원자 내 전자의 상황에서는 가능하다.

원자 속 전자에너지는 불연속적인 값만을 가진다는 것을 이해할 방법이 과연 있을 것인가? 물론 있다. 그러나 먼저 우리는 이상한 개념 한 가지를 받아들여야 한다. 사실, 양자물리와 관련된 모든 '기묘함'은 다음 문장으로 줄여 표현할 수 있다. '모든 물질의 움직임은 파동과 관련이 있다. 물체의

운동량이 커지면 커질수록 그 파동의 파장은 그만큼 짧아진다.'

무엇이라도 움직이면 운동량을 갖게 된다. 프랑스의 물리학자 루이 드 브로이Louis de Broglie, 1892~1987는 1924년에 이런 운동과 관련해 물질과 연결된 일종의 '물질파'라는 것이 있어서, 인접한 최고점 사이, 혹은 파동의 계곡 사이(파장)는 물체의 운동량에 의존한다는 가설을 내세웠다. 이것을 물리학자들은 물체의 '파동 함수Wave Function'라 부르지만 우리는 전자나 사람과 같은 물리적 물체의 운동과 관련된 파동을 다룬다는 뜻에서 '물질파'라는 단어를 사용할 것이다.

물질파는 물리적 파동이 아니다. 빛은 가속을 받는 전하들에 의해 생기는, 전기장과 자기장이 교대하는 파동이다. 연못의 수면 위를 바람이 스치면서 만드는 물결이나, 돌을 물에 던졌을 때 생기는 동심원 고리는 수면의 기계적 진동으로부터 오는 결과다. 음파는 공기나 다른 매질의 밀도가 수축과 팽창을 반복하는 것이다. 대조적으로 물질의 운동량과 관계된 물질파는 이런 파동과 전혀 다르다. 하지만 이것은 물체를 따라서 움직이면서 어떤 면에선 그 파동을 즐긴다. 물질파는 전기장이나 자기장도 아니고, 물체를 떠나서는 존재할 수 없고, 진행하는 데 매질媒質, medium도 필요 없다. 그럼에도 불구하고 물질파는 실제로 물리적인 결과다. 물질파는 두 물체가 서로를 스쳐 지나갈 때 간섭을 일으킬 수 있다. 마치 물에 돌멩이 두 개를 조금 떨어진 위치로 동시에 던져 동심원 고리 두 개가 서로 만나 복잡한 형태의 무늬를 형성하는 것처럼 우리가 물리학자에게 물질파가 실제로 무엇인가 라고 묻는다면 그 물리학자는 항상 세 단어로 요약한 답을 들려줄 것이다. "나도 잘 모릅니다." 사실 기적이 아닌 현상은 화려한 색상의 만화보다는 현실 세계에 적용되는 법이다.

물체가 빛의 속도에 가깝게 달리지 않는 한, 그 운동량은 질량과 속도의 곱이라 표현한다. 트럭은 소형차보다 더 많은 운동량을 가지고 있는데 만일 두 대가 같은 속도로 운동하면 트럭의 질량이 더 크기 때문이다. 소형차는 트럭보다 훨씬 더 빨리 달려야만 보다 많은 운동량을 가질 수 있다. 물리학자들은 물체의 운동량을 일반적으로 ρ로 표시하는데, ρ는 모멘텀momentum*을 의미한다. 물질파의 파장은 그리스 문자 λLambda, 람다로 표시한다. 물질파의 파장은 드브로이가 제안했고 1926년 클린턴 데이비슨Clinton Davisson, 1881~1958과 레스터 거머Lester Germer, 1896~1971에 의해 증명되었다. 물체의 운동량과 관계된 식은 다음과 같다.

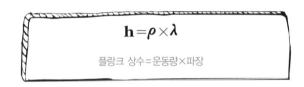

$$\mathbf{h}=\rho\times\lambda$$

플랑크 상수＝운동량×파장

물체의 운동량과 물질파의 파장의 곱이 일정하다는 것은 운동량이 많을수록, 물질파의 파장은 작아진다는 것을 의미한다. 운동량은 질량과 속도의 곱이므로, 야구공이나 자동차 같은 물체들은 아주 큰 운동량을 갖는다. 시속 160km를 넘는 야구공은 6kgm/s정도의 운동량을 갖는다. $\rho\lambda$=h의 관계로부터 h가 너무 작기 때문에 야구공 물질파의 파장(연속적인 파동에서 인접한 두 최대점 사이의 거리)은 원자 너비의 10억조 분의 1도 안 된다. 이것은 왜 우리가 물질파를 야구장에서 단 한 번도 본 적이 없는지를 설명해준다.

● m이 운동량 혹은 질량을 암시할 수 있다는 점에서 운동량을 m으로 표현하는 것은 바람직하지 않다고 생각할 것이다. ρ가 어떻게 해서 운동량을 의미하게 되었는지는 모르지만 하여튼 그렇게 자리를 잡은 것으로 보인다.

확실히 이런 작은 파장의 파동을 직접 관찰할 방법은 없으며, 따라서 야구공은 고전 물리학에서의 뉴턴 법칙을 아주 잘 따르는 물체이다.

반면, 전자의 질량은 너무나도 적기 때문에 운동량 역시 아주 적다. 운동량이 적을수록 물질파의 파장은 커지게 마련이다. 그들의 곱은 항상 일정해야 하기 때문이다. 원자 내부에서 전자의 물질파 파장은 대략 원자의 크기와 비슷하고, 그래서 원자의 특성을 이해하는 데 이러한 물질파는 절대로 무시할 수 없다. 애텀이 원자 크기로 줄어들었을 때, 그는 좀 이상한 광경을 보았을 것이다. 원자 크기라면 그는 가시광선의 파장보다도 작다. 그래서 우리가 라디오파를 볼 수 없듯이, 애텀은 시력을 상실할 것이고, 그는 아마도 원자 속 전자의 물질파와 비슷한 크기일 것이다. 이는 만화 속에서 애텀이 그렇게 줄었을 때는 그의 두뇌가 눈에 들어오는 것을 태양계에서 보았던 이미지로 해석한다는 것을 암시한다. 그의 감각에서 내보낸 신호를 해석할 기준틀이 설정되지 않았기 때문이다.

원자핵 주위를 공전하면서 원자핵 속의 양전하와 음전하 사이의 정전기적 인력에 의해 안으로 끌려들어가는 전자를 상상해보자. 전자가 핵 주위를 돌기는 하지만, 특정의 파장들만 완벽한 사이클에 들어갈 수 있다. 전자가 궤도를 한 바퀴 돌아서 자신의 출발점으로 돌아왔을 때, 물질파는 떠날 때와 같이 사이클의 동일한 지점에 있어야만 한다. 물질파의 개념이 난해하지만, 꼭대기에서 출발했는데 한 바퀴 돌고 같은 지점으로 돌아오니 계곡에 위치한다는 것은 더더욱 이해가 되지 않는다. 원을 한 바퀴 완성할 때마다 최대점에서 최저점으로 불연속적으로 튀는 것을 막고자, 궤도에 완전히 딱 맞는 특정한 파장만이 전자에 가능하다. 이것은 특정 진동수로 연주되는 바이올린 줄의 떨림과 비슷하다. 물질파의 파장이 전자의 운동량과 관계있다는 점에서, 이는 전자의 가능한 운동량이 어떤 확정된(불연속적인) 값으로 제한되어 있음을 나타낸다. 운동량은 또 운동에너지와 관계있다는 점에서, 궤도를 한 바퀴 돈 후에는 어떤 불연속적인 튐을 할 수 없다는 조건은 전자가 원자 속에서 확실한 불연속적인 에너지 값만을 갖는다는 것을 의미한다.

이런 유한 에너지들은 물질파의 존재가 가능한 파장에 대한 제약의 직접적인 결과인데, 이는 전자가 원자 속에 묶여 있기 때문이다. 진공 속을 움직이는 전자는 운동량에 제한이 없으므로 이것의 물질파는 스스로 원하는 어떤 값이든지 취할 수 있다. 다른 한쪽 끝에는 아무것도 연결하지 않은 채 줄의 한쪽 끝을 잡고, 마구 흔들면 줄은 어떤 모양이라도 가질 수 있다. 하지만 바이올린처럼 줄의 끝이 어딘가에 묶여 있다면, 줄의 운동 범위는 심하게 제한된다. 묶인 줄을 뜯으면(연주한다는 의미) 이것은 특정 주파수로만 떨린다. 그 주파수는 줄의 길이나 두께, 묶여 있는 장력張力 등으로 결정된다. 줄의 최저 기본 주파수와 더 높은 배음倍音들이 있지만, 이런 식으로 줄이 제한되어 있으면 임의의 주파수로 떨기란 불가능하다.

마찬가지로 전자는 양으로 대전된 핵과의 정전기적 인력 때문에 궤도에 묶여 있다. 만일 올바른 방식으로 뜯는다면(즉, 바이올린 줄을 켜듯 충격을 가한다면), 속박된 전자의 물질파는 더 높은 에너지값을 취한다. 이 전자가 풀려나서 최저 기본 주파수로 돌아갈 때는 불연속적인 점프를 해야 한다. 이때, 당연히 에너지는 보존되는데, 전자는 높은 에너지와 에너지가 풀어지는 낮은 에너지 수준의 차이와 같은 분량의 에너지 덩어리를 방출할 때에만 자신의 에너지를 낮출 수 있다. 전자가 사용할 수 있는 에너지가 불연속적이요, 묶여 있는 줄에서 가능한 배음들과 마찬가지로 명료하게 정의된

값이란 점에서, 한 에너지 상태에서 다른 상태로 점프하는 것을 '양자 전이Quantum transition' 혹은 '양자 점프Quantum Jump'라고 한다. 이런 전이가 일어날 때 전자에 의해 방출하는 불연속 에너지 덩어리는 빛의 전형적인 형태이며, 빛에너지의 양자는 '광자Photon'라고 한다(이 개념은 1905년 아인슈타인이 최초로 제기했고, '광자'라는 단어는 1926년에 와서야 길버트 루이스Gilbert Lewis, 1875~1946에 의해 제안되었다).

네온 같은 가스를 채운 유리관에 전류를 흐르게 하면 전류 내의 활동적인 전자는 네온 원자들과 가끔씩 충돌한다. 활동적인 전자에너지가 적당하다면 네온 원자들은 '들뜬 상태*'가 된다. 충돌 후에 들뜬상태인 원자들은, 처음 상태와 최종 상태 사이의 에너지 차이에 어울리는 주파수(혹은 색깔)를 가진 빛의 광자를 방출하면서, 처음의 낮은 에너지로 돌아와 안정된다. 네온사인이 증명 가능한 빛을 발산하는 것이 바로 이러한 이유 때문이다. 튜브 속의 가스 종류를 바꿈으로써 빛의 색깔을 바꿀 수 있는 것이다. 우리는 어느 기체든 사용할 수 있지만, 특정한 원소들만이 가시광선의 범위 안에서 전이**를 갖는다. 만일 원자들이 다수가 높은 에너지 상태들로 격렬하게 충돌한다면, 다양한 배음倍音들이 기본적인 레벨로 돌아올 때 빛의 수많은 불연속 파장들이 방출된다. 바이올린이나 기타 줄이 길이와 두께, 장력에 따라 서로 다른 진동 모드를 가지는 것처럼, 서로 다른 원소들은 서로 다른 배음의 배열과 기본 주파수를 가진다. 같은 장력으로 고정된 두 개의 동일한 바이올린 줄로 연주하면 동일한 주파수 영역을 보인다. 마찬가지로

---

* 원자나 분자의 전자가 가장 안정된 상태인 바닥상태에 있다가 외부의 자극으로 일정한 양의 에너지를 흡수해 보다 높은 에너지에 있을 때를 의미한다.
** 처음 에너지 상태에서 다른 에너지 상태를 이동하는 현상.

두 개의 동일한 원자는 들뜬상태에서 안정될 때 방출하는 빛의 스펙트럼이 같다. 이 방식대로라면, 활발한 원자가 방출하는 빛의 파장 스펙트럼은 유일무이한 것으로서 특정 원소를 구분 짓는 일종의 지문指紋과 같다고 볼 수 있다. 공기 원소보다 가벼운 헬륨은 햇빛의 특징적인 스펙트럼을 감지함으로써 발견되었다. 헬륨에 의해 방출되는 빛의 스펙트럼과 다른 기체에서 방출되는 빛의 스펙트럼을 비교해본 결과, 과학자들은 헬륨의 파장 배열은 아직까지 지구상에서 한 번도 발견되지 않은 새로운 원소로부터 온 것이 틀림없다고 결론을 내렸다. 메이시Macy's 백화점의 추수감사절 거리 행진 날 운 좋게도 지하에 묻힌 헬륨이 발견되었던 것이다.

어떤 물체의 운동과 관련된 파동의 파장이 물체의 운동량에 반비례한다는 개념은 이상하지만 이런 생각들을 받아들임으로써 우리는 화학의 모든 기초를 이해하게 된다. 두 개의 원자를 가까이 붙여놓으라. 그것들이 화학 결합을 하고 새로운 단위인 분자를 만들 것이다. 왜 원자들은 이렇게 행동하는 것일까? 첫 번째 원자에 있는 음으로 대전된 전자들은 두 번째 원자에 속한 음으로 대전된 전자들을 밀어낼 것이다. 양자 역학 이전에는, 우주가 분리된 원자들로 구성되지 않았다는 이유를 설명할 수 없었다.

원자들의 결합을 뒷받침하는 추진력은 다른 원자들에서 나온 전자들의 물질파들의 상호 작용이다. 두 원자가 서로 멀리 떨어져서 고정되어 있다면, 원자 내 전자들의 물질파는 서로 겹치지 않는다. 두 원자가 충분히 가까워지면, 각 원자를 둘러싼 전자 구름은 교차된다. 그렇게 되면 전자의 물질파는 간섭을 일으켜 새로운 파동 무늬를 만들기 시작한다. 두 개의 돌을 동시에 연못에 던지면 하나씩 던질 때와는 전혀 다른 파동이 발생하는 것처럼 말이다. 대개의 경우, 이 새로운 뒤죽박죽 무늬는 고高에너지, 부조화의 질량을 갖는다. 이것은 악기를 연습하지 않거나 초보자들이 클라리넷과 바이올린을 동시에 연주할 때 생기는 소리와 비슷하다. 이 경우 두 원자는 화학 결합을 할 수 없고 화학적으로 상호 작용도 할 수 없다. 아주 특별한 소수의 경우에는, 두 물질파가 조화롭게 상호 작용하여, 두 개의 물질파가 개별적으로 작용할 때보다 낮은 에너지 상태의 새로운 파동 패턴을 창출한다. 이 특별한 경우에는, 두 개의 원자는 이런 방식으로 물질파의 상호 작용을 허락함으로써 그들의 전체 에너지를 낮추고, 일단 저低에너지 상태에 들어가면 자신들을 물리적으로 분리시키기 위해 추가 에너지를 필요로 한다. 이런 식으로, 두 원자들은, 음으로 대전된 전하끼리의 상당한 반발력에도 불구하고, 전자들의 파동성에 힘입어 화학적 결합을 한다.

전자물질파의 파장 수와 일치하는 측정 궤도들에서 솟아오른 원자 속의 불연속적 에너지 레벨에 관한 이러한 주장들은 매우 타당한 것처럼 보여서 이것이 사실이 아니라면 아주 당황스러울 것이다. 전자는 우리의 태양계와 유사하다는 주장에도 불구하고, 양으로 대전된 원자핵 주위를 원이나 타원 궤도로 움직인다고 생각할 수는 없다. 그 이유중 하나는, 전자는 곡선 궤도로 접근하면서 지속적으로 가속을 받기 때문이다. 앞 장에서 설명한 바 있지만, 원 궤도에서 가속하는 전하는 에너지를 운반하는 전자기파를 방출한다. 전자가 궤도에서 빛을 방출하기 때문에 운동에너지를 잃는 것이다. 전자는 1조분의 1초만에 원자핵의 소용돌이 모양으로 끌려 들어가게 된다. 그래서 어떤 원소도 안정적일 수 없고 따라서 전자가 곡선 궤도를 따라 움직인다면 화학과 생명체는 존재할 수 없다.

그럼에도 불구하고, 우리가 목적지에 도달하기 위해 사용하는 그림이 문자적인 표현이 아니더라도 유용할 수 있는 것처럼, 일치하는 불연속 에너지 레벨에 따라 특정 파장들만 허용될 수 있다는 생각은 여전히 유효하다. 전자를 그와 관련된 특정 물질파와 함께 원 궤도를 움직이는 점 입자로 간주하는 대신, 다음 장에서 논할 슈뢰딩거 Erwin Schrodinger, 1887~1961와 하이젠베르크Werner Heisenberg, 1901~1976의 양자 이론은 우리에게 전자에 '파동함수 wave function'가 존재한다고 말한다. 바이올린의 현을 켜서 파동이 정확히 현의 어디에 있냐고 묻는 것이 말이 안 되는 것처럼 원자 속 전자의 물질파는 원자 전체에 퍼져 있다. 그래서 전자의 위치와 궤도를 이것보다 더 정확하게 규명할 수 없다. 전자는 원자 내에서 하나의 파동 패턴에서 다른 패턴으로 옮겨갈 때에만 빛을 흡수하거나 방출한다. 우리가 다음 장에서 살펴볼 이 물질파는 DC 코믹스의 첫 번째 세계관 정리 이벤트인 '무한 지구들 infinite Earths'과도 관련이 있다!

양자 역학 *Quantum Mechanics*

▶▶▶ 꿈이 아니다! 사기도 아니다! 상상도 아니다!

21

배리 앨런이 어떻게 엄청난 속력을 얻어 은시대의 플래시로 다시 태어났는지를 묘사한 《쇼케이스》 제4호의 원래 이야기는 슈퍼영웅들이 초기 은시대로부터 이루어진 상징적 세대교체를 다룬 것이다. 번개를 맞고 순간적으로 신비한 화학 물질을 뒤집어쓰기 전까지 경찰 소속 과학자인 앨런은 자신의 실험실에서 표지에 황금시대 플래시가 그려진 《플래시 코믹스Flash Comics》 제3호를 보면서 느긋하게 밀크 파이를 먹고 있었다. 신비스런 사건으로 슈퍼 스피드로 달릴 수 있는 능력을 갖게 된 그는 즉시 그 능력을 인류를 위해 사용할 바를 모색하기 시작한다. 사고를 당하기 직전 읽고 있던 플래시 만화책에서 영감을 받아 빨간색과 노란색 무늬의 의상을 갖춰 입고 은시대의 플래시로 범죄와 싸우기 시작했다(자신이 막 태동하기 시작한 은시대의 인물인줄 모르면서 단순하게 자신을 플래시라 불렀다). 요즘에서야 그걸 '포스트모던postmorden'하다 하겠지만 당시만 해도 '꽤나 괜찮은' 아이디어에 불과했었다. 1960년대의 플래시에서는 배리 앨런이 1940년대의 플래시(이 역시 말도 안 되는 것이지만, 다른 옷을 입고 화학 물질 사건을 당할 때마다 슈퍼 스피드로 달리는)를 만화의 캐릭터로 믿어버리는 장면이 나온다.

황금시대 플래시(비밀에 잠긴 그의 정체는 제이 개릭이었다)는 은시대 플래시가 두각을 나타내는 1961년 9월까지 픽션으로 간주된다. 《플래시》 제123호의 고전 스타일의 〈두 세계의 플래시Flash of Two Worlds〉 편에선 은시대 플래시와 황금시대 플래시가 동시에 존재한다는 사실이 밝혀졌다가 〈평행 지구들parallel Earths〉 편에선 '진동 장벽vibrational barrier'에 의해 나뉘어진다. 여기에서 은시대 플래시는 슈퍼 스피드로 달리다가 몸이 진동하면서 그의 우상인 황금시대 플래시가 살고 있는 또 다른 지구로 들어갈 수 있는 주파수대와 접촉하게 된다. 배리는 자신이 황금시대에 왔다는 것은 인식하고는 제이를 찾아가 인사하고는 이렇게 말한다. "잘 아시겠지만, 각기 다른 스피드로 진동하면 두 물체가 동시에 같은 공간과 시간대에 들어갈 수 있습니다." 물론 배리 앨런은 이론물리학보다는 범죄학에 더 정통한 사람이다. 진동 주파수와는 상관없이, 두 개의 물체가 같은 공간과 시간대를 차지할 수는 없는 노릇이다.

〈두 세계의 플래시〉의 스토리를 쓴 작가는 황금시대 때 《플래시》를 쓰기도 했던 가드너 폭스Gardener Fox, 1911~1986다. 그는 은시대 플래시가 두 번째 지구에 있는 황금시대 플래시가 등장하는 만화책을 어떻게 볼 수 있는지를 설명하는 원리를 제시했을 뿐만 아니라 자신의 일하는 모습을 엿보게 하여 힌트를 제공하기도 했다. "가드너 폭스라는 사람이 모험 이야기를 쓰고 있다. 그는 꿈에서 아이디어를 얻는다고 한다! 폭스는 잠들지만 그의 혼은 진동하는 지구에 주파수가 맞춰져 있다! 플래시를 어떻게 창작해냈는지 알 수 있게 하는 대목이다!"* 은시대 플래시와 황금시대 플래시가 각기 다른

지구를 넘나들며 만난
다는 아이디어가 만화
독자들을 매료시켰다.
은시대 플래시는 더욱
자주 진동 장벽을 넘어
지구-2로 넘나든다. 황
금시대 플래시가 사는
지구는 '지구-2', 은시
대 플래시가 사는 지구
는 '지구-1'이라 칭했
다. 모든 슈퍼영웅들이
만화 캐릭터로서만 존
재하는 독자들의 세계
는 '지구 프라임Earth-
Prime(이론상의 세계로 인
류는 거의 없고 DC 만화

그림 27 _ 《플래시》 제123호의 표지, 독자들에게 그들이 보고
있는 것이 두 개의 다른 세상이라는 힌트를 약간 주고 있다.

캐릭터만이 존재하는 지구)'로 불려진다. 그러다가 마침내 1960년대 은시대
의 플래시, 그린 랜턴, 애텀, 배트맨, 슈퍼맨, 원더우먼 등으로 구성된 JSA,
지구-2 역시 플래시, 그린 랜턴, 애텀, 배트맨, 슈퍼맨, 원더우먼 등으로 구
성된 JSA와 공동으로 활동하는 사태가 벌어진다. 두 슈퍼영웅팀의 만남은
크게 인기를 끌어 연례 행사로 자리를 잡았다. 이 둘이 다른 지구를 넘나드

───── ● 배리의 말이라서 해서 다 재미있는 것은 아니지만 은시대 만화에는 의문문이 아닌 경우 문장 말미에 느
　　　 낌표를 붙이는 것이 유행이었다.

는 것은 독자들이 진부해할 때까지 계속되었다. 그러다가 저스티스 리그의 규모가 커지면서 '지구-3' 같은 또 다른 지구들을 방문하게 된다. '지구-3'에 존재하는 저스티스 리그는 범죄 소굴로서 미국의 범죄 연합회를 구성하게 된다. "샤잠!"하고 외치면 슈퍼영웅으로 변하는 캡틴 마블(본명은 빌리 뱃슨)과 그의 동료들은 '지구-S'에 사는데, 정기적으로 저스티스 리그가 방문해준다. '지구-X', '지구-4' 등등 새로운 지구는 계속 만들어졌고, 나중에는 나열하기 힘들 정도로 많아진 지구들을 뭉뚱그려 '다중 우주multiverse'로 부르게 되었다.

은시대 슈퍼영웅들이 황금시대 슈퍼영웅들을 만나는 장면이 등장하는 《저스티스 리그》 표지에는 으레 '지구-2의 위기' 혹은 '지구-3의 위기' 같은 문구들이 인쇄되었다. 그러다 보니 이야기 구조가 감당할 수 없을 만치 복잡해져서 1985년 DC 코믹스에서는 구성을 단순하게 재편성하여 다중 우주를 정상화하기 시작했다. 1년 단위로 단순화된 스토리를 소개하는 미니 시리즈는 '무한 지구들의 위기Crisis on Infinite Earths'라는 타이틀로 불렸다. 이야기 구조 단순화 작업이 지속되면서, DC 코믹스의 작가들과 편집자들은 이 기회를 이용하여 인기가 없는 세계에 살고 있는, 그래서 독자들의 잡지 구입에 도움이 되지 않는 가련한 영웅들을 청소해버리고, 인기가 있는 영웅들만(공교롭게도 은시대 지구-1에서 활동하던 슈퍼영웅들) 추려내어 지구 하나에 몽땅 이주시킨다. 그로 인해, 배리 앨런과 슈퍼걸이 은시대 '지구-1'을 파괴하려는 악한 전제군주에 맞서 싸우다 장렬한 최후를 맞이하고 슈퍼맨의 역사에서 슈퍼보이가 사라짐에도 불구하고, '무한 지구들의 위기' 시리즈는 만화 독자들로부터 큰 사랑을 받았다. 대부분의 만화가 캐릭터의 죽음을 처리하는 방식과는 달리, 배리 앨런과 슈퍼걸은 죽어 있는 상태로 남아 있으면서(만화잡지 판매를 위해 간혹 게스트 영웅으로 부활하기도 한다), 범죄와의 싸움은 클라크 켄트(슈퍼맨)가 십대 시절로 되돌아간 시점에서 새롭게 전개된다.

지금까지 설명한 내용이 우습게 들리겠지만, '무한대의 평행 우주'는 만화에 도입된 물리학 개념 중에서 가장 기묘한 개념이 아닐 수 없다. 《쇼케이스》 제4호가 나오기 4년 전에, 서로 다른 우주에 대한 가능성이 양자 역학 분야에서 진지하게 제안된 바 있었다. 다시 말해서, 평행 우주의 개념이 이론 물리학에서 진지하면서 생명력이 있는 가설이라고 믿는 과학자들이 있다는 것이었다. 현재의 이론들은 인간이 사는 지구와 같은 지구들이 존재한다면, 마블의 만화에 등장하는 우주와 비슷할 것이라고 추정한다. 하지만 그 세계는 마블 만화 내용과는 달리, 진동 주파수와는 상관없이, 슈퍼 영웅들이 방문하는 곳은 아닐 것이다.

위대한 사람들은 생각도 비슷하다

우리는 지금까지 물리학자들이 '고전 역학'(아이슈타인의 상대성 이론이 등장하기 전까지의 역학)이라 명명한 과학에 대해 설명해왔다. 무언가의 역학을 이해한다는 것은, 그 무엇에 가해지는 외부 힘이 밝혀진 상태에서, 통계치(벽에 걸쳐 있는 사다리가 안정을 유지할 수 있는 최대 각도)와 물체의 운동(사다리가 미끄러져 땅으로 떨어질 때의 속도)을 예측할 수 있다는 것을 의미한다. 거시 물체macroscopic object(인간의 눈에 들어오는 그대로의 물체)가 외부 힘에 의해 어떻게 움직이느냐를 예측하기 위한 기본 공식은 뉴턴의 제2 운동 법칙,

F=ma이다. 자동차나 야구공, 사람들의 움직임에 지배적으로 작용하는 힘은 중력, 마찰력, 그리고 정전기다. 심지어 전기와 자기장을 예측할 때에도 F=ma를 사용하는데, F는 전하들 사이의 끌어당김이나 밀어냄을 나타내는 '쿨롱의 힘Coulomb force' 혹은 움직이는 전하에 적용되는 자기장의 힘을 의미한다. 고전 역학에서 분리되어 하나의 학문 영역으로 자리를 잡은 양자 역학의 진면목은 전자와 원자를 연구할 때, F=ma 공식이 돌변하여 두 분야를 개별적으로 취급하지 않는다는 데 있다.

상당한 노력을 기울여 고전 물리학을 원자 연구에 적합하도록 수정(뉴턴의 법칙을 완전히 뒤집는 것은 아니지만 기본적으로 비트는 수준)한 후에 물리학자들은 원자 수준에서는 다른 역학을 사용해야 한다는 것을 마지못해 받아들였다. 그것은 원자가 외부 힘에 반응하는 방법을 설명하기 위해선 새로운 공식이 필요해졌다는 의미이다. 근 25년간의 노력 끝에 베르너 하이젠베르크와 에르빈 슈뢰딩거는 거의 동시에 F=ma를 대체할 새로운 공식을 찾아냈다.

겁먹을 필요는 없다. 우리는 슈뢰딩거와 하이젠베르크의 연구를 수학적으로 접근하지는 않을 것이다. 내가 슈뢰딩거 방정식을 몇 줄 적기야 하겠지만, 동물원에서 이국적인 동물을 바라보듯 하는 정도일 것이다. 하이젠베르크는 양자 역학에 선형 대수(행렬)를 사용해 접근했고, 슈뢰딩거는 복잡한 미분 방정식을 사용했다(우리는 간단한 슈뢰딩거의 방법에 초점을 맞출 것이다). 이 이론들을 좀 더 자세히 설명하려면 복잡한 수학을 사용해야 하는데, 그러면 서두에서 했던 고등학교 대수 이상의 수학은 사용하지 않겠다는 약속을 깨야 하기 때문에 더 자세히 들어가지는 않겠다.

그럼에도 불구하고 수학에 대해 두 가지 사실을 지적하고자 한다. 첫 번째, 자신이 발견한 운동 법칙을 적용하기 위해 미적분을 만든 아이작 뉴턴과는 달리, 하이젠베르크와 슈뢰딩거는 적어도 1세기 이전에 만들어진 수학을 사용할 수 있었다는 점이다. 이들이 자신들이 발견한 물리 법칙을 설명하기 위해 사용한 선형대수와 편미분 방정식의 수학적 부분은 18~19세기의 수학자들에 의해 발견되어 이들에게 사용하던 1925년에는 완전히 정립되었던 것이었다.

수학자들은 새로운 규칙을 구성하여 논리적인 상황과 원리를 발견하는 즐거움을 만끽할 목적만으로 수학의 새 갈래를 개척해내기도 한다. 물리학자들은 자연 세계의 생태를 규명하기 위해, 수학자들의 지적 호기심을 만족할 목적으로만 존재하던 공식들이 자신들에게도 필수적이라는 사실을 발견하기도 한다. 예를 들어서, 아인슈타인이 일반 상대성 이론을 완성할 때, 60년 전에 베른하르트 리만Bernhard Riemann, 1826~ 1866이 만들어둔 곡면 기하학이 없었다면 훨씬 힘들었을 것이다. 어제의 수학적 도구를 사용하여 내일의 발전을 이룬다는 물리학자들의 시나리오는 너무나 자주 반복되어, 이제는 새삼스럽게 받아들이지 않는 실정이다.

하이젠베르크와 슈뢰딩거의 이론에 대한 두 번째 지적은 두 사람은 각각 다른 수학 분야를 채용하여 다르게 고찰했음에도 불구하고, 면밀히 검토한 결과(1926년, 슈뢰딩거에 의해), 두 사람이 사용한 이론이 수학적으로 동일한 것임이 밝혀졌다는 점이다. 두 사람이 동일한 물리적 현상(원자, 전자, 그리고 빛)을 연구하고, 동일한 실험 데이터에 동기 부여되었다는 점에서, 서로가 사용한 수학적 언어가 크게 달랐음에도 불구하고 동일한 이론이 나왔다는 것은 그리 놀라운 현상은 아니다.

하이젠베르크와 슈뢰딩거는 완전 독립적으로 연구했지만 같은 해에 양자 분야에 관한 기술 방식을 각각 개발해냈다. 어떤 아이디어가 무르익어 역사의 한 시점에서 동시에 발견되는 사건은 이론 물리학에 국한된 것이 아니다. 《액션 코믹스》에서 슈퍼맨을 선보여 큰 인기를 끈 것을 시작으로 《내셔널 코믹스》 같은 다른 출판사들도 슈퍼영웅들이 대거 등장하는 만화들을 줄지어 출간한 것처럼 텔레비전과 영화에서도 유사한 내용이 등장하는 경우 단순하게 모방이라고 말할 수는 있을 것이다. 하지만 영화사나 텔레비전 프로그램이 해적이나 도시의 의사가 등장하는 특정 장르의 프로젝트를 독립적이면서도 동시에 제작하여 방영한 사실이 문서로 증명되기도 한다. 이러한 동시성同時性은 당연히 만화에서도 일어나는데, 《엑스맨》과 《둠 패트롤Doom Patrol》 같은 경우이다. 1964년 3월, DC 코믹스는 《나의 가장 위대한 모험My Greatest Adventure》 제80호를 출간하는데, 이를 통해 이상한 능력을 발휘하여 정상적인 사회와는 어울릴 수 없는 네거티브맨, 엘라스티걸 같은 슈퍼영웅들이 데뷔한다. 이들을 이끄는 리더는 휠체어 신세를 면치 못하는 '치프Chief'라 불리는 천재로서 슈퍼영웅들에게 악마 형제단에 대항하여 자신들을 외면하는 사회를 지켜내라고 설득한다. 그로부터 3개월 후, 마블 코믹스는 《엑스맨》 제1호를 출간하는데, 이 잡지를 통해 역시 이상한 능력 때문에 사회 속으로 들어갈 수 없는 사이클롭스, 비스트, 엔젤, 아이스맨, 그리고 마블걸 같은 변종들이 데뷔한다. 이들의 리더 또한 휠체어에 의존하는 교수 X인데, 그는 슈퍼영웅들을 모집하여 훈련시켜서 역시 악마 형제단 변종들과 싸워서 자신들을 무시하는 사회를 구하도록 한다.

　일부 차이(교수 X는 대머리에 깔끔하게 면도한 얼굴, 칩은 빨간색 머리칼에 턱수염을 기름)가 있음에도 불구하고, 개념이 너무나 비슷해 독자들은 《엑스맨》이 《둠 패트롤》을 흉내 낸 것이 아닌가하고 의심할 정도였다. 하지만 두 만화 잡지의 작가들과의 인터뷰, 그리고 만화 역사가들의 조사를 통해 내린 결론은 거의 동일한 만화의 등장은 우연일 가능성이 높다는 것이었다. 만화를 인쇄하여 신문 가판대에 진열하기 전, 아이디어를 구상하여 그림을 그린 후 글을 쓰고 색칠하기까지 상당한 시간이 걸린다는 점에서 《둠 패트롤》이 출간되었을 시점에는 《엑스맨》 프로젝트가 이미 상당히 진행되었다고 봐야 한다.

동시 출간 사례는 DC에서 출간된, 이끼가 몸을 뒤집어 쓴 괴물이 주인공인 《스왐프 싱Swamp Thing》과 마블에서 출간된 《맨싱Man-Thing》에서도 찾아볼 수 있는데, 두 만화는 1971년 한 달 간격으로 세상에 나타났다. 각각의 작가인 웨인과 콘웨이는 자신들은 절대로 상대방으로부터 영향을 받은 바 없으며, 그 당시 둘이 룸메이트였던 것은 전적으로 우연이었다고 주장했다.

원자 차원에서 물체의 행태가 물체의 운동을 수반하는 물질파의 지배를 받는다면, 이러한 파동이 어떻게 공간과 시간 안에서 전개되는지를 설명하는 물질파동 공식이 원자 물리학에서 필요할 것이다. 1920년대 초반의 과학자들은 슈뢰딩거가 올바른 수학적 표현에 대해 실마리를 찾은 1925년 전까지 물질파동 공식을 찾아내려는 노력을 경주했다.

슈뢰딩거 방정식 덕분에 과학자들은 원자와 빛의 상호 작용에 대한 이해를 위한 체계를 수립할 수 있었다. 슈뢰딩거 방정식은 물질파동 공식을 발견하기 위한 동기로 작용했다. 그로부터 한 세대가 흐른 후, 슈뢰딩거 공식에 의해 물질파동에 대한 통찰력으로 무장하게 된 새로운 과학자들이 핵분열(원자탄) 및 핵융합뿐만 아니라 트랜지스터, 레이저 등을 개발하게 되었다. 트랜지스터와 레이저는 접근 방법이 다르지만, 양자 이론 덕분에 성공적인 개발이 가능했다는 공통점을 갖는다. 그리고 다시 한 세대 후, CD 플

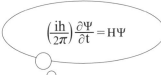

$$\left(\frac{ih}{2\pi}\right)\frac{\partial \Psi}{\partial t} = H\Psi$$

그림 28_ 이론 물리학자 에르빈 슈뢰딩거. 양자 역학의 기초가 되는 슈뢰딩거 방정식을 생각하고 있다.

레이어, 개인용 컴퓨터, 휴대전화, DVD 플레이어 등 수많은 문명의 이기들이 만들어진다. 트랜지스터와 레이저가 없었다면 이러한 발명품도 있을 수 없었다는 점에서, 슈뢰딩거 방정식이 없었다면 이러한 것들이 존재할 수 없었다고 말할 수 있다. 슈뢰딩거는 지금의 생활 방식을 가능하게 한 설계자이다. 따라서 그의 조국인 오스트리아의 1,000실링 지폐에 그의 초상화가 실린 것은 이상할 것도 없다.

에르빈 슈뢰딩거는 원자의 행태를 표현할 새로운 공식의 수립을 위해 상당한 수준의 물리적 직관을 사용했다. 평범한 과학자라면 뉴턴이나 슈뢰딩거 같은 거물 과학자들이 어떻게 연구하는지 결코 알지 못할 것이다. 새로운 물리학 이론이 독창적이며 수학적으로 논리 정연하고 실험이나 관찰로 증명되어야 한다는 점에서, 자연에 대한 새로운 이론을 발견하기 위한 통찰력은 예술 작품보다 훨씬 강력한 것이리라. 이 세상에서 가장 우아한 이론이라 해도 실험 결과에 배치된다면 하등 쓸모가 없다.

우리는 슈뢰딩거가 어떻게 그렇게 위대한 업적을 이룰 수 있었는지 알지 못하지만, 언제 어디서 그런 성취를 할 수 있었는지는 안다. 과학 역사가들에 의하면 슈뢰딩거는 1925년 친구로부터 빌린 알프스의 별장에서 크리스

마스 시즌을 보내다가 그 유명한 공식을 발견했다고 한다. 게다가 우리는 그 별장에 그가 혼자가 아니었다는 사실도 알고 있다. 안타깝게도 그의 수많은 여자 친구들 중에서 어느 여자가 그때 그 자리에 있었는지 알지는 못한다.

이 시점에서 독자 여러분은 슈뢰딩거의 사진(그림 28)을 다시 보고 싶은 충동을 느낄 것이다. "이 친구 왜 웃고 있는 거야?"라는 질문이 던져진다면 아마 대답할 말이 생각날 것이다. 자신 있게 말하건데 슈뢰딩거는 우리가 상상하는 그런 바람둥이는 아니다. 이성에게 어필할 방법을 수학 공식으로 해결하고 싶다면 슈뢰딩거의 방정식부터 연구하는 것이 좋을 것이다. 여기서 잠깐 맛본 기초적인 양자 물리학 지식만으로도 당신의 로맨틱한 욕망이 더욱 강렬하게 불타오르리라 확신한다. 거부할 수 없는 매력에 더하여 슈퍼영웅 만화들에 대한 백과사전식 지식도 얻게 될 것이다!

슈뢰딩거의 고양이

앞에서 슈뢰딩거 방정식은 전자나 원자에 적용되는 $F=ma$와 같은 의미를 지니는 식이라고 했다. 뉴턴의 제2법칙에서 힘 F와 질량 m을 알면 가속도 a를 구할 수 있고 차례대로 속도, 위치를 알아낼 수 있었던 것처럼, 슈뢰딩거 방정식은 전자의 위치에너지를 V로 표시한다면, 특정 시간과 공간(위치)에서 입자를 발견할 확률밀도(어느 지역에서 입자를 발견할 확률을 부피로 나눈 값)를 ψPsi, 프사이로 계산할 수 있게 된다. 일단 전자가 어떤 위치에 등장할 확률을 알면, 전자의 평균 위치나 운동량을 계산할 수 있다. 이러한 평균값들이 신뢰성을 가진 양量들이라면 나머지는 이론이 다 알아서 해결해 주어야 한다.

양자 물리학에서 평균값을 강조하는 것은 12장에서 다루었던 열역학의 평균에 대한 고찰과는 다르다. 우리는 편리하다는 이유만으로 어떤 물질 속의 한 원자당 평균 에너지에 대해 얘기했다. 이론상으로 얘기해서, 우리에게 충분한 시간과 컴퓨터 메모리가 있거나, 혹은 우리가 플래시와 슈퍼맨처럼 초스피드로 움직이는 존재라면, 방안의 모든 공기 분자의 위치와 운동량을 추적할 수 있다. 그렇게 되면 단위면적당 벽에 순간적으로 미치는 힘을 계산할 수 있는데, 이 계산에는 평균 압력의 결정 요소인 정보가 담겨 있다. 이와는 반대로 양자계에서는 물질의 파동성으로 인해 측정하는데 제약을 받게 되고, 이로 인해 우리가 얻을 수 있는 것은 평균값이 유일하다(분자 하나하나의 물리량을 알고 더하는 식의 방법이 원천적으로 불가능하기 때문이다).

원자 내에서 전자의 정밀한 위치를 정확히 측정하지 못하게 하는 '물질의 파동성' 이라는 것이 대체 무엇일까? 기본적인 주파수와 서너 개의 배음을 생성하는 고정된 바이올린 줄을 생각해보자. 그 줄이 특정의 주파수로 진동하지만 인간이 그 소리를 들을 수 없다고 가정하자. 줄이 흔들리는 것을 볼 수 없을 정도로 그 진동이 빠르다면 그 줄이 정말로 진동한다는 것을 어떻게 증명할 수 있단 말인가? 그 방법 중의 하나는 손가락을 줄에 대어 진동을 느끼는 것이다. 손가락의 감각이 맷 머독, 즉 데어데블처럼 아주 섬세하다면 줄이 진동했을 때의 주파수를 정확히 파악할 수도 있을 것이다.

내가 '진동했을 때' 라고 표현한 것은 손가락이 줄에 닿고 나면 줄이 그 이전의 주파수로 진동하지 않기 때문이다. 진동이 멈추거나 아니면 다른 주파수로 진동하게 될 것이다. 우리는 손가락을 줄에 가까이 접근시켜 진동 주파수를 측정할 수 있을지언정 줄에 직접 손을 대서 측정할 수는 없다. 이런 식으로 우리는 진동하는 바이올린 줄에 의한 공기 속의 진동을 감지해낼 수 있다. 이러한 측정 감도를 높이려면 손가락 끝을 아주 가깝게 줄에 접근시켜야 한다. 그러면 공기 진동이 손가락에서 반사되어 줄로 되돌아가면서 피드백feedback 역할을 하여 진동 패턴이 바뀌게 된다. 손가락이 줄에서 멀면 멀수록 피드백이 약해지고, 진동 주파수 결정 요인은 그만큼 정확성이 떨어지게 된다.

원자 내 전자의 물질파 진동은 방해 요인들에 매우 민감하다. 전자의 위치에 대한 측정이 전자의 물질파를 교란시킨다. 양자 물리학에 관한 관찰자의 역할에 대한 글이 많이 있지만, 관찰하는 그 행위보다 관찰하는 대상을 교란시키는 것도 없다.

양자 이론은 엄청난 분량의 방사선 동위 원소 중 절반이 붕괴되기까지 걸리는 평균 시간(반감기半減期)의 정밀 요인들을 재공해주지만, 원자 한 개가 언제 붕괴할 것인가를 예측하는 데에는 도움이 되지 않는다. 문제점은 다음과 같은 사례를 통해 잘 드러난다. 주머니에서 25센트짜리 동전 하나를 꺼냈는데 단 한 번만 뒤집을 수 있다고 한다. 그렇다면 앞면이 나올 확률은? 십중팔구 당신은 직관에 의지해 50퍼센트라 대답하고 싶으면서도 한편으로는 혹시 트릭이 개재된 것이 아닐까 하는 의심이 들 것이다. 맞다－속임수 질문이다. 나는 50대 50이라 대답하는 사람에게 이렇게 말할 것이다. "어디 증명해보시지." 양면이 다른 동전이 통용되는 세상에 살고 있는 한, 단 한 번만으로 증명할 수 없다. 단 한 개의 동전을 1,000번 던지든지, 아니면 동시에 1,000개의 동전을 던지면 앞면이 나올 확률은 거의 50퍼센트가 될 것이다. 하지만 확률은 단 한 번의, 별개의 이벤트에는 맥을 추지 못한다. 그럼에도 불구하고 슈뢰딩거 방정식은 확률에만 의존할 뿐이다. 양자 역학 옹호자들은 뉴턴 역학의 정밀성에 물들은 노련한 물리학자들과는 생각을 같이 하지 않는다. 그들은 판도라 상자를 열어 그 안에 고양이 한 마리를 집어넣는 개념적 실험을 제안한다.

그들이 제기하는 상황은 이렇다. 한 상자 안에 고양이 한 마리, 밀봉된 독극물 병 하나, 그리고 한 개의 방사선 동위 원소가 든 작은 상자가 놓여 있다. 동위 원소의 반감기는 1시간인데, 양이 너무 적어서 한 시간 후에 한 개의 원자가 붕괴될 확률이 50퍼센트이다. 동위 원소가 붕괴되면, 알파분자(헬륨핵이라고도 불림)가 방출되는데, 이 분자가 날아와서 부딪히면 뚜껑이 열려 독극물이 나오도록 설치되었다. 그렇다면 한 시간 후에 알파 분자가 독극물 병을 때려 그 안에서 독이 흘러나와 고양이가 죽어 있을 확률은 50퍼센트, 그와는 반대로 병이 멀쩡하여 고양이가 살아 있을 확률도 역시 50퍼센트라는 것이다.

슈뢰딩거 방정식에 따르면, 한 시간이 흐르기 전에 그 안에 들어 있는 고양이는 그저 '죽은 고양이'와 '산 고양이'의 중첩superposition, 즉 평균으로만 설명된다. 일단 상자 뚜껑을 열면, '평균 고양이의 파동 함수average cat's wave function'는 100퍼센트 생존 혹은 100퍼센트 죽음으로 주저앉게 되지만, 뚜껑을 열기 전에는 그 어느 쪽을 목격하게 되는지 전혀 알아낼 방법이 없다. 상자의 벽이 투명하다면 가능하겠지만 외부의 빛이 동위 원소 붕괴에 영향을 미치지 않는다는 보장이 없다(양자계를 지켜보는 것만으로 양자계에 영향을 미칠 수 있다는 사실을 상기할 것). 이러한 설명이 대다수의 물리학자들을 만족시킬 리 없고(저스티스 리그 최신 개정판《JLA》제19호에서 설명한 것처럼, 빛의 엉킨 양자 상태entangled quantum state에 관한 최근의 실험들이 이러한 사태들이 실제로 발생하고 있음을 지적하고 있음에도 불구하고), 슈뢰딩거의 고양이와 관련된 지적인 불쾌감을 해결하기 위한 사고와 논쟁이 이어져왔다. 이를 해결하기 위한 도발적인 해결책의 하나로서 플래시와 슈퍼맨이 또 다른 지구로 여행 다닐 수 있게 하는 방법을 들 수 있다.

1957년, 휴 에버렛 3세Hugh Everett Ⅲ, 1930~1982는 일단 고양이를 상자 안에 넣고 봉하면, 두 개의 거의 동일하면서도 분리된 우주가 생성된다고 주장했다. 하나는 정해진 시간이 끝나면 고양이가 살아 있는 상자요, 또 하나는 죽어 있는 상자라는 것이다. 상자를 열 때의 우리 행동은 파동 함수의 붕괴에 영향을 미치지도 않고, 우리가 들여다보기 전까지 고양이가 50퍼센트 생존, 50퍼센트 죽은 것도 아니라는 주장이다. 이보다는 정해진 시간 끝에 우리가 행하는 모든 것이 우리가 사는 우주 중의 하나를 결정한다는 것이다. 사실, 적어도 두 가지 가능한 결과가 존재하는 모든 양자 과정quantum process에서는 무한히 다양한 결과들에 적합한 다수의 우주들이 존재한다. 일단 두 개의 지구들이 특별한 양자 이벤트의 두 가지 가능한 결과에 의해 분리되고, 그다음부터는 분리되자마자 발생하는 무수한 양자 이벤트들에 의해 개별적으로 다른 방법으로 진화된다. 지구들의 분리가 최근에 이루어졌다면 어느 특정 지구는 우리가 사는 지구와 흡사할 가능성이 있다. 분리가 오래전의 일이라면, 그 사이에 계속해서 발생한 양자 이벤트들에 의해 우리가 사는 이 세상과는 다른 결과들이 나타나고 있을 것이다. 따라서 두 번째 지구의 역사는 우리의 역사와 매우 흡사할 수도 전혀 다를 수도 있다.*

● 슈뢰딩거의 고양이 이론은 《애니멀 맨Animal Man》 제32호에 잘 설명되어 있다. 보다 깊은 이해를 원한다면 27호부터 볼 것.

따라서 양자 이론은 마블 우주에서의 "만일 그렇다면(What if)?"라는 질문과 DC 코믹스에서의 다중 우주들에 대한 물리적 정당성을 부여한다. 어느 한 지구에서 제이 개릭은 화학 실험 사고로 경수 수증기를 흡입한 결과, 초스피드로 달리는 능력을 갖게 되어 저스티스 리그의 동료들과 힘을 합쳐 정의를 위해 싸운다. 다른 지구에선 경찰 과학자 배리 앨런이 번개를 맞음과 동시에 화학 물질을 뒤집어쓰고 나서 역시 초스피드로 달리는 능력을 갖게 되어 저스티스 리그의 동료들과 힘을 합쳐 정의를 위해 싸우게 된다. 또다른 지구에선 역시 빨리 달리는 능력을 가진 자니 퀵이라는 악당이 미국 범죄 연합Crime Syndicate of America이라는 범죄 집단 소속 동료들과 어울려 갖가지 못된 짓을 저지른다. 비록 이론상으로는 다수의 지구들 사이엔 커뮤니케이션이 있을 수 없지만, 원칙적으로는 지구들이 무한대로 존재하여 모든 양자 효과들에 의해 가능한 모든 결과들을 산출토록 한다. 따라서 플래시처럼 초스피드로 달리면서 진동을 일으킬 수 있는 사람은 독자들이 이야기 구성을 따라잡을 수 있는 한 얼마든지 생겨날 수 있는 수많은 세계들을 여행할 수 있다는 말이 된다.

휴 에버렛의 제안은 물리학자들에게 무한 지구들로 인한 색다른 위기의식을 안겨주었다. 대부분의 물리학자들에게 슈뢰딩거의 고양이에 대한 다중 지구라는 해결책은 질병보다 더 고약한 치료방법이다. 하지만 이 이론에 대해 논리적, 물리적 하자는 발견되지 않는다. 그 누구 하나 이 이론이 틀렸다는 것을 증명하지 못하고 있는 실정이다.

자연의 완전 이론이라는 것이 확률만을 예측할 뿐이라고 주장할 정도로 지적인 만족감을 모르는 물리학자들은 이 이론이 무한대의 대안 우주들이 자생적이고 지속적으로 창조된다는 것을 사실적으로 표현하고 있다는 사고를 소화하지 못한다. '다중 우주' 모델은 논문이 발표된 이래 양자 이론의 미친 친척 아줌마 취급을 받아왔고, 최근까지 다락방에 처박힌 신세를 면치 못해왔다. 나 역시 대학 시절은 물론이고 더 자세히 공부하던 대학원 시절에도 이에 대해 강의를 받은 바 없다. 내가 '다중 우주'라는 개념을 접한 것은 대학원 사무실에 버려져 나뒹구는 브라이스 드윗Bryce DeWitt, 1923~2004과 닐 그레이엄Neill Graham이 쓴 《양자 역학의 다중 우주 해석The Many-Worlds Interpretation of Quantum Mechanics》책을 우연히 발견하면서부터였다. 나는 숙제하는 것을 미루고, 이 이상한 책을 읽으면서 마감 전에 숙제를 마치는 또 다른 제임스 카칼리오스가 어딘가에 있다는 것을 알게 되었다(이 지식으로 도움 받은 것은 없다).

비록 '다중 우주'에 눈길을 주는 물리학자들은 거의 없는 형편이지만, 이 이론을 지원하는 물리학자 부류들이 있는데, 바로 '끈이론'을 연구하는 사람들이다.

슈퍼맨이 역사를 바꿀 수 없는 이유

슈뢰딩거 방정식의 발견 후 수년 동안, 과학자들은 전자의 물질파가 전기장 및 자기장과 상호 교류하는 방법(양자전기동학quantum electro- dynamics 혹은 줄여서 QED라 부른다), 그리고 핵 내부의 쿼크quark가 행동하는 방식(양자색소역학Quantum Chromo Dynamics 혹은 줄여서 QCD)을 기술하는 테크닉들을 개발했다. 이론 물리학자들에게는 물질파가 어떻게 중력장Gravitational Field과 상호 교류하는지를 알아내는 과제만 남은 셈이다. 중력에 관한 완벽한 이론이 바로 아인슈타인의 일반 상대성 이론이다. QED를 설명해주는 뛰어난 이론도 있다. 하지만 이러한 이론들을 결합하여 하나의 이론으로 만든다는 것은 지금의 물리학자들의 능력으로는 불가능하다. 중력의 양자론quantum theory of gravity에 가장 근접한 것이 바로 '끈이론string theory'이다.

끈이론을 간단히 말하면 질량 자체가 파동, 또는 어떤 기본적인 단위체인 '끈'의 진동으로서 이 '끈'들이 우주에 존재하는 모든 것의 기본 단위체라는 것이다. 현재로서는 대다수의 물리학자들이 이 이론에 회의적이다. 첫 번째 반론은 끈이론이 11차원(10차원의 공간 차원과 1차원의 시간 차원)에서만 유효하다는 것이다. 하지만 이 이론은 우리 인간이 3차원의 공간에서 살고 그 이상의 차원과는 접촉할 수 없다는 점에서 이해하기 어렵다. 이러한 모순을 설명하기 위해 끈이론 학자들은 총 열한 개 차원 중에 일곱 개 공간 차원은 10^{34}cm 정도(플랑크 상수의 단위와 비슷해 '플랑크 길이'라고 한다)의 아주 작은 공에 뭉쳐 들어가 있다고 말한다. 끈이론의 또 다른 결점은 부가 차원extradimensional 개념과 관련된 것이다. 이 공은 정말 너무나도 작아서 현존하는, 그리고 조만간 개발될 어떤 입자 가속기를 사용하더라도 이렇게 작은 크기를 측정할 수 있는 높은 에너지를 만들기가 힘들다. 결국 실험이 이 이론을 증명해줄 수 없기에 이론이 옳은가를 판단하는 것은 이 이론의 수학적인 아름다움에 기댈 수밖에 없다. 하지만 매우 위험한 것이 지금까지의 전자기학이나, 고전 역학들도 수학적으로 결점이 없는 형태였음에도 우리는 그것을 보완할 새 이론에 목말라 있지 않았었는가, 또한 자연의 섭리에 수학적 아름다움이 보장되어 있어야 하는 것도 아니다. 게다가 끈이론은 현재, 중력과 양자 역학을 묶을 유일한 해결책 후보이며, 제대로 완성하려면 더 많은 연구가 필요하기에 더욱 신중을 기해야 한다.

양자 중력quantum gravity을 연구하는 물리학자들은 시간 여행 관련 계산상의 논리적 불일치를 해결하기 위해 다중 우주 규명에 매달려왔다. 최근 일부 과학자들은 시간 여행이 실제로 이루어질 가능성이 희박하지만 물리적으로 불가능한 것이 아니라고 주장한다. 과거로의 시간 여행의 문제점은 그 유명한 '할아버지 역설grandfather paradox'을 통해 제시된 바 있다. 만일 내가 과거로 시간 여행을 할 수 있다면, 할아버지가 나의 아버지를 낳기 전에 그를 죽이는 사태가 벌어질 수도 있다는 것이다. 이런 식으로 나의 탄생을 저지할 수는 있지만, 그렇게 하기 위해선 내가 태어나지 말았어야 하지 않은가. 이러한 수수께끼를 풀기 위해 현대의 이론 물리학자들은 휴 에버렛의 다중 우주에 관한 주장을 다시 연구하기 시작했다. 그들에 따르면, 정말로 대안적인 평행 우주들이 무한대로 존재한다면, 과거로 시간 여행을 하는 과정에서 반드시 필요한 공간-시간상의 심각한 일그러짐 현상으로 말미암아 내가 또 다른 우주들로 보내진다는 것이다. 그렇게 되면 내 존재에 대한 변화를 일으키지도 않고서도, 가지고 있는 총알 숫자대로 얼마든지 내 할아버지들을 죽일 수 있다는 것이다. 내 할아버지는, 내가 다른 우주들 속의 과거에 뛰어들어 엄청난 혼돈을 일으키는 것과는 전혀 상관없이 내가 속한 우주의 과거 속에 안전하게 존재하기 때문이다.

　이러한 물리학 개념들은 1961년에 이미 《슈퍼맨》 제146호의 〈슈퍼맨의 위대한 업적Superman's Greatest Feats〉 편에서 예견되었다. 이 이야기에서 슈퍼맨은 자신과 특별한 관계였던 아틀란티스 인어인 로리 르메리스(애인 사이는 아니었다)를 돕고자 과거로 간다. 로리는 슈퍼맨이 수백만 년 전에 발생한 아틀란티스의 침몰을 막아주기를 간절히 원했다. 슈퍼맨은 자신이 예전에 역사를 바꾸려다 실패한 이야기를 해주었으나, 결국 로리의 간청에 한

번 더 시도해보기로 한다. 음속을 돌파하기 위해선 엄청난 힘과 1초당 34km를 달려야 하는데, DC 코믹스 내용으로는 시간의 장벽을 돌파하려면 그보다 훨씬 큰 힘과 빠른 속도가 필요하다(플래시와 슈퍼맨은 음속 및 시간 장벽 돌파 능력을 갖고 있었고, 이야기 구성대로 얼마든지 시간 여행을 할 수 있었다). 따라서 800만 년 전으로 돌아간 슈퍼맨은 휴양지처럼 보이는 해안에서 멀리 떨어진 작은 섬에 고도로 만개한 아틀란티스 문명이 거대한 해일(해저 지진으로 인한)에 수장되기 직전의 시점에 도달한다. 슈퍼맨은 해저 지진으로부터 안전한 또 다른 고도 문명의 섬으로 달려간다. 만화에는 슈퍼맨이 왜 이 섬에 대해 아는 바 없었는지에 대해선 언급되어 있지 않다. 슈퍼맨은 그 섬의 다 허물어져가는 건물들에서 신비한 금속 물질을 취해 엄청나게 큰 크레인을 만들어, 그것으로 아틀란티스 섬을 들어올려 지진으로부터 안전한 곳에 내려놓는다.

슈퍼맨은 지난번과는 달리 역사 전개를 바꿀 수 있었고, 원래 시간대로 돌아오는 과정에서 다양한 역사적 이벤트를 수정할 기회를 활용하여 중요한 역사적 순간들에 손을 대기로 한다. 로마 시대의 콜로세움에서 사자들에게 잡아먹히기 직전의 기독교인들을 구하고, 처형되기 직전에 네이선 해일Nathan Hale, 1755~1776(미국 독립전쟁 당시, 영국군에 체포되어 1774년 스파이 혐의로 사형됨)을 구하고, 조지 커스터George Custer, 1839~1876 중령이 이끄는 600여 명의 기병대가 1,000여 명의 인디언의 급습을 받고 거의 몰사한 1876년의 리틀 빅 혼 전투에 개입하고, 1865년 4월 14일 링컨Abraham Lincoln, 1809~1865 대통령이 암살당하기 직전에 있었던 포드 극장에 등장한다는 식이다. 아래 그림(그림 29)을 보면, 존 윌크스 부스John Wilkes Booth, 1838~1865가 링컨 대통령을 암살하려고 손으로 권총을 꺼내면서 "독재자에게는 언제나!(Sic Semper!)"라고 중얼거리는 장면이 나온다. 이제 슈퍼맨은 역사 속의 철부지가 되어 자기 고향인 크립턴 행성의 모든 인구를 구하기로 결심한다. 하지만 크립턴의 태양인 라오 아래에서는 초능력을 상실하기 때문에(이번에는 슈퍼맨 힘의 원천이 지구의 노란색 태양이다), 지구의 가라앉은 전함들을 이용해 우주선 함대를 만들어 크립턴의 주민들을 다른 세계로 대피시키려 한다. 그는 멀리 볼 수 있는 능력을 이용하여 자신의 부모가 어린 칼엘과 함께 새로운 행성에서 새롭게 출발하는 모습을 지켜본다. 이 순간 슈퍼맨은 자신이 모순에 걸려 넘어졌다는 것을 깨닫는다. 부모님이 아기였을

그림 29 _ 슈퍼맨이 시간을 넘나들며 에이브러햄 링컨의 생명을 구한다.

다시, 시간 장벽을 넘어, 슈퍼맨은 속도를 낸다.

이상하군, 현재로 돌아가야겠어. 내가 역사를 바꾼 것이 맞다면, 역사책이 바뀌어 있을 테니 일단 돌아가서 알아보자!

하지만 1961년의 도서관에서도 미스터리는 깊어져만 간다.

아니 이럴수가, 역사책이 전혀 바뀌지 않았잖아! 내가 한 일에 대한 기록은 어디에도 없어!

로마 시대로 돌아가 내가 구한 사람들, 심지어 링컨 대통령도 전부 내가 구한 게 아니잖아! 그리고 내가 구한 크립턴 행성에 대한 얘기도 없고!

말도 안 돼!! 역사 기록에 따르면, 난 역사를 바꾸지 못했어! 하지만, 난 실제로 했다고! 역사책이 틀렸을 리도 없으니… 도대체 어떻게 된 거야? 기필코 알아내고야 말겠어!!

PUBLIC LIBRARY

그림 30 _ 그림 29에 이어지는 장면. 그는 분명히 역사를 바꾸는 대단한 일을 해냈지만, 이상하게도 역사는 바뀌지 않은 채로 남아 있었다.

때의 자신을 지구에 보내지 않았다면 어떻게 크립턴 주민을 구할 수 있단 말인가?

그는 현실인 1961년으로 돌아와서 펼쳐본 역사책의 내용이 하나도 변하지 않았음을 알게 된다. 링컨이 포드 극장에서 암살된 것은 여전했고, 네이선 해일과 조지 커스터가 슈퍼맨이 개입하지 않은 원래의 역사대로 그렇게

그림 31_ 1961년의 슈퍼맨은 이론 물리학자들이 최근에야 가정하고 있는 것을 발견한다. 시간 여행은 우리가 속한 세계에서는 불가능하고, 반드시 쌍둥이 우주를 통해야 가능했던(만화 속에서는) 것이다.

고통을 받고 죽었다고 기록되어 있었다. 슈퍼맨은 어떻게 이럴 수 있는지 이해가 되지 않았다. 슈퍼맨은 자신의 시간 궤적을 거슬러 여행하다가 또 다른 지구를 발견한다. 역사책에 불행한 이벤트들이 자신이 수정한 대로 기록되어 있는 곳이다.

슬프게도 현대 과학자들은 슈퍼맨이 1961년에 발견했던 것, 시간 여행은 양자 역학에서의 다중 우주 이론을 통해서만 가능하다는 사실을 2001년에 와서야 발견한 셈이다. 다중 우주 설명처럼 슈퍼맨은 정말 역사의 비극들을 막아 위대한 업적을 이루어냈으나, 자신이 사는 세상이 아닌 다른 세상에서 이루었을 뿐이었다.

비슷한 내용이 마블 코믹스의《어벤저스》제267호에서도 보인다. 자신의 적인 슈퍼영웅들을 제거하기 위해 자주 시간 여행을 하다 보니 그 과정에서 대안 지구들을 엄청나게 많이 만들어내게 되었다는 것이다.

여전히 만화책은 물리학보다 앞선 내용들을 선보이고 있다.

22

터널링 현상 Tunneling Phenomena

▶▶▶ 가볍게 벽 통과하기

젊은 과학자들이 받아들이기 어려운 양자 역학 중의 한 부분은 물질이 절대 들어갈 수 없는 장벽을 슈뢰딩거 방정식에서는 어떤 상황에서는 통과할 수 있다고 간주하는 것이다. 이런 식으로 양자 역학은 전자들이 《엑스맨》에 나오는 키티 프라이드Kitty pryde와 매우 닮았다는 것을 알려준다. 그녀는 단단한 벽을 그냥 걸어서 통과하는 초능력이 있었다. 플래시 역시 장벽을 '진동'하면서 통과해버린다. 이 이상한 예측은 진실이라 하기에는 너무나 기묘하다.

전자는 결코 이동할 수 없다는 것이 상식이지만, 슈뢰딩거 방정식은 전자가 우주의 한 지점에서 다른 지점으로 이동할 확률을 계산케 해준다. 내가 야외 핸드볼 코트에 들어와 있는데, 4면 중 3면은 쇠철망으로 울타리가쳐 있고, 나머지 한 면은 콘크리트 벽이라 가정해보자. 그 코트 바로 옆에는 또 다른 코트가 있는데, 그것 역시 3면은 쇠철망 울타리가 처져 있고, 한

면은 콘크리트 벽으로서 그 벽은 첫 번째 코트의 벽이기도 하다. 나는 마음대로 첫 번째 코트 내를 돌아다닐 순 있지만 초능력이 없기 때문에 콘크리트 담을 넘어 두 번째 코트로는 들어갈 수 없다. 이 상황을 위해 슈뢰딩거 방정식을 풀다 보면 놀라운 무언가를 발견하게 된다. 슈뢰딩거 방정식을 이용해 계산을 해보면 내가 첫 번째 코트에 있을 확률이 매우 높은 반면, 코트를 넘어가 또 다른 코트에 있을 확률은 제로에 가까울 만큼 매우 작다. 일반적으로 장벽을 통과할 확률은 매우 작지만, 확률이 정확히 0인 상황만 불가능하다고 말할 수 있다. 그 외의 모든 상황은 그저 '가능할 것 같지 않다'이다.

내가 두 번째 코트에 들어가 있음은 전통적으로 증명할 방법이 없다는 점에서, 본질적으로 양자 역학 현상으로 보는 것이다. 이런 양자 과정을 '터널링Tunneling'이라고 하는데, 사실 내가 벽을 통과하면서 실제로 터널을 만드는 것이 아니기 때문에 잘못 붙인 이름이다. 통과한 자리에는 어떤 구멍도 남지 않고, 그렇다고 벽 밑으로, 혹은 그 위로 넘어온 것도 아니다. 반

그림 31_ 《엑스맨》 제130호의 한 장면. 키티 프라이드(아직 엑스맨의 일원은 아니다)가 그녀의 초능력을 사용해 벽을 통과해서 헬파이어 클럽의 화이트 퀸으로 잠입하는 것을 보여준다.

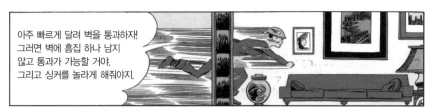

아주 빠르게 달려 벽을 통과하자!
그러면 벽에 흠집 하나 남지
않고 통과가 가능할 거야.
그리고 싱커를 놀라게 해줘야지.

그림 23_《플래시》123호의 한 장면. 황금시대의 플래시, 제이 개릭이 '터널링'이라는 양자 역학적 현상을 설명하고 있다. 한 물체의 물질파는 작지만, 0이 아닌 확률로 고체 장벽을 통과할 수 있다. 물체가 장벽을 향해서 빠르게 접근하면 할수록 통과할 확률은 높아진다. 제이가 지적한 것처럼 터널링 현상은 벽에 아무런 흔적도 남지 않는다.

대 방향으로 달리면 첫 번째 코트에 있을 때와 마찬가지로 무시무시한 콘크리트 벽이 앞을 막고 있어서 첫 번째 코트로 되돌아갈 확률은 극히 낮다. 그럼에도 불구하고 '터널링'은 물리학자들이 이 현상을 설명하는 데 사용하는 용어다. 내가 벽을 향해 빨리 달리면 달릴수록, 첫 번째 코트로 넘어갈 확률은 높아진다. 비록 그렇게 빨리 달릴 수는 없지만 말이다. 플래시가 황금시대와 은시대를 가리지 않고 위의 그림(그림 33)에서처럼 무서운 속력으로 단단한 물체를 통과할 수 있었다는 데에는 의심의 여지가 없다. 그는 슈뢰딩거 방정식으로 산출한 벽을 통과할 확률 수준까지 자신의 운동에너지를 증가시킬 능력이 있었다.

두 금속이 진공에 의해 좌우로 나뉘어 있다고 생각해보자. 왼쪽 금속에 있는 전자는 첫 번째 야외 핸드볼 코트에 있는 사람과 같다. 콘크리트 벽 대신에, 얇은 진공층이 두 번째 코트에 해당되는 두 번째 금속에 있는 전자를 분리시켜 놓고 있다. 한 금속에 있는 한 전자가 다른 금속에 들어가 있을 확률은 아주 작지만 그렇다고 0은 아니다. 전자는 아치를 그리며 진공층을 넘어가는 것(이것은 다행스러운 일이다. 그렇지 않으면 금속 전 지역에 걸쳐서 전자가 계속 빠져나갈 것이고, 그러면 정전기 현상이 커져 가장 골치 아픈 문제가 되었을 것이다)이 아니며 그렇다고 자신이 속한 금속에서 탈출할 만큼 운동에너지를 갖고 있는 것도 아니다. 그보다는 전자의 파동이 진공층에 스며들어 그 간격을 좁힌다. 이와 같은 현상은 빛의 파동이 밀도가 높은 매질에서 낮은 매질로 움직일 때도 일어난다. 빛의 파동이 경계면에서 전반사[•]가 되어야만 하는 상황에서도, 낮은 매질 속으로 약간의 빛의 회절이 발생한다. 회절된 파동의 크기는 밀도가 낮은 매질 속으로 진행할수록 감소한다. 빛의 파동함수의 제곱은 특정 시간과 위치에서 입자가 발견될 확률을 나타내기 때문에, 유한한 크기의 파동함수는 전자가 두 번째 금속에 있을 확률이 존재함을 나타낸다. 만일 진공 틈이 너무 넓지 않다면(전자의 물질파에 비해서 말이다. 이 크기는 1nm도 안 된다.), 물질파는 두 번째 금속에서 상당한 정도의 크기를 갖는다. 분명히 얘기하자면, 장벽의 한쪽에 있는 전자가 장벽을 향해서 움직이고, 대부분의 경우 단순히 벽에 튕겨져 나오게 된다. 만일 전자 100만 개가 장벽을 두드린다면(높이와 너비에 따라 달라지겠지만) 99만 개는 반사되어 나올 것이고 1만 개는 장벽을 통과할 것이다.

만일 두 금속 사이의 경계가 너무 넓다면, 가장 활동적인 전자들이라 할지라도 터널링 가능성은 아주 작아진다. 한 사람의 운동량이 크면 우리의 물질 파장은 아주 작다. 원자 폭의 10배 이하이며, 우리를 두 번째 야외 핸드볼 코트로부터 갈라놓는 콘크리트 벽 두께보다도 훨씬 작다. 그럼에도 만일 내가 콘크리트 벽을 향해서 돌진한다면 나의 물질 파동이 벽을 넘어 두 번째 코트에 도달할 확률은 무척 낮다. 운동에너지가 커지면 커질수록

● 빛이 밀도가 높은 매질(밀한 매질)에서 밀도가 낮은 매질(소한 매질)로 진행 할 때 100퍼센트 반사되는 현상.

터널링을 할 가능성도 높아진
다. 이런 일이 실제로 가능할
지 의심이 드는 사람은 지금
당장 자신의 몸을 콘크리트 벽
을 향해 내던져 보라. 초기의
결과에 실망을 하겠지만 끈질
기게 계속하면 달라질 수도 있
을 것이다.

고체 내부에 있는 전자들은
초당 1,000조보다 더 높은 비
율로 부딪치며 돌아다닌다. 그

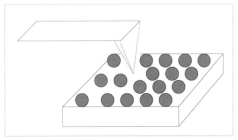

그림 34_ 스캐닝 터널링 현미경의 기본 과정을 나타낸
다. 금속 탐침이 도체 표면으로 아주 가깝게 접근해 있
다. 아주 가깝다는 의미는 몇 개의 원자 길이 이내를
말한다. 탐침이 표면의 원자 위를 지나가게 되면, 원자
의 전자 확률 구름은 양자 역학적 터널링을 통해 탐침
으로 갈 수가 있다. 탐침이 원자의 바로 위에 있을 때,
터널링의 가능성은 높아지게 되고, 그래서 탐침에 흐르
는 전류의 세기도 증가한다. 이런 방식으로 표면의 원
자들이 스캐닝되어 그림이 그려진다.

리하여 전자는 1초에 1,000조 번 장벽을 뚫을 기회를 가진다. 장벽으로 많
은 전자들을 보내면 벽의 높이가 너무 높거나 두껍지 않을 경우 그들 중 상
당량이 정말 반대쪽으로 뚫고 나간다. 양자 역학적 터널링 현상은 전자에
대해서만 입증된 것이 아니라 원자의 모습을 직접 그릴 수 있는 '스캐닝 터
널링 현미경Scanning Tunneling Microcope'의 주된 원리이기도 하다. 위의 그림(그
림 34)에서처럼, 금속 탐침을 금속 표면에 닿지 않을 정도로 가까이 가져가
면 탐침의 전자 구름이 각 원자의 표면을 둘러싼 전자 구름들을 가로챌 수
있다. 전자들이 원자에서 금속 탐침으로 터널링하면, 전류는 금속 탐침과
연결된 미터기에 기록된다. 터널링 발생 여부는 원자의 표면과 스캐닝 탐
침 사이의 거리에 매우 민감하다. 원자 길이만큼의 거리 변화는 터널링이
일어날 확률을 1,000배 이상 변화시킨다. 탐침을 천천히 모든 표면에 걸쳐
서 움직이고(이를 '스캐닝'이라 부른다) 각 위치에서 전류를 조심스럽게 측정

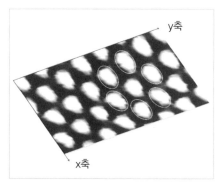

하면 표면에 있는 원자 위치를 정밀하게 표시할 수 있다.

그 이미지가 다음의 그림(그림 35)에 나와 있다. 이것은 흑연 결정(연필심) 표면의 탄소 원자 위치를 보여준다. 흑백으로 되어 있는 것은 실제로 그런 것이 아니고 (탄소원자는 실제로 검은색과 하얀색이 아닐뿐더러 어떤 색도 띠지 않는다) 단지 탐침이 기록한 전류의 크기를 나타낸다. 한마디로 각 점

그림 35_ 흑연 표면원자를 스캐닝 터널링 현미경으로 본 모습. 흑연은 연필심에 사용되는 탄소의 형태이다. 각각의 흰 점은 탐침이 위치한 곳의 터널링 전류가 높은 지역을 나타낸다. 탄소원자의 육각형 격자를 쉽게 확인할 수 있다. y축은 크기가 1나노미터이고, 반면 x축은 0.5나노미터다.

에서의 전자 밀도를 뜻한다. 흑연의 탄소 원자는 눈 결정과 매우 비슷한 육각형 구조를 이루고 있음을 보여준다. 탄소 원자가 육각형 격자를 형성한다는 사실은 흑연 결정이 위에서 보듯 종이 위에 같은 모양이 겹쳐진 형태로 구성되어 있음을 의미한다. 만일 눈송이들을 한꺼번에 누르면, 육각형의 판들은 흑연 속의 탄소 분자와 훨씬 비슷해질 것이다. 2차원의 종이에서 3차원의 결정을 만듦으로써 본질적으로 흑연 결정은 '퍼프 페이스트리'●의 얇은 층처럼 각각의 종이 위에 또 다른 층을 쌓아올린 구조를 갖고 있다. 고체 흑연의 판들은 아주 약하게 결합되어 있어서, 단순히 연필 끝을 종이에 긁음으로써 쉽게 떨어져나간다. 모든 탄소 원자가 동일하게 네 개의 강력한 결합을 가질 때(다이아몬드일 때)보다 탄소 고체의 이러한 형태가 필기

● 빵가게에서 살 수 있는 크로아상과 같은 빵의 한 종류.

기구로서 더 좋다는 사실을 알 수 있다.

다음 장에서 우리는 트랜지스터와 다이오드에 관한 물리학을 다룰 것이다. 그리고 나는 지금 당신에게 한 가지 귀띔해주겠는데, 이런 반도체 장치가 본질적으로 밸브고, 이 밸브가 전류를 일정하게 만들거나 증폭시킨다. 이런 흐름을 제어하는 방법 중 하나가 터널링 과정이다. 도체 두 개가 얇은 절연체 장벽으로 나뉘어 있어 서로 가까이 자리하면 일반적으로 한쪽에서 다른 쪽 도체로 전류가 흐를 수 없다. 전압을 이런 샌드위치 구조물에 걸어주면 전자를 분리하는 장벽의 유효 높이가 변하게 된다. 알다시피 터널링의 가능성은 장벽의 높이에 매우 민감하게 변한다. 이런 식으로 터널링 효과는 반도체 장치를 건너가는 전자의 흐름을 변화시키는 데 유용하다. 이 '터널링 다이오드tunneling diode'는 휴대전화에서도 없어서는 안 될 요소다. 양자 역학적 터널링은 비밀스러운 이론적 신비로움이나 스캐닝 터널링 현미경에서만 유용한 것이 아니다. 실생활과 관련된 많은 제품의 작동이 터널링 현상 없이는 불가능하다.

그림 32에서 키티 프라이드에 양자 역학 법칙을 적용할 때 터널링은 여전히 가능하지만 실제로 그런 일이 발생하기는 어렵다. 얼마나 가능성이 적을까? 키티의 질량을 50kg으로 보고 그녀가 벽을 향해서 최고 속도, 즉 1초에 1백만 번 진동하는 속도로 달린다 치자. 그녀가 양자 역학적으로 벽을 뚫고 나가는 것을 보려면 우주 나이보다 더 오랜 시간을 기다려야 한다. 그러나 기적적인 예외는 가능하다. 우리의 향상된 물리학적 이해를 바탕으로 하여 키티 프라이드의 초능력을 좀 더 자세히 풀어보면, 그녀는 자신의 미세한 양자파동 함수를 변화시켜서 그녀의 터널링 가능성을 의지대로 100퍼센트 가까이 끌어올릴 수 있다. 이런 능력은 그녀가 자동차 열쇠를 차 안

에 두고 잠갔을 경우, 꽤 유용할 것이다.

만화책에서 오랫동안 지속되어오던 궁금증은 만일 키티 프라이드가 벽을 통과할 수 있다면 '왜 그녀는 동시에 바닥을 뚫고 떨어지지 않는 것일까?'라는 점이다. 어떻게 그녀의 상태가 변하고 비물질화가 되었는데도 걸을 수 있을까? 《엑스맨》 제141호에선 상태가 변하는 동안 키티는 공기의 표면을 걷고 실제로는 바닥과 접촉하지 않는다고 되어 있다. 그래서 그녀는 비물질화 상태에서는 아래 있는 어떤 함정에도 영향을 받지 않는다. 그 순간에 정말로 공기 위를 걸을 수 있다고 가정하면 어찌 됐든 공기는 그녀 발의 뒤쪽 방향으로 충분한 마찰력을 제공해주어야 한다. 그래야만 전방 추진력을 공급하여 그녀가 걸을 수 있다. 부분적으로 물질인 그녀의 다리가 어떻게 그녀의 몸이 벽을 통과하게 허락하는지에 관한 질문은 여전히 남아 있다.

그러나 그녀가 고체 장벽을 뚫고 나가는 메커니즘이 진짜로 양자 역학적 터널링이라면 그녀가 마룻바닥에 미끄러져 떨어지지 않는다는 것만은 확실히 타당하다. 전자가 장벽의 한쪽에서 다른 쪽으로 뚫고 지나갈 때 이 과정에서 에너지는 보존된다. 만일 장벽 한쪽에서 일정한 에너지를 가지고 있었다면 터널링 과정이 끝난 후의 다른 쪽에서도 정확히 같은 양의 에너지를 갖는다. 사실 터널링은 장벽을 사이로 둔 양쪽 물체의 에너지가 같을 때에만 발생하는 것이다. 만일 그녀가 터널링을 하다가 함정에 빠져 낙하 속도를 낸다면 그녀가 얻는 초과 운동에너지는 어디에서 오는 것일까? 그녀는 자신의 운동에너지를 전환시키기 위해 환경과 접촉을 해야 하기 때문에 결코 느려지지 않는다.

엄밀히 말해서 그녀는 터널링을 하는 동안 걷지 못한다. 딱딱한 마루든,

부드러운 공기층이든 그녀는 어떤 물체를 밀어서 에너지를 증가시키지 않는다. 그러나 동시에 어떤 에너지도 잃지 않는다. 그녀는 평소처럼 걸어서 벽에 다가가 터널링 가능성을 극대화하는 초능력을 사용해서 천천히 걷던 그 속도로 가볍게 벽을 통과할 것이다. 또한 마룻바닥을 지나가고자 할 때에(가령 《놀라운 엑스맨Astonishing X-men》 제4호에서 키티는 두께가 거의 30m나 되는 금속을 지나서 지하 연구소에 갔다) 물질 상태였던 그녀는 가볍게 점프해서 다리가 땅에 닿기 바로 직전에 자신의 터널링 능력을 발휘한다. 그녀는 고체 상태였을 때 보존하던 최후의 운동에너지로 계속 움직이다가 일정한 속도로 하강한다. 그녀는 엄청난 중력 위치에너지를 처리해야만 하는 아래층 방바닥에 근접할 때까지는 터널링 힘을 유지하고, 천장에 근접할 때까지는 물질화되는 것을 피해야만 안전할 것이다.

고체 물리학 Solid-State Physics

23

▶▶▶ 아이언맨과의 한판 대결

    몇몇 슈퍼영웅들은 물리 교육의 중요성을 일깨워주는데 그중에서 특히 고체 물리학의 한 부분인 반도체의 진가를 보여주는 슈퍼영웅이 바로 아이언맨이다. 아이언맨은 첨단 기술로 만든 방어복을 입고 정의를 위해 싸운다. 아이언맨의 놀랍도록 공격적이고 방어적인 능력의 원천은 현대 기술의 승리, 즉 트랜지스터transistor 덕분이다.

    트랜지스터는 정말로 혁신적인 장치다. 전압을 변화·증폭시키는 트랜지스터는 우리 삶에 대단한 영향을 끼쳤다. 초창기 트랜지스터는 혼자서 진공관이 하는 일의 두 배를 해냈다. 그래서 라디오와 텔레비전이 더 가볍고 효율적일 수 있었다. 과학자들과 엔지니어들이 트랜지스터를 더욱더 작게 만드는 기술을 발전시켜 수학 계산용 컴퓨터의 발전을 이끌었다. 트랜지스터는 오늘날 거의 모든 전자제품에 쓰인다. 이 대단한 장치가 어떻게 작동하는지 충분히 이해하려면 상당한 물리학 지식을 갖춰야 한다. 반도체물리학을 깊이 파고들기 전에 일명 셸헤드Shellhead˙라 불리는 아이언맨이 만화책에 처음 등장하는 장면을 먼저 보기로 하자.

은시대 만화 잡지가 발간되던 1950년대 후반과 1960년대 초반은 냉전이 심화되던 시점이었다. 정의감으로 똘똘 뭉친 전투기 조종사들이 여러 편의 만화에 주인공으로 등장하곤 했었다. 《쇼케이스》제22호에서는, 외계인 그린 랜턴이 우주선을 몰고 지구에 동체착륙**하여 죽음을 앞두고 자신의 파워링power ring에게 반지와 파워 랜턴을 인계받을, 용감하고 정직하며 겁이 없는 누군가를 찾아내달라고 부탁하는 장면이 나온다. 파워링은 미국의 시험비행 조종사인 할 조단을 선택한다(《쇼케이스》제6호에선 에이스 모건이란 전투기 조종사가 '미지의 도전자' 그룹을 이끈다). 만화계에서 마블 시대가 시작된 것은 1961년이었는데(이 해에 소련과 미국이 유인 우주선을 쏘아올렸다), 만화 속에서 과학자와 과학자의 여자친구, 과학자의 십대 동생, 그리고 전직 전투기 조종사 이렇게 네 명의 모험가들은 공산주의자들을 우주의 별들로 쫓아보내기 위해 당국의 허락도 받지 않고 우주방사선 벨트를 통해 우주선을 타고 우주로 날아간다. 그들이 흡수한 우주방사선은 그들이 탄 우주선을 판타스틱 4로 변화시켜버린다.

공산주의의 적화 위협은 마블의 슈퍼영웅 만화에서 노골적으로 피력된다. 판타스틱 4가 등장한지 1년 후에 물리학자인 로버트 브루스 배너 박사는 감마 폭탄 폭발로 감마선에 지나치게 노출되면서 헐크의 모습으로 공산주의 스파이 앞에 모습을 드러낸다. 배너 박사의 조수(그의 정체는 공산주의 스파이)가 미국에서 가장 권위 있는 폭탄 전문가를 죽이기 위해 일부러 카

● 아이언맨의 원통 모양 헬멧 덕택에 셸헤드라는 별명이 주어졌다, 40년 동안 이 헬멧을 쓰고 다녔는데, 디자인을 개선한 헬멧이 나중에 나온다.
●● 착륙 장치가 작동이 안 될 때에 비행기의 동체를 일단 땅에 대어 착륙하는 방법.

운트다운을 멈추지 않았다가 엉뚱하게 헐크라는 괴물이 탄생토록 한 것이었다.

마블 코믹스 초기에 소련의 존재로 인해 휴먼 토치, 앤트맨, 스파이더맨, 마이티 토르, 어벤저스 등이 등장한다. 그러나 무적의 아이언맨보다 냉전에 더 밀접하게 관련된 슈퍼영웅은 없었다. 《긴장되는 이야기》 제39호에는 머리 좋은 발명가이자 과학기술자인 토니 스타크가 마블 코믹스에 소개된다. 스타크는 여러 군사용 무기를 만들어 미국이 인도차이나 반도에서 벌어진 공산 국가와의 전투에서 승리하도록 기여한다. 그의 새로운 무기를 단순히 실험실에서 실험만 한 것이 아니다. 스타크는 발명품의 효율성을 더 정확히 평가하고자 조사팀을 이끌고 베트남의 정글로 들어간다. 아쉽게도 우리는 머지않아 왜 수많은 지도자들이 간단하게 품질관리할 수 있는 방법들을 개발하지 않는지 알게 된다. 대인지뢰는 스타크의 동료들을 죽였고 토니 자신도 심장 가까운 곳에 폭탄의 파편을 맞았다. 일이 더 꼬여 그는 적에게 붙잡혔고, '레드 게릴라의 폭군'인 옹추의 소굴로 끌려갔다. 그곳에 있던 의사는 스타크의 몸에 박힌 파편이 점점 움직여서 며칠 안에 스타크의 심장에 도달할 것이고 결국 죽을 것이라고 했다.

옹추는 스타크에게 한 가지 제안을 한다. 자신의 무기 개발실에서 일한다면 그 대가로 수술을 받게 해주겠다는 것이다. 스타크는 자기 목숨도 구하고 옹추와 싸우기 위해 며칠 남지 않은 삶을 무기를 개발하는 데 사용하자는 제안에 동의한다. 옹추에게 잡혀 있는 또 다른 물리학자인 인센과 함께 스타크는 금속으로 된 가슴보호대를 만들었다. 이 보호대는 전기로 충전이 되면 심장으로 파편 조각이 파고드는 것을 막아준다. 스타크와 인센은 탈출하기 위해서는 공격적이면서도 방어적인 무기를 개발해야 한다는 것을 깨닫고 이 가슴보호대를 강철 갑옷(이 옷은 트랜지스터의 배열로 만든 무기다)으로 만들었다. 이 갑옷은 폭탄 파편이 스타크의 생명을 위협하기 바로 직전에 완성되었다. 하지만 인센이 가슴보호대를 막 충전했을 때 누군가의 복수로 목숨을 잃는다. 그리고 소굴에 있던 다른 포로들은 아이언맨(스타크)이 게릴라들을 섬멸하면서 자유의 몸이 되었다. 토니 스타크는 자신이 만든 갑옷을 입고 공산주의의 침략에서 미국을 계속 지켜내야 했다.

셸헤드(아이언맨의 닉네임)가 된 그는 수많은 공산주의 원수들로부터 주목을 받았다. 그의 갑옷에는 공산주의자들을 잡아당기는 '공산주의 자기장'이 내포되어 있는 것 같았다. 베트남 전쟁 중에 나타난 아이언맨은 처음 4년간은 다른 영웅들이 공산당과 싸운 것보다 더 많이 싸웠다. 아이언맨은 다양한 적수들을 만나게 된다. 《긴장되는 이야기》 제42호에선 레드 바바리안Red Barbarian, 제46호와 52호에선 아이언맨을 격파하기 위해 제작된 갑옷으로 러시아 발전소 기능을 갖춘 크림슨 다이나모Crimson Dynamo, 제50, 54, 55, 61, 62호에선 만다린Mandarin 대장(영국의 대중 소설가 삭스 로머가 창출한, 열 개의 살인 반지로 악의 무리를 이끈 후만추를 모델로 한 캐릭터), 69~71호에선 공산주의가 자본주의보다 우월한 체제임을 과시하기 위해 만들어진 소련판 아이언맨인 티타늄맨Titanium Man이 등장한다. 이 모든 악당들과 대결하는 과정에서 스타크는 신분을 감추기 위해 아이언맨을 자신이 고용한 보디가드로 보이게끔 위장한다. 공산주의 스파이들이 스타크를 여러 번 납치하려 하거나 연구 계획을 훔쳐가려 했다는 것은 그리 억지스러운 설정이 아니었다.

갑옷으로 무장한 악당들과의 끈질긴 격투로는 관심 끌기에 부족하다고 판단했는지 스타크는 지속적으로 상원위원회에 불려가 증언하게 된다. 위원회에서는 아이언맨의 기술을 군대에 알려주는 것이 애국의 의무라고 주장한다. 아이언맨과 스타크와의 관계를 캐기 위한 조사팀을 이끄는 버드 상원의원은 아이언맨의 비밀이 이미 세상에 공개된 트랜지스터 기술이라는 것을 깨닫지 못한다.

아이언맨 갑옷의 비밀

아이언맨의 첫 등장 이후 계속해서 그의 갑옷은 외형적·기능적인 면에서 지속적인 변화가 있었다. 처음에 갑옷은 회색이었지만 바로 다음 사건에서 스타크는 여성들에게 더 좋은 인상을 주고자 금색으로 바꾼다. 에롤 플린 Errol Flynn, 1909~1956(1950년대 활약하던 호주 출신의 미남 배우로 토니 스타크의 모델이었다고 한다) 같은 외모에 수백억 달러를 가진 재력가라면 자신이 아이언맨이라는 사실이 여자들에게 어필할지 여부로 고민하지 않겠지만, 하여튼 그에 관한 상세한 묘사가 토니 스타크에게 성공을 안겨준 것으로 보인다. 1년 후에 갑옷은 다시 디자인되었는데 노란색과 빨간색이 가미된 이래, 현재까지 자잘한 변화만 있었을 뿐 대부분 그대로다.

갑옷 여기저기에 장착된 무기들 또한 지속적인 개선이 있었다. 처음에 스타크는 '역자기Reverse Magnetism' 발사기를 갑옷의 손바닥 부분에 장착했다. 하지만 이후 좀 더 개량을 해 '리펄서 광선repulsor ray'이 되어 '포스 빔 force beam'을 쏘게 된다. 가슴에 장착된 큼지막한 오목 디스크에는 '유니빔uni-beam'으로 변하는 '가변 조명variable power spot-light' 기능이 포함되어 있었다. 처음에 갑옷의 왼쪽 어깨에 라디오 안테나가 있었지만 기술 발달 덕분에

아이언맨에 대한 **자세한 정보**

아이언맨의 강력한 장비들의 자세한 위치

텔레스코픽 안테나

가변 조명등

남은 전파 저장통

장비를 보관할 수 있는 벨트 버클

자기 리펄서

긴급 구조 장비

비행의 안정성을 위한 소형 자이로스코프

몸 전체를 덮고 있는 강력한 갑옷

파워 제트

아이언맨은 갑옷에 달려 있는 조그마 트랜지스터를 이용해 자신의 힘을 놀랍도록 증폭시킬 수 있다. 힘을 많이 쓸수록 에너지는 빨리 소멸된다. 이것은 아이언맨의 비행 속도에 나타난다. 그가 느리게 날수록 충전 주기는 길어진다.

그림 36_ 1960년대 골든 어벤저의 장면을 그리고 전원을 충전하는 것에 대한 이야기가 나오는 《테일스 오브 서스펜스》 제55호에 나온 〈아이언 맨의 모든 것〉에 있는 보너스 장면.

나중에는 갑옷 안에 집어넣을 수 있었다.

유연한 물질로 이루어진 갑옷은 그 자체로도 무게가 엄청나다. 스타크가 이런 철 갑옷을 입은 채로 걷고, 수 톤 이상 되는 물체를 들어올리는 유일한 방법은 갑옷 안에 있는 트랜지스터를 활용하는 것이다. 때로는 추가로 힘을 제공받아야 할 때도 있다. 갑옷의 무게가 얼마나 되는지 알아보기 위해 아이언맨의 갑옷 두께가 0.32cm고 밀도는 대략 1cm당 8g으로 일정하다고 가정하자. 갑옷의 표면적은 토니의 몸통을 큰 실린더, 머리를 그보다 작은 실린더. 팔과 다리를 그보다 작으면서 긴 실린더로 생각하면 대충 짐작할 수 있다. 토니의 키가 약 183cm이고 재킷 사이즈가 레귤러 사이즈라고 하면 그의 전체 표면적은 약 26,200cm가 나온다. 갑옷의 부피는 이 표면적에 0.32cm를 곱하면 되는데 거의 8,400cm³가 나온다. 무게를 구하려면 여기에 밀도(1cm당 8g)를 곱하면 대략 68kg이 나온다(계산에서 트랜지스터 회로의 무게는 제외했다). 토니 스타크는 언제나 이 회로들을 서류가방에 가지고 다니는데(갑옷을 숨기기 위해 셔츠 한 장을 입고 다닌다) 폭탄 파편이 심장을 찌르는 것을 막아주는 가슴보호대는 물론 언제나 착용한다. 60kg이 넘는 짐을 늘 서류가방에 넣고 다닌 덕분에 그의 상체 근육은 놀랍도록 발달했다.

이 갑옷의 무게는 아이언맨이 날 수 있도록 해주는 제트 부츠에 의문을 품게 한다. 갑옷의 무게는 약 68kg이고, 그 자신의 무게는 약 82kg이다. 그러면 아이언맨을 단순히 공중에 띄우는 데에만 제트 부츠는 아래 방향으로 약 150kg의 힘을 내야 한다. 제트 부츠는 부츠 바닥에서 반응물을 격렬하게 방출하는 화학적 반응을 이용한 것으로 보인다. 모든 운동에는 작용과 반작용이 있다. 아래로 향하는 힘은 위로 뜨는 힘을 만들어서 아이언맨을 띄우게 한다. 그가 가속을 하려면 그의 부츠는 좀 더 강한 힘을 내야 한다. 부츠가 내는 힘에서 그의 무게와 갑옷의 무게를 제외한 힘이 그를 가속시킬 것이다($F = ma$).

토니는 롱아일랜드에 있는 자신의 공장에서 맨해튼 중심부에 있는 집(어벤저스 홈)까지 자주 왕래한다. 이 거리는 약 80km인데 10분 내에 가야 한다. 이에 필요한 속도는 시속 480km가 된다(이 속도는 음속의 절반에 가까운 엄청난 속도다). 이 속도로 날아가는 동안 공기를 밀어내는 데 드는 힘을 무시한다 해도 필요한 에너지는 최소 137만 kgm^2/s^2(=J)이 된다. 참고로 일반인은 하루에 800만kgm^2/s^{2}을 소모한다. 아이언맨이 먼 거리를 가야 할 때 의도적으로 부츠에 있는 제트 기능을 쓰지 않고 부츠에 부착된 모터가 달린 롤러스케이트를 탄다. 이렇게 하는 것이 셸헤드가 공중에 떠 있을 때 중력을 상쇄하기 위해 에너지를 소비할 필요가 없다는 점에서 효율적이다. 뿐만 아니라 회전에너지를 사용하여 속도를 줄일 수 있고, 내부 배터리를 충전할 때는 자동차처럼 교류 전원을 사용할 수도 있다. 이런 면에서 토니 스타크는 현대의 하이브리드 엔진 기술을 예견하고 있었는지도 모른다.

1970년대에 아이언맨은 녹색으로 변했다. 그리고 그의 갑옷은 얇은 층의 태양 전지로 둘러싸였고 햇빛을 받아 에너지를 충전했다. 미국에서는 평균적으로(매초 1m^{2}의 면적에) 약 200kgm^2/s^{2}의 태양에너지가 공급된다. 우리는 아이언맨의 표면적을 계산했고, 그 값은 26,200cm^{2}였다. 이때 아이언맨의 절반만 햇빛을 받는다고 생각하고, 그가 받는 에너지를 계산해 보면 초당 262kgm^2/s^{2}를 얻게 된다. 그런데 그의 부츠가 소비하는 에너지는 수백만 kgm^2/s^{2}로 이보다 훨씬 많다. 만약 태양 전지가 태양에서 오는 에너지를 50퍼센트 정도 저장할 수 있다면(시중에서 판매하는 태양 전지의 효율은 10퍼센트 정도밖에 안 된다), 아이언맨은 한 번의 비행을 위해 무려 세 시간이나 충전을 해야 한다. 우리는 갑옷 안에 있는 에어컨을 돌리는 데 필요한 에너지(시속 480km로 공기를 가르고 다니면 갑옷을 입은 사람은 땀이 많이 난다)와 비행 중 리펄서 광선을 쏘는 데 드는 에너지는 고려하지 않았다. 아이언맨의 일상을 살펴보면 그는 태양 전지로 에너지를 얻는 것 이상으로 에너지 소비 속도가 훨씬 빠르다.

토니가 갑옷에 있는 배터리 충전에 관심을 보이는 것은 에너지 보존 법칙의 중요성을 암시하는데, 이로 인해 아이언맨 만화 작가로부터 신뢰감이 느껴진다. 작가는 아이언맨의 첫 등장부터 기계화된 갑옷을 움직이려면 엄청난 양의 에너지를 사용해야 한다는 것, 힘을 쓰는 일이 많아질수록 에너지가 급격히 소진된다는 사실을 언제나 인정해왔다. 전력에너지는 그의 부츠를 활성화하고, 그가 갑옷을 입은 채로 움직이게 하는 보조 모터들을 가동시켜 힘을 증진시킬 뿐만 아니라, 베트남에서 목숨을 잃을 위기를 넘긴 후부터 휴대해온 파편으로부터 심장을 보호해주는 가슴 보호대에도 필요하다. 1960년대의 아이언맨은 에너지를 소진하는 전투를 치른 후, 배터리 충전을 위해 전기 콘센트를 찾아 땅을 기어 다니기도 했다.

스타크가 태양열 전투 갑옷으로 바꾸고 난 뒤에도, 비상시에는 그의 갑옷에서 에너지가 금방 고갈되기도 했다. 《아이언맨Iron Man》제132호에 나오는 헐크와의 치열한 전투에서 토니는 그의 갑옷에서 마지막 에르그erg(1에르·그는 $1(kg·m)^2/s^2$ 즉 1J의 1,000만분의 1이다)까지 몽땅 에너지를 써버린다. 토니는 갑옷에 저장된 모든 에너지를 마지막 펀치 한 방에 모두 실어날려 전에는 불가능했던 업적을 성취하고 만다. 아이언맨이 헐크를 초죽음으로 만들어놓은 것이다. 그러나 후유증이 컸다. 갑옷을 움직일 에너지가 전혀 없게 되자, 스타크는 고철덩이로 변한 갑옷에 갇혀 꼼짝할 수 없는 신세가 되었다. 설상가상으로 그의 눈과 입을 제트 기류로부터 보호해주는 가느다란 틈들이 모두 닫혀버린 것이다. 토니는 갑옷에 있는 산소를 다 써버리고 그야말로 질식사 위기에 처하게 된다. 이 위기 상황에서 앤트맨이 아이언맨의 부츠에 있는 배출구를 통해 힘겹게 들어가, 갑옷에 있는 내부보호장치를 피하면서 얼굴에 덮여 있는 보호 구멍을 열어준다.

그는 리펄서 광선으로 싸우고 또 싸운다

아이언맨의 무기 중에서 가장 효과적인 무기는 '리펄서 광선'이다. 이 무기는 갑옷 손바닥 부분의 디스크에서 나온다.《긴장되는 이야기》제39호에 처음 등장할 때, 장갑을 기반으로 하는 리펄서 광선의 초기 버전은 역자기 장치로 베트남 게릴라 소굴에서 싸울 때 사용되었다. 소총이나 권총 같은 무기로는 아이언맨에게 아무런 해를 끼칠 수 없다는 것을 알게 된 게릴라들은 바주카포를 쏘고, 수류탄을 투척했다. 게릴라들이 바주카포와 수류탄을 운반하는 사이, 토니는 자기 터보 절연체에서 전하들을 역으로 흘려주고 반발력을 1,000배 증가시키기 위해 탑햇top hat 트랜지스터를 사용한다. 그는 손에서 광선을 쏘아 무기들을 흩어놓으면서 "자! 역자기장이 나가신다!"라고 외친다. 사실 정말 마술 같다. 고체 물리학에서 이런 일은 일어나지 않기 때문이다.

위에서 설명한 장면은 물리적으로 가능하지만 탑햇 트랜지스터가 개입된 상황을 요약한 것이다. '자기 터보 절연체'는 있을 수 없는, 기술적 허세에 불과하다. '터보'라는 수식어는 절연체가 무슨 대단한 물건인 것처럼 들리게 한다. 이는 비금속 자석으로서 전기적 절연체이며 거대한 자기장을 생성한다. 사실 탑햇 트랜지스터라 불리는 기구는 존재한다. 탑햇이라 불리는 이유는 모양새가 작은 원통 같은 실린더를 닮았기 때문이다. 이것의 크기는 연필에 달린 지우개 정도(이 만화의 배경은 1960년대 초이다. 길이가 겨우 수 mm에 불과한 작은 칩에 수백만 개의 장치들을 집어넣을 수 있을 정도로 트랜지스터를 아주 작게 만들기 훨씬 전의 일이다)로서 그 밑에는 전극들이 연결된, 모노폴리monopoly 게임 세트처럼 생긴 작은 디스크가 부착되어 있다. 토

그림 37_ 《긴장되는 이야기》 제39호에 처음으로 등장한 아이언맨은 베트남 죄수자 캠프에서 벗어나기 위해 탑햇 트랜지스터와 자기 터보 절연체를 사용해 싸운다.

니 스타크가 이 장치로 전류를 증폭해 자기 터보 절연체에 보내는 장면은 물리학적으로 그럴 듯하다. 하지만 자기를 역이용하여 바주카포와 수류탄을 피하는 패널 장치는 가능하지 않다.

　원자 속의 모든 전자, 양자, 중성자들이 내부 자기장을 갖고 있는 반면, 북극에서 남극으로 정렬하려는 자석의 성격은 거의 모든 원자들의 자기장을 무력화시킨다. 아이언맨이 손바닥의 강력한 전자석을 이용하여 만들어 내는 자기장은 다음과 같은 상황에서만 효과가 있다. (1)그를 향해 날아오는 수류탄은 어떠한 이유에서건 이미 자기를 띠고 있어야 한다. (2)그를 향해 날아오는 수류탄들의 북극은 반드시 한쪽 방향을 가리켜야 한다. (3)아이언맨의 손에서 방출되는 자기장의 방향은 날아오는 수류탄에 대해 남극이 아닌 북극이어야 하는데, 남극인 경우 아이언맨에게 날아오는 무기의 속도를 가속화시키기 때문이다. 이 세 가지 조건을 모두 충족시켜야 되는데 적들이 이런 조건들을 충족시키며 아이언맨을 공격한다는 것은 말도 안된다.

아이러니하게도 아이언맨의 역자기 광선은 비자성 물질에 더 잘 작용한다. 18장에서 설명한 매그니토와 반자성 공중부양 현상을 떠올려보라. 내부 원자 자기장들이 같은 방향을 취하는 철이나 코발트 같은 금속 물질과는 달리, 물 같은 물질은 반자성反磁性이다. 원자 자석이 외부 자기장에 속하는 경우, 원자 자석은 자기장이 미치는 영역과는 정반대 방향을 취한다. 이러한 경우, 원자자석들의 모든 남극은 외부 자석의 남극 방향, 즉 철 자석이 움직이는 방향과는 정반대로 정렬한다. 따라서 물체를 자기화시키는 과정은 반발력을 야기한다. 18장에서 우리는 매그니토가 만들어낸 자기장의 세기가 지구 자기장 세기의 20만 배 이상이 되면 반발력은 물체의 중력을 이기고 물체를 지면에서 들어올릴 수 있다는 것을 보았다. 이와 유사하게, 아이언맨의 역자기 장치는 물체를 밀어낼 수 있지만 물체가 반자성일 경우이고, 강자성强磁性이나 상자성常磁性(자기장이 미치는 영역과 일치하도록 정렬한다)을 띤 금속 물질에는 힘을 발휘하지 못한다. 매그니토는 자신의 변종 능력으로 이런 엄청난 자기장을 만들었다. 하지만 아이언맨은 전자석(18장에서 슈퍼보이가 만든 것과 비슷한)을 이용하는 구식 방법을 사용해야 한다. 아이언맨이 전기 발전기를 가지고 다니지 않는다면 역자기 광선을 몇 번만 쏘는 것만으로도 헐크와 격투할 때보다는 훨씬 빨리 배터리가 모두 소진되고 말 것이다. 게다가 이 무기를 사용할 때의 반발력도 엄청나다. 타깃을 공격하기 위해 거대한 힘을 가하면, 총과 총을 들고 있는 사람에게는 그와 같은 크기의, 그 반대의 힘이 유발된다. 토니 스타크는 리펄서 광선 발사기를 현명하게도 장갑에 장착했다. 무장된 팔을 움직이게 하는 보조 전동기를 끄면, 장갑 무기를 발사할 때마다 그의 갑옷에서 크고 묵직한 관성 질량이 제공되어 반발력을 흡수한다.

역자기 장치가 실용적일 가능성은 적지만, 휴대용 파동에너지 무기들은 공상 만화에서 군대의 연구기지로 옮겨져서 연구되고 있다. 하지만 이러한 무기들은 앞에서 언급한 여러 이유들로 인해, 아이언맨이 사용하는 자기 리펄서와 같을 순 없다. 반자성체의 반발만을 이용해 물체를 피하기에 충분한 자기장을 생성하는 데 필요한 에너지는 너무 커서 차라리 재래 무기를 사용하는 편이 더 효율적이다. 그런데도 파동에너지 시스템은 군대에서 계속 연구 중이다. 무기 내에 1,000분의 1초 만에 급속 방전시킬 수 있는 높은 전압을 생성하면 출력(에너지/시간)이 꽤 높아진다. 목표물이 정해진 경우, 이러한 전자기 펄스electromagnetic pulse는 열이 안전하게 사라지는 것보다 더 빨리 특정 부분에 에너지를 가둔다. 극히 짧은 펄스로 전달되는 고강도 레이저 빔은 물리 실험실에서 결정 표면의 작은 부분을 순식간에 녹이는 데 쓰이고, 공격 무기에도 활용될 수 있다. 하지만 엄청난 에너지를 필요로 한다는 것이 큰 결점이다. 파동에너지 무기를 발사하기 위해 전력 발전기를 휴대하는 사태가 벌어질 수도 있다.

고체 물리학이 쉬워진다

　적어도 스탠 리가 한 말에 따르면 전자공학의 일부분인 트랜지스터는 만 다린과 크림슨 다이나모, 티타늄맨 같은 적들에 대항할 기적의 능력을 갖고 있다고 하는데, 그렇다면 트랜지스터는 과연 무엇이란 말인가? 간단하게 말하면 트랜지스터는 회로에 흐르는 전류의 양을 조절하는 밸브Valve라고 할 수 있다. 하지만 이런 대답은 기억하기 쉬울진 몰라도 트랜지스터가 실제로 어떤 기능을 하는지는 알려주지 않는다. 우리가 알아야 할 내용은 다음과 같다. 금속도, 절연체도 아닌 반도체는 정확히 무엇인가? 우리는 '실리콘 시대'에 살고 있다는 말을 곧잘 듣는다. 그런데 실리콘이 뭐가 그리 특별한 것일까? 앞으로 서너 쪽에 걸쳐 이 질문에 대한 대답으로 고체 물리학의 50년 역사를 간략히 소개하겠다.

　실리콘은 탄소, 산소, 금과 같이 자연계의 기본 요소, 즉 하나의 원자다. 실리콘 원자의 핵은 양성자와 중성자를 각각 14개씩 가지고 있고, 전기적 중성을 유지하기 위해 핵 주위에는 14개의 전자가 있다. 이 전자들은 앞에서 언급했듯 모든 물질이 가지는 파동성에 의해 양자 역학 궤도에 존재한다. 전자 궤도는 각 원소마다 특별하다. 그리고 이 궤도는 원자의 에너지를 결정한다.

　슈뢰딩거 방정식으로 전자의 궤도를 계산할 수 있다. 전자의 다양한 궤도를 설명하기 위해 교실에 있는 의자의 배열과 개수를 예로 들어보자. 의자는 사실상의 교실을 의미한다. 학생들이 들어와서 각자의 자리에 앉으면 교실은 실재實在한다. 단 한 명의 학생이 들어와서 의자에 앉는다는 것은 하나의 가능한 양자 역학적 궤도를 단 하나의 전자가 도는 것과 다를 바 없다. 우리는 이 교실처럼 자연 상태에서 안정적인 형태로 전자를 하나만 가진 원자를 수소라고 한다. 두 명의 학생이 앉아 있다면 헬륨이 되고, 열네 명의 학생이 앉아 있으면 실리콘이 된다. 교실에 처음 들어오는 학생이 칠판과 가까운 맨 앞에 앉았다고 하자. 제일 마지막에 들어와서 앉은 학생은 칠판과 가장 멀리 떨어진 교실의 맨 뒤에 앉는다(칠판은 여기서 양전하로 대전된 원자핵을 의미한다). 모든 자리가 학생으로 가득 채워진 이러한 배열은 에너지가 가장 낮은 상태를 의미한다. 전자가 여섯 개 있는 탄소 원자는 가장 가까운 궤도가 채워진다. 만약 탄소 원자가 빛을 흡수해서 에너지를 얻게 되면 이 전자들은 좀 더 높은 상태에 있는 에너지 궤도를 채우게 된다.

물질이 금속인지 반도체인지, 또는 절연체인지는 전자가 채워진 에너지 자리와 가장 가까이에 있는 채워지지 않은 자리 사이의 간격에 따라 정해진다. 고체 물질을 교실에 비유하면 물질을 이루는 구성 원소를 여러 줄의 자리가 있는 커다란 강의실로 생각하면 된다. 그리고 그곳엔 같은 수의 자리를 가진 빈 발코니가 있다. 만약 고체에 전압을 걸어주면 낮은 에너지인 맨 앞자리에 앉은 전자들에 추가 에너지가 주어진다. 전자들이 이동할 수 있는 높은 에너지 상태가 비어 있으면 전자들은 이 에너지를 흡수한다. 고체의 전기적 성질은 강의실에 있는 낮은 에너지 상태에 존재하는 전자의 수와 채워져 있는 낮은 에너지 상태, 그리고 더 높은 발코니에 있는 에너지 상태의 간격으로 결정된다.

절연체와 금속의 차이점은 이 관점에서 볼 때 명백하다. 절연체는 낮은

● 전자가 채워지는 것은 낮은 에너지가 우선이다. 엄밀히 말하자면, 원자 안의 모든 전자쌍은 자신만의 교실을 갖고 있는 것이다(전자들이 둘씩 짝을 짓는 것은 북극이 남극을 향하는 내부 자기장 때문이다). 마지막 전자들은 이에 일치하는 고체의 화학적 반응과 전기적 특성을 결정하는 레벨에 놓인다.

에너지 상태의 자리들을 모두 채운 상태의 물질이고, 금속은 낮은 에너지 상태의 자리가 절반만 채워진 상태의 물질이다. 금속에는 낮은 에너지 자리가 많이 비어 있다. 그래서 높거나 낮은 전압을 걸어주면 쉽게 전자들이 더 높은 에너지 자리로 갈 수 있다(이렇게 이동하는 것이 전류다). 낮은 에너지 자리의 절반이 비어 있기 때문에 금속은 좋은 전도체다. 절연체는 모든 자리가 채워져 있고 발코니로 이동할 전자가 없다. 그래서 전압을 가해도 전류가 흐르지 않는다. 만약 열의 형태인 에너지를 외부에서 가해 절연체의 온도를 높인다면 비어 있던 발코니로 일부 전자들이 이동할 수 있다. 발코니에는 전류를 흐르게 하는 전자들의 빈자리가 많이 있다. 그러나 이것들도 온도가 내려가면 중단된다. 온도가 내려가면 발코니에 있던 전자들이 다시 내려와서 원래 맨 앞자리에 있던 낮은 에너지 상태의 자리에 있게 된다.

만약 절연체가 빛의 형태로 에너지를 받게 되면 전자들은 즉시 발코니로 이동한다. 전자들이 다시 원위치로 돌아올 때는 에너지 보존을 해야 하므로 자신들이 흡수했던 양만큼 에너지를 방출한다. 이 에너지의 형태는 빛일 수도, 떨림(열)일 수도 있다. 이 현상은 물체에 빛을 비추면 왜 따뜻해지면서 빛에너지를 열의 형태로 방출하는지를 알려준다. 전자들이 빛에너지를 흡수할 때 빛에너지가 전자를 높은 에너지 상태로 올려줄 만큼의 에너지가 없다면 그 빛을 흡수하지 않는다. 이러한 경우 낮은 에너지를 가진 빛은 고체 원자들에게 무시를 당하고, 빛은 물체를 그냥 통과해버린다. 창문 유리 같은 절연체는 투명하다. 이 물체는 채워져 있는 앞자리와 비어 있는 발코니 사이의 간격이 자외선의 에너지만큼 되기 때문에 작은 에너지를 가진 가시광선은 그냥 통과해 투명한 것이다. 반면에 금속에는 언제나 절반쯤 비어 있는 앞자리가 있어서 어떤 빛이라도 흡수한다. 빛의 에너지가 아무리 적더라도, 금속에 있는 전자는 빛에너지를 흡수할 수도, 낮은 에너지 자리로 돌아와 방출할 수도 있다. 그래서 금속이 빛나는 것이다. 금속은 언제나 흡수한 에너지와 똑같은 양의 에너지를 방출한다. 그들이 에너지를 받아들일 때 최저 수준이란 존재하지 않는다.

반도체는 비어 있는 자리와 채워져 있는 낮은 단계의 에너지 간에 상대적으로 작은 에너지 차이를 가진 절연체일 뿐이다. 이 상태에서 전자의 일부는 실온에서 발코니로 갈 수 있는 충분한 에너지를 가진다. 전자들이 높은 에너지 상태가 되었을 때 반도체는 전류를 통하게 하는 두 가지 방법을 가지게 된다. 전류 흐름에 기여하는 에너지 상태가 된 전자들이 남기고 간 자리가 비게 되는데, 원래 전자로 채워져 있던 이 빈자리를 '양전하를 가진 전자' 또는 '홀Hole'이라 한다. 이 자리도 전류 흐름에 기여한다. 빈자리 근처에 있는 전자들이 빈자리로 들어오면서 빈자리가 한 자리씩 이동하게 된다. 이 방법으로 외부 전압이 걸리면 홀들이 전압을 따라 이동하게 되면서 전류가 흐른다. 물론 이 전자들은 결국 원래 자리로 떨어지며 자기들이 남기고 갔던 빈자리를 채운다(꼭 원래 있었던 그 자리에 가야 하는 것은 아니다). 어떤 반도체가 빛을 흡수하면 높은 에너지 띠Energy band에 전자가 충분히 존재하게 되고 낮은 에너지 띠에는 홀들이 존재하게 되면서 반도체는 절연체에서 좋은 전기 전도체로 바뀐다. 빛을 끄면 전자와 홀은 재결합을 하고 반도체는 다시 절연체가 된다. 이 반도체를 '광전도체Photoconductor'라고 한다. 이 반도체는 빛을 쬐면 전류가 흐르는 성질 때문에 광센서로 사용된다. 연기 감지기, 텔레비전 리모컨, 그리고 자동문 개폐기 역시 광전도체를 이

● 결정 내 전자의 에너지준위 구조

용해서 만든다.

반도체 장비는 대부분 실리콘으로 만든다. 실리콘의 에너지 간격이 가시광선 범위에 있는 빛에너지보다 좁기 때문이다. 게다가 실리콘은 굉장히 흔하고(모래에 있는 이산화규소가 실리콘의 재료다) 비교적 정제와 제조가 쉽다. 실리콘의 물리적 제약인 에너지 간격의 크기가 반도체 장비의 성능을 제한하는데, 이 경우 게르마늄Ge이나 갈륨Ga 같은 다른 반도체 물질을 사용한다. 아이언맨이나 군인들이 사용하는 야간 투시기 같은 장비는 반도체의 광전도체 성질과 전자기 스펙트럼에서 적외선의 좁은 에너지 간격을 이용해서 만든다.

모든 물질은 각자의 특정 온도로 인해 전자기 복사를 방출하고, 물질의 원자들은 평균 운동에너지와 관계된 특정 주파수로 진동한다. 달이 없는 어두운 밤, 무생물의 온도는 대부분 떨어진다(햇빛을 흡수하지 못했기 때문에). 그래서 이것들은 낮은 주파수의 더 작은 복사에너지를 방출한다. 하지만 인간은 신진대사를 하기 때문에 몸의 온도를 섭씨 36.5도로 유지해야 한다. 결과적으로 우리는 100와트 전구에 못지않은 꽤 많은 양의 적외선을 내보낸다. 우리의 눈은 이런 종류의 스펙트럼을 감지하지 못한다. 하지만 반도체는 높은 광전도성 때문에 이런 적외선 빛을 감지할 수 있다. 밤에 정온동물인 인간이 내는 적외선 빛은 낮은 온도의 주변보다 훨씬 강하다.

열 이미지를 사용해 밤에도 물체를 볼 수 있는 고글은 반도체를 이용해 빛을 감지한다. 여기에는 섭씨 36.5도 정도의 물체가 방출하는 적외선을 흡수하는 반도체를 사용한다. 반도체 감지기의 광전류는 사진 이미지를 가진 전자와 홀이 재결합할 때 빛을 발산하도록 화학적으로 구성된 인접 물질로 전달된다. 이런 방식으로, 인간의 눈이 감지하지 못하는 적외선은 전 자기장 스펙트럼의 가시적 부분으로 전환되고, 따라서 우리는 어둠 속에서도 볼 수 있게 되는 것이다. 이 고글은 낮 동안에는 적외선뿐만 아니라 가시광 선도 볼 수 있게 해준다. 모든 물체가 같은 온도에 있으면 거의 비슷한 강 도의 빛을 방출한다. 사람 주위에 있는 물체들이 햇빛을 흡수해서 따뜻해 지면 사람에게서 나온 적외선과 그 주변에서 나온 적외선과의 차이가 줄어 들어서 고글로 물체를 보는 능력이 떨어지게 된다.

투명한 인비저블 우먼Invisible Woman의 눈은 무슨 색깔일까?

반도체의 광전도성을 이해하면 만화책 독자들을 오랫동안 골치 아프게 했던 궁금증 중의 하나가 해결된다. 인비저블 우먼이 장님이 아닌 이유는? 판타스틱 4의 불행한 우주여행 중에 수 스톰(지금은 수전 리처즈)은 마음대 로 완전히 투명해질 수 있는 능력을 얻게 된다. 어떻게 이런 일이 가능할 까? 그리고 가시광선이 그녀를 그냥 통과한다면 어떻게 사물을 볼 수 있을 까? 이런 질문을 간단히 정리하면 다음과 같다.

"우리는 어떻게 물체를 보는 것일까?"

우리 몸을 이루는 세포 분자들은 전자기장 스펙트럼의 가시적 부분의 광 선을 흡수한다. 특히 멜라닌 같은 특정 분자가 더해지면 빛을 더 잘 흡수해 서 피부를 어둡게 한다. 우주 광선에 노출돼서 인비저블 우먼이 된 수 스톰 은 자기 몸에 있는 분자의 '에너지 간격'을 증가시킬 수 있는 능력을 갖고 있다. 몸에 있는 분자에서 전자로 가득찬 낮은 에너지 위치와 비어 있는 높 은 에너지 위치 사이의 간격이 자외선 영역의 에너지에 해당할 만큼 증가하면 이 분자들은 가시광선을 무시하고 가시광선은 그녀를 그냥 통과해버린다. 말도 안 되는 이야기라 무시할 수는 없는 것이 우리도 투명한 세포를 가지고 있다. 그리고 지금 그것을 사용하고 있다. 이 글을 읽을 때 눈의 수정체를 통해서 보고 있지 않은가.

햇빛은 가시광선보다 많은 에너지를 가진, 자외선 영역을 가지고 있다. 그녀는 보이지 않게 되는 순간, 투명해지면서 자외선을 흡수하고 반사한다. 우리의 눈은 자외선을 흡수할 수 없기 때문에 그녀를 볼 수 없는 것이다. 특수 UV안경(닥터 둠이 자신의 마스크에 장착한)은, 낮은 에너지 적외선을 스펙트럼의 가시적 부분으로 전환시켜주는 야경 고글에서 사용되는 것과 유사한 기술을 사용하여, 수 스톰에게서 방출된 자외선을 스펙트럼의 가시적 부분으로 전환시킬 수 있다.

이것은 인비저블 우먼이 어떻게 물체를 볼 수 있는가도 설명해준다. 그녀가 투명해지면, 그녀의 눈은 우리를 비추고 분산된 자외선에 민감해지는데, 우리들의 눈은 이 빛을 감지하지 못한다. 그녀가 투명해질 때, 그녀가 감지하는 빛의 파장은 무지개 색깔에 해당하는 파장이 아니기 때문에 우리가 경험하는 일반적인 색의 세계가 아니다. 창문은 가시광선은 통과시키고 자외선은 흡수하기 때문에 투명해 보이는 것이다. 우리가 자외선을 볼 수 없고 그래서 자외선이 흡수되는 것을 느끼지 못할 뿐이다. 하지만 인비저블 우먼의 눈에는 창문이 검게 보일 것이고 다른 물체들은 투명하게 보일 것이다. 그녀는 훈련을 통해 이런 상황에 익숙해졌을 것이다.

투명한 그녀가 어떻게 볼 수 있는가를 설명하는 메커니즘은 《판타스틱 4》 제62호에 나와 있다. 그녀는 투명해지면, 정상적으로 볼 수 없지만 항상 우리 주변에 존재하는 흩어진, 보통 사람들에게는 보이지 않는 우주선

(cosmic ray)을 통해 사물을 감지한다고 나와 있다. 그녀가 감지하는 빛의 종류가 다르긴 하지만 맞는 이야기다. 외부 공간에서 온 우주선은 일반 광자가 아니라, 대기 중의 원자들과 충돌하자마자 전자, 감마선 광자, 뮤온(중간자, 전자와 관련이 있는 기본 분자) 같은 기본 분자들을 무더기로 생성하는 매우 빠른 양성자다. 그렇지만 우리는 적어도 해수면에서 돌연변이를 유발하는 우주광선을 통해 초능력을 얻거나 피해를 입을 걱정은 하지 않아도 된다. 이런 고에너지 입자의 다발들은 햇빛과 비교하면 엄청나게 적기(100만 조 이상) 때문이다. 만약 그녀가 우주 광선을 이용해서 물체를 본다면 주변 물체와 계속 부딪칠 것이다. 그녀가 투명해지는 과정과 비슷하게 그녀의 시각 또한 자외선 영역으로 변한다고 생각하는 것이 더 자연스럽다.

트랜지스터는 무엇이고 우리는 왜 이것에 관심을 두는 것일까?

토니 스타크와 트랜지스터로 만든 갑옷 얘기로 다시 돌아가자. 토니는 자기 터보 절연체의 반발력을 증가시키기 위해 탑햇 트랜지스터를 사용했다. 어떻게 트랜지스터는 약한 신호를 증폭해 라디오를 휴대 가능하게 하고 리펄서 광선을 강하게 만들 수 있을까?

만약 반도체가 광전도체로서는 유용하지만 쓰임새가 이것뿐이라면 아무도 이 시대를 실리콘 시대라 부르지 않을 것이다. 집안이 반도체 물건들로 가득 채워진 이유는 의도적으로 화학 불순물을 소량만 섞어도 전기를 전달하는 능력이 변하기 때문이다. 이 방법뿐만 아니라, 반도체에 전자를 넣어주거나 빼주면 전류를 흐르게 하는 홀들이 생겨나면서 성질이 바뀌게 된다. 여분의 홀을 가진 반도체 옆에 과도한 전자를 가진 물체를 놓으면 태양 전지를 얻을 수 있고, 그 위에 과도한 전자가 입혀진 세 번째 층을 하나 더 붙이면 트랜지스터가 되는 것이다.

특정 화학 물질을 첨가하면 절연체의 광학적·전기적 성질이 바뀐다는 것은 예전부터 알려져 왔다. 스테인드글라스stained glass가 바로 이런 방식으로 만들어진다. 전통적인 창문 유리는 가시광선 에너지보다 더 큰 에너지 간격을 갖고 있고, 이 때문에 투명한 것이다. 하지만 약간의 망간을 액체 상태인 유리에 넣고 식히면 보랏빛을 띠게 된다. 망간은 유리가 가진 에너지 간격의 중간 정도 에너지를 가장 잘 흡수하는 물질이다. 꽉 차 있는 1층 자리(낮은 에너지)와 비어 있는 발코니 자리 사이를 잇는 계단에 의자를 놓았다고 생각하면 된다. 보통 별다른 방해를 받지 않고 물질을 통과하는 가시광선의 고유한 파장은 망간 원자를 첨가한 유리 탓에 변화가 생긴다. 이 방법을 쓰면 백색광이 유리를 통과할 때 특정 파장이 제거되어 창유리가 컬러나 무늬로 보이는 것이다. 코발트나 셀레늄 같은 화학 불순물은 원래 투명했던 이 절연체를 다른 색(파란색이나 빨간색)으로 바꿔준다.

반도체에서도 같은 원리로 화학 불순물을 첨가하면 손쉽게 낮은 에너지에 있는 전자를 빼내 그 자리에 홀을 만들거나 전자를 높은 에너지로 옮겨가게 한다. 화학 불순물이 주로 전자인 반도체는 음으로 대전되기 때문에 'N형'이라고 부른다. 반면 낮은 에너지 상태에 꽉 차 있는 전자를 받아들이는 불순물은 양으로 대전된 홀을 남기기 때문에 'P형'이라고 부른다. 우리가 불순물을 첨가한 반도체를 특별하게 생각하는 것은 그것들의 전기 전도도를 임의로 바꿀 수 있기 때문이 아니라(전기 전도도가 더 높은 물질을 원한다면 그냥 금속을 사용하면 된다), N형의 반도체를 P형의 반도체 옆에 나란히

두었을 때 특별한 일이 생기기 때문이다. 두 개의 서로 다른 물체들 사이의 중간에 있는 추가 전자들과 홀들은 쉽게 결합하지만, 전하를 지닌 화학 불순물들은 그대로 남게 된다. N형에서 양으로 대전된 불순물과 P형에서 음으로 대전된 불순물은 마치 양전하와 음전하 사이에 생기는 것 같은 전기장을 만들어낸다. 이 전기장은 한 방향을 가리킨다. 만약 N형과 P형의 반도체 사이에 전류를 흐르게 하고 싶다면, 전기장의 방향과 같은 방향이면 전류가 쉽게 흐른다. 하지만 반대 방향이면 전류가 흐르기 힘들다. 이것을 활용한 것이 어둠 속에서 빛을 발하는 다이오드와 햇빛이 있을 때 사용 가능한 태양 전지다. P형과 N형이 접합해서 빛을 흡수하면 빛이 유발한 전자와 홀은 배터리가 없어도 전류를 만든다. 전하들은 장비들이 외부 전압과 연결된 것처럼 내부 전기장에 의해 밀려난다. 그래서 태양 전지는 전하된 불순물에 의해 잔존해 있는 내부 전기장을 움직이면서, 새롭게 빛이 유도한 추가 전자와 홀들의 결합을 통해 전류를 생성한다. 이것은 전선을 자기장으로 통과시키지 않고 전기를 생성하는 몇 가지 방법 중 하나다. 이 방법을 쓰면 화석 연료가 전혀 필요 없다.

트랜지스터는 다이오드가 가진 전류의 방향성과 내부 전기장을 바꿀 수 있는 장비다. 이런 의미에서 트랜지스터는 전기적인 밸브라고 할 수 있다. 이 밸브가 어떻게 열려 있는가에 따라 입력 신호가 결정되고 이 장비를 통해 얼마나 많은 전류가 흘러야 하는지가 정해진다. 제16장에서 전류의 흐름을 물의 흐름으로 비유했던 것을 생각해보자. 소방 호스가 도시 물 공급원에 연결되어 있다. 이 호스를 수도꼭지와 연결해주는 밸브를 열면 물이 호스를 따라 나오게 된다. 만약 밸브가 많이 열려 있지 않다면 물은 약하게 나올 것이고, 활짝 열려 있다면 물의 양은 증가할 것이다. 그럼, 이제 자그마한 보조 호스와 연결되어 있는 밸브를 생각해보자. 이 밸브가 얼마나 열려 있는가는 보조 호스가 밸브로 얼마나 많은 물을 운반하는가를 결정한다. 보조 호스에 있는 물의 흐름을 '신호Signal'라고 생각하면 소방 호스로 들어가는 물의 흐름은 이 신호가 증폭된 것이라고 볼 수 있다.

이 방법으로 정보의 변화 없이 작은 전압이 증폭될 수 있다. 아이언맨이 자기 터보 절연체로 가는 전류의 양을 1,000배 늘리고 싶을 때나 펀치력을 만들어주는 서브 모터로 가는 전류의 양을 증폭하고 싶을 때, 그는 트랜지스터를 이용해 작은 전류를 원하는 세기의 전류로 증가시킬 수 있다. 이렇게 신호의 강도를 높이려면 외부 배터리 같은 커다란 전기 저장소가 필요하다. 소방 호스가 도시 물 공급원에 연결되어 있는 것과 같은 이치다. 이런 공급원이 있어야 증폭이 가능하다. 결과적으로 공급하는 것보다 트랜지스터가 실제 사용하는 것이 더 많다. 그러나 트랜지스터는 진공관보다 전력 소모가 적다. 이것이 아이언맨이 전투 이후에 다급하게 충전을 원하는 이유다. 토니는 트랜지스터에 충전을 해야 할 때 헉헉거린다.

트랜지스터 이전에 약한 입력 신호를 증폭해주는 장치가 있었다. 전자들이 이동하는 것을 안내해주는 필라멘트와 그리드를 뜨겁게 해주면 신호가 증폭되었다. 필라멘트 선이 뜨거울 때 전류가 흐르면 금속에서 전자들이 방출되고 이 전자들은 양극에 걸린 전압에 의해 가속된다. 이 필라멘트와 양극 사이에 있는 것이 그리드다. 이것은 밸브 역할을 한다. 입력 신호가 그리드에 도착하면 그리드는, 전류를 물과 비교했을 때 밸브를 열고 닫음으로써 물의 양을 조절한 것처럼, 전류의 양을 조절한다. 전자빔을 흐트러뜨리는 공기 분자와의 충돌을 방지하고자 이 장치들은 진공 상태인 원통형 유리에 담긴다. 이것을 진공관이라고 하는데 이것은 매우 컸고, 예열을 위해 많은 에너지와 시간을 필요로 했고, 또한 깨지기도 쉬웠다. 반도체를 기반으로 한 트랜지스터는 작고, 전류를 바로 증폭할 수 있는 에너지 장비이면서 단순하고 단단하다.

이 트랜지스터는 벨 연구소에 있던 존 바딘John Bardeen, 1908~1991, 월터 브래튼Walter Brattain, 1902~1987, 윌리엄 쇼클리William Shockley, 1910~1989가 엄청난 노력으로 혁신적인 실험을 거듭한 끝에 최초로 발명한 것으로서, 이들은 이 공로를 인정받아 1956년에 노벨 물리학상을 받았다. 존 바딘이 1972년 초전도 이론으로 두 번째 노벨상을 수상하게 되었다는 소식이 알려진 날, 공교롭게도 트랜지스터화된 그의 차고 문이 고장이 나고 말았는데, 이는 고체 물리학 분야에 더 많은 연구가 필요함을 알려주는 일화가 되었다.

생산 기술과 조절 기술이 발전함에 따라, 더 새롭고 더 작은 트랜지스터를 만드는 일이 가능해졌고, 사용되는 분야도 늘어나게 되었다. 트랜지스터에 작은 전류가 걸리면, 출력 역시 작아진다. 상대적으로 입력 전류를 증가시키면 증폭되어 더 큰 전류가 나온다. 트랜지스터에서 나오는 값은 '낮은 전류'와 '높은 전류'로 나눌 수 있는데 낮은 전류는 '0'이고 높은 전류는 '1'이 된다. 트랜지스터에 들어가는 전류를 조금만 바꾸면 0 또는 1의 값이 나오도록 조절할 수 있다. 수백만 개의 트랜지스터를 잘 배치해서 조합하고, 영국의 수학자 조지 불George Boole, 1815~1864이 만든 '불 논리Boolean logic'를 사용하면 기본적인 마이크로 컴퓨터를 만들 수 있다.

어떻게 컴퓨터가 1과 0을 만들어내서 숫자를 표시하고, 이진법으로 연산

● 트랜지스터가 발명되기 90년 전, 슈뢰딩거의 방정식이 나오기 70년 전에 만들어진 수학 논리로 컴퓨터 계산의 기본 원리를 제공한다.

을 하는지를 이 책에서 설명하지는 않겠지만 내가 말하고 싶은 것은 모든 마이크로 컴퓨터와 회로의 중심에 트랜지스터가 있다는 사실이다. 우리 사회에서 정말 많은 비중을 차지하는 전자제품(휴대전화, 노트북 컴퓨터, DVD 플레이어 등)은 많은 수의 트랜지스터를 잘 배치하고 연결해 만든 칩을 사용한 것이다. 21세기를 살고 있는 우리를 포위하고 있는 기술들은 트랜지스터가 없었다면 불가능했을 것이고, 이러한 기술들은 그 이전에 양자 물리학과 전자기장을 개척한 학자들의 통찰력이 없었다면 또 존재하지도 않았을 것이다.

슈뢰딩거는 공식을 만들면서 CD 플레이어를 만들려고도, 진공관을 대체할 생각도 하지 않았다. 그러나 슈뢰딩거 같은 과학자들이 이러한 물질의 특성을 연구하지 않았다면 현대 사회의 생활은 불가능했을 것이다. 소수의 물리학자들이 자연의 행태를 연구하지 않았다면 우리의 삶은 지금과는 전혀 다르게 펼쳐지고 있을 것이다. 《놀라운 이야기》 제27호에서 "상상하는 것을 물체로 만들어내고자 일한다"라는 헨리 핌 박사의 말처럼 과학자들은 거의 예외 없이 상업적이고 실용적인 물건을 만들기 위해서가 아니라 궁금증을 풀기 위해 연구하는 것이다.

슈퍼영웅의 실수 Superhero Bloopers

24

▶▶▶ 나를 비자로처럼!

우리는 슈퍼맨이 한 번의 점프로 얼마나 높이 뛸 수 있는지를 뉴턴의 법칙으로 설명하는 것으로 이 책을 시작했고, 키티 프라이드의 양자 역학적 터널링 효과와 아이언맨의 트랜지스터로 만든 갑옷에 관한 논의까지 마쳤다. 물리학의 기초라고 할 수 있는 뉴턴 역학에서 양자 역학과 고체 물리학에 이르는 좀 더 수준 높은 논의까지 다양한 주제를 다뤄봤다. 그러나 아직 부족하다. 슈퍼영웅 만화에 나오는 물리 법칙들이 절대적으로 옳다고 믿는 여러분을 이대로 두고 떠난다면, 나는 양심의 가책을 느낄 것이다. 따라서 만화에서 물리학 법칙이 잘못 사용되는 몇몇 사례를 살펴보고 끝을 맺고자 한다.

사이클롭스의 또 다른 힘

엑스맨 초기 찰스 하비어 교수 팀에 처음으로 들어왔던 돌연변이는 스콧

서머스(일명 사이클롭스)였다. 스콧의 돌연변이 능력은 눈에서 레이저 빔이 나간다는 것이다. 이 빔의 파괴력은 콘크리트 벽을 뚫고, 2톤짜리 바위의 떨어지는 방향을 바꿀 수 있다. 오직 두 가지 물질만이 빔이 나가는 것을 막을 수 있었다. 그것은 그의 피부(피부가 빔과 어울리지 않는다면 눈꺼풀이 떨어져 나갈 것이다)와 루비 석영ruby quartz이었다. 스콧은 언제나 임무를 수행할 때, 이 이상한 물질로 만든 선글라스를 걸치거나 머리에 투구 같은 랩어라운드 바이저wraparound visor를 쓰지 않을 수 없었다. 그는 헬멧 옆에 있는 버튼이나 손에 있는 버튼으로 루비 석영을 올려 빔을 쏠 수 있었다. 바이저를 머리에 쓰고 있을 때는 눈에서 빨간색의 광선이 쏟아져 나오는데, 이로 인해 그가 슈퍼영웅이 될 수 있었던 것이다. 루비 석영 보호막이 내려가면 스콧은 붉은색을 띠는 세상을 바라봐야 했다. 바이저 혹은 선글라스가 자신이 쏘는 광선에서 파괴적인 빛을 안전하게 흡수하기 때문이다.

석영은 이산화규소SiO_2로 이루어진 결정 이름이다. 이산화규소가 불규칙하게 배열되면 유리가 되고 규칙적으로 배열되면 석영이 된다. 대리석 패턴도 여러 가지가 있듯이 석영도 종류가 많다. 이러한 결정에 약간의 티타늄이나 철을 첨가하면 붉은색을 띠는데 이런 형태의 결정을 장미 석영rose quartz이라고 한다. 석영에서 루비 알갱이가 든 현탁액*은 뿌연 갈색과 상아색 암맥을 만들어내고 불투명하게 보이는 이 결정을 루비 석영이라고 한다.

레이저 빔이 눈에서 나오는 것이 이상하고 낯선 만큼이나, 루비 석영을 통해 세상을 바라보는 것도 이상하다. 그러나 이러한 사이클롭스의 광학적 문제를 기적으로 여긴다 하더라도 엑스맨 만화에서나 영화에서 간과할 수

● 콜로이드 입자보다 큰 고체 입자가 분산되어 있는 용액. 탄소 입자가 분산되어 있는 먹물이나 점토 분자가 분산되어 있는 흙탕물이 대표적이다.

없는 사항이 하나 더 있다. 그것은 우리는 스콧의 머리가 빔의 반동 때문에 뒤로 젖혀지는 장면을 한 번도 본 적이 없다는 점이다.

뉴턴의 제3법칙, 즉 작용과 반작용 법칙은 우리에게 힘은 언제나 쌍으로 일어난다는 사실을 알려준다. 모든 운동은 동일한 크기의 정반대 방향의 힘을 수반한다. 힘을 가할 물체가 존재하지 않는다면 물체를 밀 수가 없는 것이다. 우주선은 뜨거운 가스를 빠른 속도로 배출할 때, 이 법칙에 의존해 앞으로 나아가는데, 뉴턴의 제3법칙에 따라 가스가 분출되는 반동에 의해 우주선을 반대 방향으로 밀어내는 것이다. 따라서 레이저 빔을 쏘아서 2톤의 바윗덩어리를 공중에 정지시키려면 그로 인해 무려 1,814톤이나 되는 반발력을 머리에 받아야 하는 것이다. 그의 질량을 80kg이라고 가정하면 뉴턴 제2법칙(힘＝질량×가속도)에 따라 그의 몸은 중력의 20배 이상의 힘을 받게 된다. 그가 빔을 쏠 때마다 그의 머리는 시속 수백km 이상으로 뒤로 날아갈 것이다. 따라서 우리는 강력한 빔을 쏘는 사이클롭스에게 또 다른 힘이 있다고 결론 내리지 않을 수 없다. 즉, 목 근육이 무시무시하게 강한 것이다.

그 빌딩, 당장 내려놔!

책의 서두에서 언급한 것처럼 황금시대 초기, 슈퍼맨의 초능력은 그가 태어난 크립턴 행성의 중력이 지구보다 강하다는 사실에서 비롯되었다. 그가 한 번의 점프로 높은 건물을 뛰어넘는다는 사실로 비추어볼 때, 우리는 크립턴의 중력 가속도가 지구에서보다 최소 15배 이상임을 알 수 있다. 강철 인간 슈퍼맨은 실제 철로 만들어진 것은 아니지만, 그의 근육과 뼈는 강한 중력에 적응되었다. 크립턴에서 우유 3.8l가 들어 있는 컵의 무게는 4kg에 이른다. 만약 지구보다 중력이 15배 약한 행성의 생활을 경험해보고 싶다면, 3.8l가 들어 있는 컵을 비우고 0.25l 정도의 우유를 붓고 들어보면 된다. 3.8l의 무게를 들어올릴 때보다 250g의 우유를 들기가 더 쉽다는 것을 알 수 있을 것이다. 이와 비슷하게 《액션 코믹스》 제1호에서 슈퍼맨은 1톤이 넘는 무게를 들 수 있었다. 크립턴의 중력을 적용해보면, 1톤 무게는 슈퍼맨에게 우리가 90kg을 드는 것처럼 느껴질 것이다.

앞에서 언급한 바 있지만, 슈퍼맨은 높은 인기에 편승해 어린이의 영웅에서 수백만 달러를 버는 마케팅계의 제왕으로 변신했다. 따라서 슈퍼맨은 더욱더 위험하고, 강력한 적들과 마주치게 되었다. 그의 힘은 환상적인 수준에 이른다. 그는 탱크, 트럭, 기관차, 대형 여객선, 점보제트기, 그리고 고층 건물까지 들어올린다. 마블 코믹스의 영웅 헐크도 믿을 수 없을 정도로 엄청난 힘을 가졌다. 헐크의 힘은 자신의 아드레날린의 농도에 달려 있다. 그로 인해 그는 정신적 스트레스를 받으면 왜소한 브루스 배너에서 2.4m의 키에 분노한 녹색 근육질로 변하는 것이다. 헐크가 분노하면 할수록 아드레날린의 농도는 짙어지고, 그만큼 더 힘이 세진다. 그는 무척 화가 나면 성城도 들어서 던져버리고, 절벽도 허물어버리고, 심지어 자기를 위협하는 산을 들고, 《비밀 전쟁Secret Wars》 시리즈에 등장하는 마블 슈퍼영웅들을 몽땅 들어서 팽개친다.

한편 슈퍼맨은 빌딩 두 채를 마치 피자를 들고 있는 양 각각 한손에 받쳐들고 하늘을 날 만큼 힘이 세졌다. 오른쪽 그림(그림 38)을 보면 그가 두 채의 빌딩을 고담시에서 메트로폴리스의 야외전시장으로 옮길 수 있는 이유

하나가 드러난다. 그림을 보면 두 빌딩에 모두 수도관이나 전기선이 연결되어 있지 않다. 슈퍼맨의 힘도 충격적이지만 그의 말 또한 경악을 금치 못할 정도이다. "당신이 부탁한 대로 두 채의 고담시 빌딩을 빌려왔습니다." 누군가에게 빌딩 두 채를 옮기는 것에 대한 허락이 무엇인지 물어봐야 하겠지만 나는 과연 건물 관리인에게 건물을 빌려줄 권한이 있는지 의문이 든다. 하지만 슈퍼맨이 자선 행사를 위해 건물을 뽑아서 다른 도시에 갖다 놓겠다고 하면 거절하기가 어렵다. 빌딩 관리인은 사람들을 모두 대피시키고 "좋소"라고 말하는 편이 나을 것이다.

다른 행성의 외계인이든 혹은 사고로 방사능에 노출된 핵 과학자든 상관없이 그 누구라도 빌딩을 들 정도로 강해질 수 있음을 인정한다는 것은 물리학의 기본 원리에 위배되는 것이다. 간단하게 말해서, 빌딩, 여객선, 점보제트기 등은 사람이 들도록 디자인되지 않았다. 바퀴 세

그림 38_ 이 그림은 《세계 경찰》 제86호에 실린 것이다. 여기서 슈퍼맨은 그가 처음 등장했을 때 자동차를 그의 머리 위로 들어올리는 것보다 더 강력한 힘을 보여주고 있다. 만화에 나오는 사람들 중 그 누구도 슈퍼맨이 거대한 빌딩을 들어올리는 것에 관해 놀라지 않는다.

개를 가진 여객기나 빌딩, 물에 떠 있도록 설계된 전함 등은 모두 어떠한 위치에 정지해 있도록 설계된 것들이다. 예를 들어, 건물을 들어올릴 때 만약 건물이 조금이라도 수직에서 벗어난다면, 건물이 휘어져버릴 정도의 토크가 발생한다. 성이나 빌딩 같은 건물은 너무 커서, 건물의 끝에서 무게 중심에 이르기까지 거리가 굉장히 멀다(8장에서 이를 모멘트암moment arm이라 했었다). 이런 구조물들은 엄청나게 무겁기 때문에 건물이 들리면 회전하려 한다. 크기가 크면 클수록, 슈퍼맨이나 헐크가 잡고 있는 지점에서 무게 중심까지의 거리가 더욱 멀어지고, 건물을 휘게 하는 토크도 그만큼 커진다. 위 그림에 나오는 것처럼 슈퍼맨이 들고 있는 건물의 토크는 철근 콘크리트가 견딜 수 있는 힘의 몇 배가 될 것이다. 실제로 만약 건물을 들거나 어디론가 날려보낸다면 결국은 연속적인 파편의 흐름만이 당신 뒤에 남을 것이다. 자선 행사장에 도착해보면, 슈퍼맨이 들고 온 빌딩은 제대로 된 빌딩이 아니라 다 부서지고 몇 개 안 남은 돌덩이뿐일 것이다. 슈퍼맨은 빌딩을 들고 갈 수 있도록 허가를 받는 것보다 건물이 부서져서 온전치 않게 된 것을 사과해야 한다.

시간이 흘러 몇몇 만화 작가들은 힘의 수준에 관계없이 빌딩을 부수지 않고 든다는 것이 불가능하다는 것을 깨달았다. 슈퍼맨이 등장하는《판타스틱 4》제249호에서, 슈퍼맨의 대리인인 글래디에이터는 백스터 빌딩(판타스틱 4의 본부)의 끝을 든다. 그리고 아무런 물리적인 하자 없이 원래 자리로 되돌린다. 마블 코믹스에서 가장 똑똑한 캐릭터인 리드 리처즈는 글래디에이터가 하는 행동이 불가능하다는 것을 알았다. 그는 글래디에이터가 자신이 닿는 물체를 공중 부양시키는 촉각 운동성 능력이 있을 것이라고 생각했다. 물론 이런 능력은 존재하지 않는다. 하지만 이 능력이 등장하게 되면 이야기 전개상 필요한 기적 같은 현상들을 관리가 가능한 수준으로 줄일 수 있다.

자이언트맨을 삼나무와 비교해보자(단지 그의 성격이 완고하기 때문만은 아니다). 우리는 나무가 커질수록, 둘레도 커진다는 것을 알고 있다. 거대한 질량을 떠받치기 위해 나무는 넓은 받침 공간이 필요하다. 미국 독립선언서에 서명하던 시기에, 레온하르트 오일러Leonhard Euler, 1707~1783와 조제프 라그랑주Joseph Lagrange, 1736~1813는 폭보다 높이가 낮은 것은 안정되고, 자체의 무게로 압축되지만, 일정 높이 이상을 넘어가면(이 값은 물질의 강도에 달려 있다) 불안정하다는 것을 증명했다. 아주 약한 진동도 수직으로 원점에서 멀리 떨어진 곳에 주어진다면 엄청나게 크게 뒤틀리는 힘을 유발할 수 있다. 이 힘을 토크라고 하는데, 제8장에서 살펴봤듯 스스로의 무게에 의해 기둥이 휘어진다. 이론상으로 자이언트맨은 삼나무처럼 키가 클 수는 있지만 빨리 이동할 수 있어야 한다(면적-부피 법칙에 의해 정해진 높이 한계 밑을 유지한다고 가정해서). 악당을 뒤쫓거나 싸우게 된다면 그의 상체가 다리 앞쪽으로 무너져 뻗어버리게 될 것이다.

이 단점은 《데어데블》의 초기 악당인 스틸트맨Stilt-man에게도 있었다. 스틸트맨은 두 개의 수압 다리가 달린 기계옷을 입고 있었는데, 그 다리를 펼치면 머리가 높은 빌딩 꼭대기에 도달했다. 봄이 지나면 자연스럽게 여름이 오듯, 데어데블은 자신의 곤봉에 장착된 케이블로 시틸트맨의 다리를 붙잡아매는데, 이로 인한 안정감의 상실로 말미암아 이야기는 급속한 결말로 치닫게 된다.

무게 중심에 관련된 또 다른 미스터리는 스파이더맨을 괴롭히는 악당 닥터 옥토퍼스Dr. Octopus의 걷는 방법에 관한 것이다. 과학자 오토 옥타비오스는 자신의 허리 벨트에 장착된 네 개의 로봇 팔을 이용하여 방사선 동위 원소를 조절한다. 피할 수 없는 방사능 사고로 인해 그의 벨트와 팔이 뭉쳐져 버려 옥타비오스, 즉 닥터 옥토퍼스가 생겨난 것이었다. 그러나 팔들이 매우 무거운데도 이 악당은 네 개의 팔이 등 뒤에 있을 때 두 다리만으로 서 있을 수 있다. 팔들은 뒤에 있을 때는 닥터 옥토퍼스를 뒤로 쓰러지게 하고, 앞에 있을 때에는 앞으로 고꾸라지게 할 정도로 엄청난 토크를 생성했어야 한다. 스파이더맨은 이 악당이 무장을 하지 않은 상태에서 팔들이 땅을 짚어 그의 몸을 지탱하지 않았다면 사과 하나를 던지는 것으로도 쉽게 그를 쓰러뜨릴 수 있을 것이다.

만화 속 이야기들의 경솔하고도 만족스럽지 못한 해결은 물리학 교수들의 자문의 필요성을 일깨운다.

저스티스 리그는 달을 줄에 매단다

힘에 관한 또 다른 비현실성은 2001년판 저스티스 리그(이때는 팀 이름에서 of America를 떼어냈다)에서 발생한다. 하지만 이 팀의 이름은 여전히 줄여서 JLA라고 한다. 《JLA》 제58호에서 슈퍼맨, 원더우먼, 그린 랜턴은 변절자 화성인들을 물리치고자 달을 지구 대기권에 끌어다 놓았다. 나는 그들의 행동을 지지하면서, 그들이 왜 이런 행동을 했는지를 설명하고자 한다.

화성인들이 등장한 것은 1955년 《디텍티브 코믹스Detective Comics》 제225호를 통해서였다. 한 물리학 교수가 별들과의 통신장비를 개발하려다가 엉뚱하게 트랜스포터* 빔을 만들어냈던 때였다. 그것을 이용하여 그는 강압적으로 존 존즈J'onn J'onzz(화성인 맨헌터)를 지구로 데려왔다. 존은 할 수 없이 범죄와 싸우는 슈퍼영웅의 상징인 독특한 의상을 입게 되고, 1960년에 저스티스 리그 창설 멤버가 된다. 존 존즈는 슈퍼맨에 버금하는 다양한 초능력을 갖게 된다. 크립토나이트(슈퍼맨의 고향 행성 크립턴의 남은 잔재에서 만들어진 물질로서 슈퍼맨에게 치명적인 공격을 가한다) 때문에 순식간에 문제를 해결할 수 없었던 슈퍼맨이 그랬던 것처럼, 그보다 더 강력한 존 존즈는 평범한 약점 때문에 다른 슈퍼영웅들과 팀을 이루지 않을 수 없게 된다. 존은 모든 화성인들과 마찬가지로 불에 치명적으로 약하기 때문이다. 따라서 화성인 헌터인 존 존즈를 무력화시키는 방법은 이미 사라진 크립턴 돌멩이를 구하는 것이 아니라 동전 몇 닢으로 성냥을 구하면 되는 것이다.

자신을 유일한 화성인 생존자라 생각했었던 존 존즈는 그에 못지 않는 초능력을 가진 악당 화성인들과 맞닥뜨렸다. 저스티스 리그는 지구를 공격하는 화성인들을 달로 유인한다. 달은 화성인이 무서워하는 불이 없는 곳이다. 존이 텔레파시로 악당을 유인하는 동안 슈퍼맨, 원더우먼, 그린 랜턴은 거대한 케이블로 달을 묶어 지구 대기권으로 끌어당긴다. 마술 같은 초능력을 발휘하는 슈퍼영웅들은 신비한 능력들을 이용하여 달과 지구에 엄청난 중력으로 인한 파국이 발생하지 않도록 막는다. 달이 타기 쉬운 대기층을 가지게 되자 화성인 악당들은 재가 되기 전에 재빨리 항복하고, 다른 차원(감옥인 팬텀 존)으로 쫓겨나게 된다. 이런 내용은 '만화'이기 때문에 어느 정도 예외를 인정해준다고 해도, 그냥 지나칠 수 없는 심각한 물리학적 오류가 있다.

뉴턴의 두 번째 법칙 $F = ma$는 알짜 힘이 질량에 작용하면, 그 크기와는 상관없이, 그에 상응하는 가속도가 생긴다고 알려준다. 1990년대 후반에

DC 코믹스는 슈퍼맨이 360만 톤을 들어올릴 수 있다고 했다. 원더우먼과 그린 랜턴도 같은 힘을 낼 수 있다. 세 명의 힘을 합하면 달을 끌기 위해 1,100만 톤을 드는 힘을 가한 셈이다. 엄청나게 긴박한 상황에서 원더우먼과 그린 랜턴도 슈퍼맨과 같은 힘을 발휘한다고 가정하자. 그렇다면 이 세 명의 영웅들이 발휘하는 힘의 양은 1,440만 톤에 달한다. 마법적 초능력의 기반을 둔 슈퍼영웅들이 중력의 영향을 0으로 만들었기 때문에, 달이 지구 중력을 받지 않고 지구로 접근하였다고 가정할 수 있다. 달의 무게는 7.3×10^{22}킬로그램이다. 뉴턴 법칙에 따라서 달의 속도는 이 힘에 의해 가속되는데, 달의 변화율은 매우 낮을 것이다. 달의 가속도는 0.0027m/s(지구 표면에서의 가속도는 9.8m/s)이기 때문에 달을 먼 거리로 이동시키려면 매우 긴 시간을 필요로 한다. 이 가속도로, 38만 6,000여km를 이동해 지구 대기권으로 들어오는 데 대략 735년이 걸리게 된다. 우리는 그저 존 존즈가 악당 화성인들이 7세기 동안 지구에서 무슨 일이 벌어지고 있는지 알지 못하도록 방해했다고 결론 내릴 수 있을 뿐이다.

천사의 날개가 있다면 날 수 있을까?

1963년 소개된 《엑스맨》의 또 다른 오리지널 맴버인 워런 워싱턴 3세(일명 엔젤)는 등 뒤에 난 거대한 날개로 날 수 있는 변종 능력을 갖고 있다. 다른 대원들은 아무도 이런 능력을 갖고 있지 않다. 아이스맨의 아이스 램프

———— • 물질 이동장치

를 제외하면, 악당 돌연변이와 싸우러 갈 때 유일하게 걷지도 버스를 타지도 않아도 된다. 날 수 있는 다른 슈퍼영웅들(DC 코믹스의 호크맨 혹은 스파이더맨의 악당 벌처)은 중력을 극복하기 위해 반중력Antigravity장비를 사용한다. 그들은 날개를 사용하는데, 호크맨과 호크걸의 경우엔 등에 달려 있고, 벌처의 경우엔 팔에 붙어 있어서 비행하는 동안 몸을 자유롭게 조종할 수 있다. 반면 엔젤은 자신의 날개를 주 기동력으로 사용한다. 등 뒤에 날개가 돋아 있다면 날 수 있을 것 같은데, 정말로 그럴 수 있을까?

새와 비행기는 작용과 반작용 법칙을 통해 중력을 극복한다. 우리는 빨리 움직이는 물체에 의한 압력의 변화(베르누이 효과Bernoulli Effect라고 알려진)로 인해 비행기가 난다고 잘못 알고 있다. 우리는 플래시가 악당 터피 보라즈를 질질 끌고 초고속으로 내달릴 때 압력 차이가 발생할 것이라 생각한다. 플래시처럼 빨리 달리는 물체는 달리는 순간 앞에 있는 공기를 밀어내고, 그로 인해 자신의 뒤로 저밀도 공기 공간을 형성한다. 제12장에서 설명한 엔트로피 법칙에 의해 부분 진공을 공기가 채움에 따라, 빠르게 움직이는 물체나 기차 뒤로 쓰레기 같은 것들이 소용돌이치는 것처럼, 공기는 앞에 있는 것들을 무엇이든지 밀어낸다. 그러나 만약 날개의 모양에 의해 윗면과 아랫면의 속도 차이가 나타난다면 비행기는 하늘을 날 수 없다. 베르누이 효과가 발생시킨 압력 차이에 의해 비행기가 지상으로 향하게 되기 때문이다.

어떤 경우에서든, 우리는 힘은 항상 쌍으로 존재한다는 뉴턴 제3법칙에 의존한다. 항공기의 무게와 동등하거나 더 큰 양력을 날개에 제공하려면, 날개로부터의 하방력downward force을 지나온 공기에 주어야 한다. 날개 밑 공간의 공기의 하강기류는 상승기류를 일으켜, 비행기를 창공에 띄운다. 슈퍼맨이 뛰어오를 때, 땅에 힘을 가해 그로 인한 반대 힘이 그를 밀어내어 공중으로 뜨게 하는 것처럼 새는 날개를 펄럭임으로써, 공기를 아래 방향으로 밀어낸다. 공기에 대한 날개의 하방력은 날개에 대한 공기의 상승기류와 매치된다. 날개의 너비가 넓을수록, 밀어내는 공기의 양도 많아진다. 그리고 위로 향하는 힘의 크기도 세진다. 바로 이러한 이유 때문에 프린스 네이머 더 서브마리너Prince Namor the Sub-Mariner가 발목에 붙은 작은 날개로 날 수 없었던 것이다. 그렇게 작은 날개는 그의 체중을 극복하지 못해 그를 공중에 띄울 수 없다.

만약 엔젤의 몸무게가 68kg이라면, 날개에 대한 공기 저항이 그의 체중과 균형을 이루고 그를 땅에서 띄울 수 있도록, 그의 날개는 적어도 68kg의 하방력을 생성할 수 있어야 한다.

가속을 원한다면 당연히 그의 날개는 알짜 가속을 제공하기 위한 초과 힘을 유지하기 위해 68kg보다 강한 힘을 내야 한다. 중력으로 68kg의 하방력이 발휘되어지는 상황에서 그의 날개가 91kg의 양력을 제공한다면, 엔젤이 경험하는 알짜 수직력은 23kg이다. $F = m \times t$(힘=질량×시간)라는 점에서, 23kg의 알짜 양력은 3.3m/s의 가속도를 생성한다. 그가 극복할 공기 저항을 무시한다면, 이러한 가속도로 엔젤은 8초 안에 속도를 시속 0에서 100km로 높일 수 있다. 그가 날갯짓을 멈춘다면, 그에게 작용하는 유일한 힘은 중력밖에 없다. 물론 그는 공중에서 활공할 수 있다. 그러나 날고자 한다면 계속해서 공기에 하방력을 행사해야 한다.

91kg의 힘은 날개에 상당한 무리를 가한다. 그러나 사람이 자기 몸무게의 133퍼센트 정도를 들어올리는 것이 터무니없는 일은 아니다. 앨버트로스나 캘리포니아 콘도르 같은 새의 질량은 실질적으로 9kg이나 14kg정도지만 나는 데 충분한 힘을 낼 수 있다. 그러나 엔젤은 새처럼 생기지 않았

다. 새들은 날개가 등 뒤에서 자란 것이 아니라, 팔이 날개로 진화된 것이다. 새들은 날갯짓을 도와줄 두 가지 조건이 필요하다

(1) 흉골keeled sternum을 갖고 있어야 한다. 인간의 갈비뼈에 해당하는 가슴 한복판에 위치한 편평골flat bone에 경첩관절을 갖는다. 이 경첩관절은 날개를 유연하게 돌릴 수 있게 하는 역할을 한다.

(2) 새들은 슈퍼코로코이더러스supercorocoiderus와 흉근pectoralis이라는 큰 근육을 갖는다. 새들의 가슴 부근에 살이 많은 것은 거대한 근육들과 흉근이 공중에서 날 수 있도록 날개에 힘을 제공하기 때문이다.

우리는 앞에서 근육과 뼈의 강도는 단면의 넓이에 비례한다고 배웠다. 결과적으로 엔젤이 땅을 박차고 날아오를 정도의 날개를 가지려면 엄청난 크기의 흉근이 있어야 한다. 68kg의 몸무게와 5m의 날개 폭이라면 엔젤의 익면하중˙은 12kg/m가 된다(캘리포니아 콘도르의 익면하중은 4kg/m). 엔젤의 팔은 자신의 날개에 아무런 힘도 제공하지 못한다. 그는 오직 자신의 흉근과 등의 근육만으로 자신을 뜨게 할 양력을 얻어야 한다. 결국 이 변화는 그를 근육만 키운 별 쓸모없는 영웅으로 만들 것이다.

또 다른 기적이 필요한 사항이지만 엔젤이 날기 위해선 여러 가지 변형들이 필요하다. 새는 몸무게를 줄이기 위해 구멍이 많아 가볍지만 고강도의 뼈와 매우 효율적인 호흡시스템을 가지고 있다. 그래서 새는 두 번 심호흡하면 가슴속의 산소 분자 하나가 새것으로 교체된다. 하지만 우리 인간의 경우엔 숨 쉴 때마다 폐에 들어 있는 산소의 10퍼센트만 교환된다. 새는 신속하게 신선한 공기를 공급받아야 하는데, 가슴 근육이 새들을 공중에

● 비행체의 질량을 날개 길이로 나눈 값. 착륙 속도, 공중에서 운동성을 결정짓는 주요 요소다.

머물게 하고자 열심히 움직이기 때문이다. 엔젤의 호흡은 새와 비슷한 정도로 효율적이다. 그러나 그가 엄청난 흉근을 갖고 있지 않다면 등에 달린 날개는 기능보다는 장식을 위한 날개일 것이다.

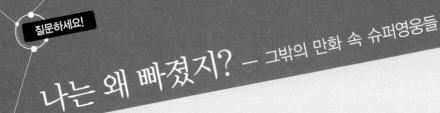

나는 왜 빠졌지? — 그밖의 만화 속 슈퍼영웅들

누구는 나오고
누구는 안 나오고!
도대체 기준이 뭐죠?

이 책에 나오는 슈퍼영
웅 말고도 엄청난 수의 슈
퍼영웅들이 각자의 만화 속에서 묵묵히 지
구의 평화를 위해 노력해왔다. 그런데 어떤 캐
릭터는 장황하게 설명을 하고 어떤 캐릭터는 이
름조차 언급되지 않았다. 자신이 누락된 데 상
심한 영웅이 있다면 이해하길 바란다. 굳이
변명을 하자면 다음과 같은 이유에서라고 말
할 수 있다.

1. 우선 절대적인 지면의 부족이다. 당연한
일이지만 수십 년 동안 나온 엄청난 숫자의 슈퍼영웅들을 단 한 권의 책에 다 불러
모으기란 애당초 불가능했다. 특히 유전공학으로 태어난 캡틴 아메리카와 투명 비
행기를 모는 늘씬한 원더우먼에게 심심한 사과의 말씀을 전한다.

2. 역설적이게도 슈퍼영웅들과 대적하는 악당들이 다수 출연하는 바람에 착한
슈퍼영웅들이 여럿 빠지게 됐다. 철저하게 과학으로 무장한 스파이더맨의 숙적 그

린 고블린이나 제2편에 등장한 일렉트로 등은 우리 책이 취지와 딱 맞아떨어져 지면의 상당량을 할애할 수밖에 없었다.

　3. 과학을 배경으로 하지 않는 슈퍼영웅들도 출연하지 못했다. 마블 코믹스의 '마이티 토르'와 DC 코믹스의 '스펙터'가 대표적인 예다. 과학적인 접근은 어려워도 답이 있지만 초자연적인 것은 애초부터 답이 없기 때문이다

만화책과 물리학이 좋은 짝을 이룬다는 사실은 전혀 놀랄 일이 아니다. 과학에서 얻는 유익함과 만화에서 얻는 재미가 크게 다르지 않기 때문이다. 과학자와 만화책 독자는(동일인인 경우도 있다) 각자 처한 상황에 대응하여 어떠한 규칙을 발견한다. 이 규칙은 아마도 맥스웰의 전자기 법칙이거나 슈뢰딩거 방정식일 것이다. 법칙은 슈퍼영웅을 엄청난 속도로 달리게하고 이때 발생하는 공기 저항이나 전자기 문제에서 해방시켜주며, 악당이훔친 돈을 무사히 환수하면서 죄 없는 사람들을 해치지 않도록 도와준다. 이 같은 상황의 속임수는 모두가 아는 법칙을 새로운 방식으로 사용하는것이다. 오래된 법칙은 여전히 옳지만 만화가들은 이 법칙이 가진 어떤 한계를 교묘히 피하여 사용한다. 플래시가 캡틴 콜드를 눈에서 나가는 열 빔으로 물리치는 이야기를 그린 《플래시》는 불만족스러웠을 것이다. 이전에는 없었던 능력이기 때문이다. 과학 연구의 목표는 기본적인 자연 법칙을명료하게 밝히는 데 있다. 그리고 가장 높은 수준의 결과물은 새 법칙이나질서의 발견이다. 또한 기존 법칙의 명백한 오류를 보여주는 것도 포함된다. 물리학은 법칙이 옳지 않다는 인식이 주위에 형성될 때 새롭게 변신한다. 비슷하게, 만화책 캐릭터 가운데 갑자기 자신에게 전혀 생각도 못했던능력이 생기는 경우가 왕왕 있다. 가령 《판타스틱 4》에서 수 스톰이 우주광선을 맞고 투명인간이 되는 능력과 투명 보호막을 얻은 것처럼 말이다. 수와 동료들은 다소 과격하게 새로운 초능력을 발견한다. 그리고 몇 년이지나서 그 방어막을 공격적인 용도로도 사용하게 된다.

그러나 이것은 만화책이나 현실에서나 아주 드문 일이다. 그러나 흥미롭고 다양한 소재들이 만화로 만들어지길 기다리는 것처럼 끊이지 않는 재미와 도전이 물리학에도 존재한다. 그래서 두 분야 모두 풍부한 상상력과 이해력이 필요하다. 그렇지만 과학자들은 연구 주제를 만화에서 찾지는 않는다. 하지만 '이러면 어떨까, 혹은 이러면 어떤 일이 일어날까?' 같은 질문은 만화와 과학자 모두에게 중요하다. 만화책이 과학적 발견을 예견하는 경우도 있다. 물론 최신 연구가 슈퍼영웅 만화의 소재로 활용되는 경우도 있다.

가끔 만화의 상상력을 따라잡는 데 과학이 애를 먹기도 한다. 예를 들어, 마법사 아브라 카다브라(플래시를 괴롭히는 악당)를 생각해보자. 그는 플래시에게 마법을 걸어 꼭두각시 인형으로 만들어버린다. 그러나 이것은 먼 미래에서 온 과학자가 21세기에서 마술(실은 64세기의 과학 기술이지만)을 부리는 것이다. 플래시를 그린 작가들은 현대 과학기술이 먼 과거의 사람들에게 불가사의하게 보일 것이라고 확신한다. 만약 우리가 1,000년 전의 시대로 거슬러 올라가, 집에서 사용하는 현대 기술의 일부를 당시 사람들에게 보여주었을 때 나타날 반응을 상상해보라.

64세기 과학이 사람을 꼭두각시 인형으로 변하게 하는 것을 은시대 만화에서는 애매하게 처리했다. 이 설명은 1990년대 후반까지 기다려야 했는데 카다브라가 나노 기술로 플래시를 분자 수준에서 재구성했다고 알려주었다. 하지만 나노미터 스케일의 기계는 이런 피해를 일으킬 수 없다. 이런 이야기가 1,000년 안에 가능할 것인지 여부는 단언하기 어렵다. 다만 아무리 공상 과학 같은 얘기라도 먼 훗날에는 진짜 과학이 될 수도 있다고 추측할 뿐이다.

가끔 추리소설 같은 예측력이 기술적인 측면을 올바르게 이야기한다. 그러나 광범위하게 우리 사회를 바꿔놓은 다른 혁명들은 놓친다. 예를 들어,

1965년에 방영된 텔레비전 프로그램 〈로스트 인 스페이스Lost in Space〉를 생각해보자. 이 유명한 프로그램은 먼 미래를 배경으로 별을 향한 로빈슨 가족과 인공지능 로봇, 스미스 박사(악랄하고 겁 많은 밀항자)의 이야기를 보여준다. 《뉴욕 타임스》가 지적했듯이, 〈로스트 인 스페이스〉 프로듀서와 작가가 예측한 우주선과 로봇이 실현 가능하고 실제에서 동떨어지지 않았지만, 그들은 멍청하게 1990년대 후반의 한쪽 면만을 지나치게 강조하고 있었다.

우주선에서 일어나는 임무 조정실은 컴퓨터 모니터의 집합체로 되어 있다(흰 티셔츠를 입은 엔지니어들이 조종한다). 이 엔지니어들의 팔꿈치에는 조그만 금속 디스크가 있는데, 이것은 예전부터 지금까지 미국 항공우주국 NASA에는 없는 것이다. 1966년의 공상 과학 소설 작가는 30년 내에 우주비행 관제센터가 금연 건물이 되고 따라서 재떨이도 없는 곳이 되리라고는 전혀 상상하지 못했다. 이 때문에 과학 기술 혁신을 예측하는 것은 다른 분야를 예측하는 것보다는 훨씬 쉽다.

자연 탐구를 통해 무엇을 입증한다는 것은 우리가 똑똑해지는 만큼 더 강해진다는 뜻이다. 이제 이 책을 읽은 독자는 아마 스스로 최소한 정신적으로는 더 강해졌다는 느낌을 받을 것이다. 지식은 실제로 존재한다. 이것이 우리가 이 행성에서 우월한 생명체로 존재하는 진정한 이유다. 우리는 치타만큼 빠르지도 새처럼 날지도 못한다. 또한 곰처럼 강하거나 바퀴벌레만큼 튼튼하지도 못하다. 하지만 우리의 지성은 '슈퍼 파워'를 가졌다. 양자 역학의 선구자인 닐스 보어Neils Bohr, 1885~1962가 "지식 그 자체가 문명의 기초"라고 말했다.

만화책에 나오는 모험의 핵심 원동력인 낙천주의 또한 과학적 노력 안에 존재한다. 도전을 극복하고 세상을 발전시킬 것이라는 약속을 지켜낸다. 과학을 배고픔을 덜어주고 질병을 치료하는 데 사용하느냐, 혹은 살인 로봇을 개발하는 데 사용하느냐는 전적으로 우리에게 달려 있다. 우리의 지식을 현명하고 윤리적으로 사용하는 법에 관한 안내서로 만화책을 보는 것도 나쁘지 않다. 《어메이징 판타지》 제15호에서 "강한 힘에는 그만한 책임이 따른다"라는 피터 삼촌의 말은 지금까지도 유효하다. 그런데 무슨 의무를 말하는 것인가? 한 가지 대답이 《슈퍼맨》 제156호 〈슈퍼맨 최후의 날The Last days of superman〉에 나온다. 슈퍼맨은 바이러스 X에 감염되자 자신의 죽음을 예감하며 지구에 있는 사람들에게 마지막 메시지를 보낸다. 이 메시지는 그가 죽은 다음에 보도록 했다.

결국 그의 메시지가 지구에 전해진다. "다른 이들을 돕는다면 누구나 슈퍼맨이 될 수 있다(Do good to others and every man can be a Superman)."

질문과 답변

'슈퍼영웅들의 물리학'이라고 이름 붙여진 나의 수업에서, 꼭 물리와 연관이 없더라도, 다음과 같은 질문들이 반복해서 등장했다. 당신은 이것들에 대해서 좀 다른 의견을 가지고 있을지도 모르겠지만, 교수로서 내 답은 다음과 같다.

Q **슈퍼영웅 중에서 누가 가장 현실성이 있을까?**

A 이건 쉽다. 두말할 것 없이 배트맨인데, 그는 항상 칼처럼 날카로운 정신력과 단련된 몸을 사용해 이길 수 있는 방법을 찾는다. 그렇지만 그는 60년이 넘는 범죄와의 싸움에서 수없이 의식불명이 되어 쓰러져도, 그를 영구적 뇌 손상으로부터 지켜주는 슈퍼파워를 가지고 있음이 틀림없다.

Q **그럼 슈퍼영웅 중에서 누가 가장 비현실적일까?**

A 이것 또한 쉽다. 슈퍼 근력, 슈퍼 스피드, 비행, 불멸, 슈퍼 청력, 초미세 시각능력, 슈퍼 호흡, 복화술, 최면 능력, 거기에다가 모든 규칙을 준수하고, 단 한번도 그 능력으로 세계를 정복하려고 하지 않았던 슈퍼맨이야말로 완전히 비현실적이다! 게다가 착하기도 하다!

Q **마법을 사용하는 슈퍼영웅들에게 숨겨진 물리 법칙은 무엇일까?**

A 아무것도 없다. 황금시대에는 마법옷을 입은 영웅들이 정말 몇 없었

다. 조 슈스터와 함께 슈퍼맨을 이 세상에 소개했던 제리 시겔은 보다 더 강력한 캐릭터를 같이 만드는 데에 착수하였다. 이름은 스펙트레, 실제론 복수의 천사다. 스펙트레와 그의 적들이 서로에게 행성을 던지는 것에서, 약간의 물리학 법칙이 있다. 페이트 박사, 스트레인지 박사, 원더우먼(어쨌든 아마존의 공주이다)과 같은 다른 미스테리한 영웅들과 노르웨이 번개 신 토르Thor, 이들 모두는 과학 소설이라기보다는 '판타지'로 설명하는 편이 더 정확하다. 그들의 능력과 재주는 과학 법칙을 통째로 무시한다.

Q **별로 있을 것 같지도 않지만, 물리적으로 정확한 슈퍼영웅의 기술은?**

A 꽤 놀랍게도, 마술을 사용하는 한 영웅의 기술은 물리학적으로 정확한 것으로 판명되었다. 노르웨이 번개의 신 토르는 한 지역에서 다른 지역으로 빠르게 이동하기 전에 엄청난 힘으로 그의 우루 망치를 던진다. 망치를 그가 가고 싶은 방향으로 던지면서, 그는 망치의 손잡이를 순간적으로 놓았다가 다시 움켜잡으면서 미사일처럼 그 스스로를 던진다. 이것은 운동량 보존 법칙에 완벽하게 위배되는 형태이다. 사실, 《바트맨 코믹스Bartman Comics》(바트 심프의 슈퍼영웅 분신의 모험을 다룬) 제3호에서, 라디오액티브맨은 토르와 유사한 인물이 토르처럼 망치를 던져 날아오르자 매우 분개하면서 이렇게 말했다. '이건 물리 법칙을 깬 거야!' 그런데도 그런 이동수단은 물리학적으로 그럴싸하다.

토르가 전능한 묠니르 망치를 던질 때, 그는 다리를 확실하게 땅에 딛는다. 그렇게 함으로써 그는 신체의 무게 중심과 지구의 무게 중심을 연결한다. 그의 돌연변이 능력이 그의 무게 중심과 지구의 무게 중심을 강력히 연결해, 그 연결이 끊어지지 않는 채로 엑스맨의 적 블랍을 쫓아내려면, 지구 전체를 움직여야만 할 것이다. 날 준비가 되면, 원하는 방향으로 망치를 던지는 순간 가볍게 뛰어야 한다(그와 지구와의 연결이 끊김). 그는 심지어, 망치의 손잡이를 놓았다 다시 잡는 수고를 할 필요도 없다. 미숙한 육상 선수는 원치 않게 짧은 거리만큼 망치를 던지는 동안 발 디딤에 실패하였다는 것을 알 것이다. 누군가가 뇌신만큼 강력하다면, 그는 이 기술을 이용해 가장 쉬운 방법으로 공기 중으로 날아갈 수 있다.

Q 울버린의 발톱은 캡틴 아메리카의 보호막을 자를 수 있을까?

A 자르지 못한다. 울버린의 발톱은 아다만티움으로 구성되어 있지만, 캡틴 아메리카의 보호막은 철과 바이브라늄 합금의 일종이다. 바이브라늄은 운석이 지구와 충돌했을 때, 블랙 팬더라는 슈퍼영웅이 지배하던 아프리카 와칸다에 떨어진 외계 물질이다. 바이브라늄은 모든 소리를 흡수하여 소리의 에너지를 변환하여 다른 물체에 전달하는 성질이 있다. 음파는 일정한 압력이나 밀도를 가하는 상태 혹은 고체 상태에서는 변환되며, 원자들의 진동을 음파로부터 광학적 전이로 변환(적외선 영역일지라도, 바이브라늄을 사용할 때 글로˙를 볼 수 없기 때문에)하기 때문에, 그 과정에서 에너지를 보존할 것이다. 캡틴 아메리카의 방패를 구성하는 이 물질은 실험실에서 철 합금과 바이브라늄이 우연히 융합되어 탄생했다. 이때의 야금 조건은 기록되지 않아서 이 합성 과정을 재현할 수 없다. 바이브라늄의 견고함과 더불어 진동을 흡수하는 능력은 왜 모두가 캡틴의 방패에 굴복할 수밖에 없는지 설명해준다.

Q 빛의 속도보다 빨리 달리면 시간 여행을 할 수 있을까?

A 못한다. 이론물리학자들은 빛의 속도보다 느리지 않으면서도 시간의
방향을 거스르는 '타키온'이라는 입자가 있다고 가정했다. 타키온은
특수 상대성 이론 관련 실험 도중에 제안된 개념이다. 그렇지만 우리
가 알고 있는 한, 이러한 입자는 존재하지 않는다. 그리고 더 중요한
것은 이 입자가 잡초처럼 흔하더라도 우리가 살고 있는 물리적 세계
(빛의 속도보다 빠른 물체는 없는)에서는 상호 작용하지 않기 때문에 발
견할 수 없다는 것이다.

Q 헐크의 바지는 무엇으로 만들어졌을까?

A 핵물리학자 로버트 브루스 배너는 감마선을 몸에 감으면 2m 40cm 키
에 900kg의 녹색 거인으로 변할 수 있는 능력을 얻었다. 변신하는 동
안 그의 셔츠, 신발, 양말 등 모든 옷은 갈갈이 찢어졌지만 그 스타일
리쉬한 보라색 바지는 입혀진 채로 남아 있다. 마블 코믹스에서는 배
너의 바지는 매우 불안정한 분자들로 구성되어 있다고 설명했다. 이것
은 판타스틱 4의 점프옷을 위해 리드 리처즈가 개발한 것이다. 이런
기적의 섬유는 입는 사람에 맞추어 늘어나기도 하고 줄어들기도 한다.
화학자들은 '불안정한 분자'는 실제로 존재한다고 말한다. 그 분자들
은 불안정하기에 서로 멀리 떨어져 있다. 그러나 사실은, 헐크의 바지
가 그대로 남아 있을 수 있는 이유는 감마선보다도 강력한 만화윤리규
정위원회의 심의 덕택이다.

● 진공 유리관 속에 낮은 압력의 기체를 채우고 전류를 흘려보낼 때 방전 때문에 플라스마에서 생기
  는 빛.

본문에 나오는 공식들

뉴턴의 운동 법칙

아이작 뉴턴에 의해 발견된 고전 역학의 대표적인 기본 법칙.

- 제1법칙 | 어떤 물체가 정지해 있거나 일정한 속력의 운동을 하고 있으면 외부에서 힘이 작용하지 않는 한 원래 상태를 유지하려 한다(관성의 법칙).
- 제2법칙 | 외부의 힘이 물체에 작용하면, 그것은 운동을 변화시킨다. 그리고 운동의 변화는 외부 힘의 크기에 비례한다(가속도의 법칙).
- 제3법칙 | 힘은 언제나 쌍으로 작용한다. A라는 물체가 B라는 물체에 힘을 주면, B 역시 A에게 크기는 같고 방향은 반대인 힘을 가한다(작용 반작용의 법칙).

가속도

가속도란 속도의 변화율이다. 즉 속도의 변화를 시간으로 나눈 값이다.

무게=mg

뉴턴의 제2법칙인 F=ma의 연장. 외부 힘이 중력일 때 물체에 작용하는 힘을 '무게(w)'라고 부른다. 그리고 중력에 의한 가속도는 중력 가속도, $g(=9.8m/s^2)$로 표시한다.

자유낙하 운동일 때 $v=gt$, $h=\frac{1}{2}gt^2$, $v^2=2gh$

중력의 영향 아래에서 수직으로 올라가거나 내려갈 때 아래에서 V의 속력으로 쏘아올렸으면 h의 높이에 도달할 수 있고, 위에서 떨어뜨렸으면 h만큼 낙하했을 때 V의 속력을 지닌다.

만유인력의 법칙

역시 뉴턴이 발견한 법칙. 질량을 가진 모든 물체는 서로 끌어당기는 힘이 있다. 그 힘의 크기는 물체의 질량에 비례하고 물체 사이의 거리의 제곱에 반비례한다. 뉴턴의 작용과 반작용의 법칙에 의해 당연히 A가 B에 미치는 중력과 B가 A에 미치는 중력은 크기가 같고 방향은 반대다. 뉴턴의 만유인력 법칙을 식으로 표시하면

$$F = G \frac{Mm}{d^2} = mg$$

이 경우 M과 d는 각각 지구의 질량과 반지름, m은 물체의 질량, G는 중력 상수, g는 중력 가속도를 나타낸다.

운동량의 변화=힘×시간

뉴턴의 제2 법칙에서 힘은 가속도를 준다. 그리고 힘(F)와 시간(t)을 곱하면 결국 m(질량), a(가속도), t(시간)를 곱한 것과 같으므로, $at = \Delta v$, $Ft = m\Delta v = \Delta P$(운동량)($\Delta$(델타)는 변수의 변화량)이다. 운동량은 질량과 속도의 곱으로 정의되며 P로 쓴다.

구심가속도 $a=v^2/R$

어떤 물체가 반지름 R의 크기로 등속 원운동을 할 때 운동 방향에 수직인 힘을 받게 된다. 이렇게 운동 방향에 수직인 가속도 성분은 곡선 궤도의 곡률 중심을 향한다. 그리고 물체의 속력을 V라고 하면 구심가속도는 V^2/R이 된다.

일=힘×거리

물리학에서 '일'은 '에너지'와 같은 의미다. 한 물체의 운동에너지 변화는 물체를 움직이게 하는 외부 힘에서 기인한다. 이는 누군가 양동이를 한 시간 동안 들고 있어도, 그것을 이동시키지 않으면 그 사람이 소모한 에너지는 이론적으로 없다는 말이다(사실 사람 근육의 구조 때문에 가만히 들고 있어도 에너지가 소모되지만, 양동이에 직접 가한 일은 없다). 일상적으로 쓰는 '일'의 의미와 물리에서의 의미는 같지 않으므로 주의하자.

운동에너지=$\frac{1}{2}$mv², 위치에너지=mgh

운동하는 물체가 가진 운동에너지는 1/2mv²이다. 그리고 중력이 작용하는 어떤 물체가 기준점(위치에너지가 0인 점을 말하며 보통 지표면이 기준이다)으로부터 높이 h에 있을 때 위치에너지는 mgh가 된다. 위치에너지는 기준점에 따라 마이너스 값을 갖기도 한다. 중력 위치에너지는 무게 mg인 물체를 높이 h만큼 들어올릴 때 한 일의 양과 같다.

열역학 제1법칙

어떤 계의 내부 에너지가 변화려면 일(일을 받았거나, 외부의 일을 해 주거나)이나 열의 출입이 있어야 한다.

열역학 제2법칙

열은 기본적으로는 항상 고온에서 저온으로 이동한다. 반대로 열이 주위보다 차가운 곳의 온도를 더 내리려면 외부에서 추가적으로 일을 해주어야 한다. 또한 이동하는 열을 100퍼센트 변하게 할 수는 없다. 임의의 계에서 무질서도는 항상 증가하려고 한다.

열역학 제3법칙

계의 평균 에너지 측정을 위해 온도를 낮추면 계의 무질서는 감소한다. 절대 0도일 때 (0K 즉, -273℃) 각각의 에너지 총합이 0이 되고, 하나의 배열 형태를 갖게 되어 계의 엔트로피는 0이 된다.

쿨롱의 법칙

전기장에서 두 전하를 띤 입자(물체도 가능) 사이에 작용하는 힘을 수학적으로 나타낸 식이다. 전하를 띤 두 물체 사이의 인력(끌어당기는 힘)과 척력(밀어내는 힘)은 두 물체가 가진 전하량을 곱한 값에 비례하며, 두 물체 사이의 거리를 제곱한 값에 반비례한다.

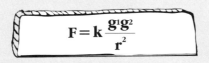

$$F = k\frac{g_1 g_2}{r^2}$$

옴의 법칙 V=IR

전압 V는 전하들을 움직이게 하는 원동력이다. 예를 들면 V의 전압을 낼 수 있는 건전지가 있으면, 이 건전지는 저항 R을 통해 I만큼의 전류를 흘려 보낼 수 있다.

에너지 E=hf

물질이 입자성과 파동성을 동시에 지닌다는 사실을 먼저 이해해야 한다. 어떤 진동수 f를 지닌 입자의 자체 에너지는 hf이다. 여기서 h는 '플랑크 상수'라고 하며 자연계의 기본적인 수들 중 하나다.

드브로이 공식 Pλ=h

드브로이는 물질이 입자성과 파동성 모두 지닐 수 있다는 사실을 처음으로 제시하였다. 운동 중인 물체가 갖는 운동량 P와 물질 입자의 파장 λ의 곱은 플랑크 상수 h의 값을 가진다.

슈뢰딩거 방정식

양자 역학적 물체의 운동에 대한 파동 방정식이다. 물체의 전위 V를 알면, 방정식을 풀어서 파동함수 Ψ를 구할 수 있고, 이는 그 물체의 특성을 결정한다. 또한 이 파동 함수를 제곱하면 확률 함수가 나오는데, 그것은 물체를 특정 공간과 시간에서 발견할 확률 밀도 $|\Psi|^2$이다. 또한, 확률 밀도에 약간의 복잡한 계산을 더해 측정 가능한 모든 값들에 대한 기대값(위치, 운동량 등)을 구할 수 있다

| 참고 문헌 |

- 〈A comparison of explanations of the aerodynamic lifting force〉 K. Weltner, 《American Journal of Physics》 55, (1987).

- 〈A New Model Army Soldier Rolls Closer to the Battlefield〉 Tim Weiner, 《New York Times》, Feb. 16, (2005).

- 〈Brownian Motion and the Ability to Detect Weak Auditory Signals〉 I. C. Gebeshuber, A. Mladenka, F. Rattay, and W. A. Svrcek-Seiler, 《Chaos and Noise in Biology and Medicine》 ed. C. Taddei-ferretti(World Scientific, 1998).

- 〈Closed Timelike Curves Produced by Pairs of Moving Cosmic Strings: Exact Solutions〉 J. Richard Gott Ⅲ, 《Physical Review》 Letters 66, 1126(1991).

- 〈development of 'gecko tape,'〉 〈Microfabricated Adhesive Mimicking Gecko Foot-Hair〉 A. K. Geim, S. V. Dubonos, 2, I, V. Grigorieva, K. S. Novoselov, A. A. Zhukov, and S. Yu. Shapoval, 《Nature Materials 2》(2003).

- 〈Disks of Destruction〉 Robert Irion, 《Science》 307, (2005).

- 〈Dying to See〉 Ralf Dahm, 《Scientific American》 291, (Oct. 2004).

- 〈Electromagnetic Radiation from Video Display Units: An Eavesdropping Risk?〉 Wim Van Eck, 《Computers and Security 4》, (1985).

- 〈Everyone's Magnetism〉 Andrey Geim, 《Physics Today》 51, (Sept. 1998).

- 〈Evidence for Diet Effects on the Composition of Silk Proteins Produced by Spiders〉 C. L. Craig et al, 《Molecular Biology Evolution》, vol. 17, (2000).

- 〈Evidence for Van der Waals Adhesion in Gecko Setae〉 K. Autumn, M. Sitti, Y. A. Liang, A. M. Peattie, W. R. Hansen, S. Sponberg, T. W. Kenny, R. Fearing, J. N. Israelachvili, and R. J. Full, 《Proceedings of the National Academy of Sciences》 (2002).

- 〈Experimentation with a Transcranial Stimulation System for Functional Brain

Mapping⟩ G. J. Ettinger, W. E. L. Grimson, M. E. Leventon, R. Kikinis, V. Gugino, W. Cote et al. ⟪Med. Image Analysis 2⟫(1998).

• ⟨Fibre science: Supercontraction stress in wet spider dragline⟩ Fraser I. Bell, Iain J. McEwen and Christopher Viney, A. B. Dalton, S. Collins, E. Munoz, J. M. Razal, V. H. Ebron, J. P. Ferraris, J. N. Coleman, B. G. Kim and R. H. Baughman, ⟪Nature⟫, vol. 416 (2002).

• ⟨Gen. Chuck Yeager Describes How He Broke The Sound Barrier⟩ Chuck Yeager, ⟪Popular Mechanics⟫(Nov, 1987).

• ⟨How Long Does It Take for Heat to Flow Through the Sun?⟩ G. Fiorentini and B. Rici, ⟪Comments on Modern Physics 1⟫, (1999).

• ⟨How the Ear's works work⟩ A. J. Hudspeth, ⟪Nature⟫ 341, 397(1989).

• ⟨Instabilities and Pattern Formation in Crystal Growth⟩ J. S. Langer, ⟪Reviews of Modern Physics⟫ 52, 1(1980).

• ⟨Lens Organelle Degradation⟩ Steven Bassnett, ⟪Experimental Eye Research⟫ 74, (2002).

• ⟨Magnet levitation at your fingertips⟩ A. K. Geim, M. D. Simon, M. I. Boamfa, and L. O. Heflinger. ⟪Nature⟫ 400, (1999).

• ⟨Production of spider silk proteins in tobacco and potato⟩ Jurgen Scheller, Karl-Heinz Guhrs, Frank Grosse, and Udo Conrad, ⟪Nature Biotechnology⟫, vol. 19, no. 6, (June 2001).

• ⟨Report:Raytheon 'heat beam' weapon ready for Iraq⟩ ⟪Boston Business Journal⟫, Dec. 1, 2004.

• ⟨Second nature⟩ Jim Robbins, ⟪Smithsonian⟫, vol. 33, no. 4, (July 2002).

• ⟨Star Wars Hits the Streets⟩ David Hambling, ⟪New Scientist⟫, issue no. 2364(October 12, 2002).

• ⟨Super-tough carbon-nanotube fibres⟩ Alan B. Dalton, Steve Collins, Edgar Munoz, Joselito M. Razal, Von Howard Ebron, John P. Ferraris, Jonathan N. Coleman, Bog G. Kim, Ray H. Baughman, ⟪Nature⟫, vol. 423, (2003).

- 〈Synthetic spider dragline silk proteins and their production in Escherichia coli.〉 S. R. Fahnestock and S. L. Irwin, 《Applied Microbiology and Biotechnolgy》, vol. 47,(1997).

- 〈The Evolution and Explosion of Massive Stars〉 S. E. Woolsey and A. Heger, 《Reviews of Modern Physics》 74, (Oct. 2002).

- 〈The Evolution and Explosion of Massive Stars〉 S. E. Woolsey and A. Heger, 《Reviews of Modern Physics》 74, (Oct. 2002).

- 〈The Hydrodynamics of water strider locomotion〉 D. Hu, B. Chan, and J. W. M. Bush, 《Nature》 424, (2003).

- 〈The Optics of the Insect Eye〉 C. J, van der horst, 《Acta Zool》, (1933).

- 〈The Quantum Measurement Problem〉A. J. Leggett, 《Science》 307, (2005).

- 〈The Scanning Tunneling Microscope〉 G. Binnig and H. Rohrer, 《Scientific American》 253, (1985).

- 〈To the United Nations〉 Niels Bohr, 《Impact of Science on Society》 1, (1950).

- 〈Transcranial Magnetic Stimulation and the Human Brain〉 M. Hallett, 《Nature》 406, (2000).

- 〈Vacuum tunneling: A new technique for microscopy.〉 C. F. Quate, 《Physics Today》 39, (1986).

- 〈Warp Drive and Causality〉 Allen E, Everett, 《Physical Review》 D 53, 7365(1996).

- 〈What's wrong with the electric grid?〉 Eric J. Lerner, 《The Industrial Physicist》, vol. 9, no.5, (2003).

- 〈Who Do You Trust: G. I. Joe or A.I. Joe?〉 George Johnson, 《New York Times》, Ideas and Trends, Feb. 20, 2005.

- 《The Simple Science of Flight:From Insects to Jumbo Jets》 Henk Tennekes(MIT Press, 1997).

- 《Wormholes, Time Machines and the Weak Energy Condition》 Michael S. Morris,

Kip S. Thorne, and Ulvi Yurtsever, Phys. Rev. Lett. 61, 1446(1998).

• 《200 Puzzling Physics Problems》, Peter Gnådig, Gyula Honyek. and Ken Riley(Cambridge University Press, 2001).

• 《500 Years of Golf Balls: History and Collector's Guide》, John F. Hotchkiss(Antique Trader Books, 1997).

• 《A Matter of Degrees》, Gino Segre(Penguin Books, 2002).

• 《An Autobiography》, Chuck Yeager(Bantam, reissue editon, 1986).

• 《An Introduction to Stochastic Processes in Physics》, Don S. Lemons(Johns Hopkins University Press, 2002).

• 《Astronomy. The Solar System and Beyond》(2nd editon), Michael A. Seeds(Brooks/Cole, 2001).

• 《Back Issue》 #6(TwoMorrows Publishing Oct. 2004).

• 《Back-of-the-Envelope Physics》, Clfford Swartz(Johns Hopkins University Press, 2003).

• 《Biomechanics of Human Motion》, M. Williams and H. R. Lissner(Saunders Press, 1962).

• 《Black Holes and Time Warps》, K. S. Thorne(Norton, 1994).

• 《Chandra: A Biography of S. Chandrasekhar》, Kameshwar C. Wali(University of Chicago Press, 1991).

• 《Comic Book Culture: An Illustrated History》, Ron Goulart(Collectors Press Inc., 2000).

• 《Comic Book Marketplace》 #64(Gemstone Publications, Nov. 1998).

• 《Comic Book Nation》, Bradford W. Wright(Johns Hopkins University Press, 2001).

• 《Comic Books and Other Necessities of Life》(TowMorrows Publishing, 2002), Mark Evanier.

• 《Crystal Fire: Birth of the Information Age》, Michael Riordan(Norton, 1997).

- 《Current Biology》, vol. 14, no. 22, p. 2070D(Nov. 2004), Huemmerich, T.Scheibel, F. Vollrath, S. Cohen, U. Gat, and S. Ittah.

- 《DC Comics:Sixty Years of the World's Favorite Comic Book Heroes》, Les Daniels(Bulfinch Press, 1995).

- 《Degrees Kelvin》, David Lindley(Joseph Henry Press, 2004).

- 《Discovering the Natural Laws:The Experimental Basis of Physics》, Milton A. Rothman(Dover Press, 1989).

- 《Electric Universe: The Shocking True Story of Electricity》, David Bodanis(Crown, 2005).

- 《Electricity and Magnetism-Berkeley Physics Course》 Vol. 2, Edward M. Purcell(McGraw Hill, 1963).

- 《Energies:An Illustrated Guide to the Biosphere and Civilization》, Vaclav Smil(MIT Press, 1999).

- 《Energy:Its Use and the Environment》, Roger A. Hinrichs and Merlin Kleinbach(Brooks/Cole, 2002), Third Edition.

- 《Euclid's Window:The Story of Geometry from Parallel Lines to Hyperspace》, Leonard Mlodinow(Touch-stone, 2001)

- 《Fantastic Voyage》, Issac Asimov(Bantam Books, 1966).

- 《Fantastic Voyage II: Destination Brain》, Isaac Asimov(Doubleday, 1987).

- 《Galileo's Pendulum》, Roger G. Newton(Harvard University Press 2004).

- 《Gases, Liquids and Solids》, D. Tabor(Cambridge University Press, 1979).

- 《Golf Balls, Boomerangs and Asteroids:The Impact of Missiles on Society》, Brian H. Kaye(VCH Publishers, 1996).

- 《Helium: Child of the Sun》, Clifford W. Seibel(University Press of Kansas, 1968).

- 《History of Tribology》, 2nd edition, Duncan Dowson(American Society of Mechanical, 1999).

- 《How Does It Work?》, Richard M. Koff(Signet, 1961).

- 《Intermediate Physics for Medicine and Biology》3rd edition, Russell K. Hobbie(American Institute of Physics, 2001).

- 《Investigations of the Theory of the Brownian Movement》, Albert Einstein(Dover, 1956).

- 《Isaac Newton, James Gleick(Pantheon Books, 2003).

- 《Journey to the Ants, Bert Holldobler and Edward O. Wilson(Belknap Press of Harvard University Press, 1994).

- 《Just Six Numbers. The Deep Forces that Shape the Universe》, Martin Rees(Basic Books, 2000).

- 《Lord Kelvin and the Age of the Earth》, Joe D. Burchfield(University of Chicago Press, 1990).

- 《Magnets:The Education of a Physicist》, Francis Bitter(Doubleday, 1959).

- 《Man of Two Worlds, My Life in Science Fiction and Comics》, Julius Schwartz with

- Brian M. Thomsen (HarperEntertainment, 2000).

- 《Marvel:Five Fabulous Decades of the World's Greatest Comics》, Les Daniels(Harry Abrams, 1991).

- 《Men of Tomorrow:Geeks, Gangsters and the Birth of the Comic Book》, Gerard jones(Basic Books, 2004).

- 《New Directions in Race Car Aerodynamics:Designing for Speed》, Joseph Katz(Bentley Publishers, 1995).

- 《Newton's Gift》, David Berlinski(Touchstone, 2000)

- 《Newton's Principia for the Common Reader》, S. Chandrasekhar(Oxford University Press, 1995).

- 《On Food and Cooking, Harold McGee》revised and updated edition(Scribner, 2004)

- 《On Growth and Form》, D'Arcy Thompson(Cambridge University Press, 1961).

- 《Parallel Worlds》, Michio KaKu(Doubleday, 2005).

- 《Philosophy of Science:The Historical Background》, Joseph J. Kockelmans (ed.) (Transaction Publishers, 1999).

- 《Quantum Electronics》, John R. Pierce(Doubleday Anchor, 1966).

- 《Quantum Theory of Tunneling》, Mohsen Razavy(World Scientific, 2003).

- 《Relativity and Common Sense》, Hermann Bondi(Dover, 1980).

- 《Schrödinger's Rabbits:The Many Worlds of Quantum》, Colin Bruce(Joseph Henry Press, 2004).

- 《Schrödinger: Life and Thought》, Walter Moore(Cambridge University Press, 1989).

- 《Scientific Autobiography and Other Papers》, Max K. Planck(translated by F. Gaynor) (Greenwood Publishing Group, 1968).

- 《Seal of Approval, The History of the Comics Code》, Amy Kiste Nyberg(University of Mississippi Press, 1998).

- 《Seduction of the Innocent》, Fredric Wertham(Rinehart Press, 1953).

- 《Solid State Electronic Devices》(5th ed.), Ben G. Streetman and Sanjay Banerjee(Prentice Hall, 2000).

- 《Stan Lee and the Rise and Fall of the American Comic Book》, Jordan Raphael & Tom Spurgeon(Chicago Review Press, 2003).

- 《Star Light, Star bright》, Alfred Bester(Berkley Publishing Company, 1976).

- 《Stories of the Invisible》, Philip Ball(Oxford University Press, 2001).

- 《Superman. The Complete History》, Les Daniels(Chronicle Books, 1998).

- 《Synaptic Self:How Our Brains Become Who We Are》, Joseph LeDoux(Penguin, 2002); I of the Vortex, R. R. Llinas(MIT Press, 2001).

- 《Tales to Astonish:Jack Kirby, Stan Lee and the American Comic Book Revolution》 by Ronin Ro(Bloomsbury, 2004).

- 《Temperatures Very Low and Very High》, Mark W. Zemansky(Dover Books, 1964).

- 《The Bridges of New York》. Sharon Reier(Dover, 2000)

- 《The Chip:How Two Americans Invented the Microchip and Launched a Revolution》, T. R. Reid(Simon & Shuster, 1985).

- 《The Classic Era of American Comics》, Nicky Wright(Contemporary Books, 2000).

- 《The Elegant Universe》, Brian Greene(W. W. Norton, 1999).

- 《The Elusive Neutrino: A Subatomic Detective Story》, Nickolas Solomey(W. H. Freeman & Company, 1997).

- 《The Fabric of Reality:The Science of Parallel Universes and Its Implications》, David Deutsch(Penguin, 1997).

- 《The Future of Spacetime》, Stephen W. Hawking, Kip S. Thorne, Igor Novikov, Timothy Ferris, and Alan Lightman(W. W. Norton and Company, 2002).

- 《The Goat Farmer Magazine》, May 2002(Capricorn Publications, New Zealand).

- 《The History of the Comics Code》, Amy kiste Nyberg(University of Mississippi Press, Jackson, Mississippi), 1998.

- 《The Illustrated History of Superhero Comics of the Golden Age》, Mike Benton (Taylor Publishing Co., 1992)

- 《The Life of Isaac Newton, Richard Westfall(Cambridge University Press, 1994)

- 《The Machinery of Life, David S. Goodsell(Springer-Verlag, 1998)

- 《The Man Who Changed Everything: The Life of James Clerk maxwell, Basil Mahon(John Wiley & Sons, 2003).

- 《The Many-Worlds Interpretation of Quantum Mechanics, Bryce S. DeWitt and Neill Graham(Princeton University Press, 1973).

- 《The New World of Mr. Tompkins, G. Gamow and R. Stannard(Cambridge University Press, 1999).

- 《The Periodic Kingdom, P. W. Atkins(Basic Books, 1995).

- 《The Physics of Golf, Theodore P. Jorgensen(Springer, second edition, 1999).

- 《The Pleasure of Finding Things Out》, Richard P. Feynman(Perseus Books, 1999).

- 《The Principia:Mathematical Principles of Natural Philosophy》, Isaac Newton, translated by I. Bernard Cohen and Anne Whitman(University of California Press, 1999).

- 《The Pulps:Fifty Years of American Pop Culture》, compiled and edited by Tony Goodstone(Chelsea House, 1970).

- 《The Quantum World》, J. C. Polkinghorne(Princeton University Press, 1984).

- 《The Science of Cooking》, Peter Barham(Spring, 2001).

- 《The Snowflake:Winter's Secret Beauty》, Kenneth G. Libbrecht and Patricia Rasmussen(Voyageur Press, 2003).

- 《The Stuff of Life》, Eric P. Widmaier(Henry Holt and Company, 2002)

- 《The Way Things Work》, David Macaulay(Houghton Mifflin Company, 1988).

- 《Thirty Years That Shook Physics: The Story of Quantum Theory》, G. Gamow(Dover Press, 1985).

- 《Time Travel in Einstein's Universe》, J. Richard Gott(Mariver Books, 2001).

- 《Transcranial Magnetic Stimulation:A Neurochronometrics of Mind》, Vincent Walsh and Alvaro Pascual-Leone(MIT Press, 2003).

- 《Understanding Thermodynamics》, H. C. Van Ness(Dover Publications, 1969).

- 《Warmth Disperses and Time Passes:The History of Heat》, Hans Christian von Baeyer(Modern Library, 1998).

- 《What Is Relativity?》 L. D. Landau and G. B. Romer(Translated by N. Kemmer)(Dover, 2003).

- 《Why Didn't I Think of That?》, Allyn Freeman and Bob Golden(John Wiley and Sons, 1997).

| 찾아보기 |